国家出版基金项目
NATIONAL PUBLICATION FOUNDATION

中国战略性新兴产业——前沿新材料

超 材 料

中国材料研究学会组织编写

丛书主编 魏炳波 韩雅芳

编　著 彭华新 周 济 崔铁军 等

中国铁道出版社有限公司
CHINA RAILWAY PUBLISHING HOUSE CO., LTD.

内 容 简 介

"中国战略性新兴产业——前沿新材料"丛书是中国材料研究学会组织、由国内一流学者著述的一套材料类科技著作。丛书突出颠覆性、前瞻性、前沿性特点，涵盖了超材料、气凝胶、离子液体、多孔金属等10多种重点发展的前沿新材料。

本书为《超材料》分册。超材料作为一类具有颠覆性的新概念材料，与之密切相关的一系列颠覆性技术将在我国制造业发展中发挥举足轻重的作用。本书围绕超材料这一颠覆性概念，从电磁超材料和非电磁超材料的角度，系统性论述电磁、声学、力学、信息、热学等超材料的设计、制备、性能特点、应用以及最新研究进展，并对未来超材料行业的发展方向进行指南性解读和趋势预测。

本书可供从事新材料研究的科研院所、高等院校、新材料产业界、政府相关部门、新材料中介咨询机构等领域的人员参考。

图书在版编目(CIP)数据

超材料/中国材料研究学会组织编写;彭华新等编著. —北京：
中国铁道出版社有限公司,2020.9(2024.4重印)
（中国战略性新兴产业. 前沿新材料）
国家出版基金项目
ISBN 978-7-113-26984-5

Ⅰ.①超… Ⅱ.①中… ②彭… Ⅲ.①复合材料-研究
Ⅳ.①TB33

中国版本图书馆 CIP 数据核字(2020)第 104691 号

书　　名：**超材料**
作　　者：彭华新　周　济　崔铁军　等

策　　划：李小军
责任编辑：李小军　绳　超　　　　　　编辑部电话：（010）51873202
封面设计：高博越
责任校对：张玉华
责任印制：樊启鹏　赵星辰

出版发行：中国铁道出版社有限公司（100054，北京市西城区右安门西街8号）
网　　址：http://www.tdpress.com
印　　刷：北京盛通印刷股份有限公司
版　　次：2020 年 9 月第 1 版　2024 年 4 月第 2 次印刷
开　　本：787 mm×1 092 mm 1/16　**印张**：15.75　**字数**：309 千
书　　号：ISBN 978-7-113-26984-5
定　　价：88.00 元

作者简介

魏炳波

中国科学院院士,教授,工学博士,著名材料科学家。现任中国材料研究学会理事长,教育部科技委材料学部副主任,教育部物理学专业教学指导委员会副主任委员。入选首批国家"百千万人才工程",首批教育部长江学者特聘教授,首批国家杰出青年科学基金获得者,国家基金委创新研究群体基金获得者。曾任国家自然科学基金委金属学科评委、国家"863"计划航天技术领域专家组成员、西北工业大学副校长等职。主要从事空间材料、液态金属深过冷和快速凝固等方面的研究。

获 1997 年度国家技术发明奖二等奖,2004 年度国家自然科学奖二等奖和省部级科技进步奖一等奖等。在国际国内知名学术刊物上发表论文 120 余篇。

韩雅芳

工学博士,研究员,著名材料科学家。现任国际材料研究学会联盟主席、中国材料研究学会执行秘书长、《自然科学进展:国际材料》(英文期刊)主编。曾任中国航发北京航空材料研究院副院长、科技委主任,中国材料研究学会副理事长和秘书长等职。主要从事航空发动机材料研究工作。获 1978 年全国科学大会奖、1999 年度国家技术发明奖二等奖和多项部级科技进步奖等。在国际国内知名学术刊物上发表论文

100 余篇,主编公开发行的中、英文论文集 20 余卷,出版专著 5 部。

彭华新

国家特聘专家,工学博士,浙江大学求是讲席教授、博士生导师、功能复合材料与结构研究所创始所长、原英国布里斯托大学终身教授。兼任中国材料研究学会超材料分会常务副理事长、中国复合材料学会常务理事、亚澳复合材料学会副理事长、国际标准化组织技术委员会(ISO/TC)主席及 Elsevier 期刊 *Composites Communications* 创刊人之一。研究方向:先进复合材料。开创复合材料构型化设计和超复合材料方向。在 Progress in Materials Science 上发表大型综述 3 篇,期刊论文 180 余篇,专著 *Ferromagnetic Microwire Composites* 由 Springer 出版。

周　济

中国工程院院士,工学博士,清华大学教授、博士生导师,教育部长江学者特聘教授、国家杰出青年科学基金获得者、全国优秀科技工作者。兼任中国材料研究学会超材料分会理事长、中国仪器仪表学会功能材料分会副理事长等职务。研究方向:信息功能材料、超材料。发表学术论文 380 余篇,出版学术专著 1 部,授权发明专利 40 余项。作为第一完成人获国家自然科学二等奖和国家技术发明二等奖各 1 项。

崔铁军

中国科学院院士,工学博士,东南大学首席教授、博士生导师,国务院学位委员会学科评议组成员,中国材料研究学会超材料分会副理事长,IEEE Fellow,2001 年教育部长江学者特聘教授,2002 年国家杰出青年科学基金获得者。研究方向:超材料和计算电磁学。创建信息超材料方向。出版英文专著 2 部;在 Science、Nature 子刊、美国科学院院刊等国际知名刊物上发表论文 400 余篇,被引用 30000 余次(H 因子 86)。研究成果入选 2010 年中国科学十大进展,获 2011 年教育部自然科学一等奖、2014 年国家自然科学二等奖、2016 年军队科学技术进步一等奖、2018 年国家自然科学二等奖。

序

前沿新材料是指现阶段处在新材料发展尖端,人们在不断地科技创新中研究发现或通过人工设计而得到的具有独特的化学组成及原子或分子微观聚集结构,能提供超出传统理念的颠覆性优异性能和特殊功能的一类新材料。在新一轮科技和工业革命中,材料发展呈现出新的时代发展特征,人类已进入前沿新材料时代,将迅速引领和推动各种现代颠覆性的前沿技术向纵深发展,引发高新技术和新兴产业以至未来社会革命性的变革,实现从基础支撑到前沿颠覆的跨越。

进入新世纪以来,前沿新材料得到越来越多的重视,世界发达国家,如美、欧、日、韩等无不把发展前沿新材料作为优先选择,纷纷出台相关发展战略或规划,争取前沿新材料在高新技术和新兴产业的前沿性突破,以抢占未来科技制高点,促进可持续发展,解决人口、经济、环境等方面的难题。我国也十分重视前沿新材料技术和产业化的发展。2017年国家发展和改革委员会、工业和信息化部、科技部、财政部联合发布了《新材料产业发展指南》,明确指明了前沿新材料作为重点发展方向之一。我国前沿新材料的发展与世界基本同步,特别是近年来集中了一批著名的高等学校、科研院所,形成了许多强大的研发团队,在研发投入、人力和资源配置、创新和体制改革、成果转化等方面不断加大力度,发展非常迅猛,标志性颠覆技术陆续突破,某些领域已跻身全球强国之列。

"中国战略性新兴产业——前沿新材料"丛书是由中国材料研究学会组织编写,由中国铁道出版社有限公司出版发行的第二套关于材料科学与技术的系列科技专著。丛书从推动发展我国前沿新材料技术和产业的宗旨出发,重点选择了当代前沿新材料各细分领域的有关材料,全面系统论述了发展这些材料的需求背景及其重要意义,全球发展现状及前景;系统地论述了这些前沿新材料的理论基础和核心技术,着重阐明了它们将如何推进高新技术和新兴产业颠覆性的变革和对未来社会产生的深远影响;介绍了我国相关的研究进展及最新研究成果;针对性地提出了我国发展前沿新材料的主要方向和任务,分析了存在的主要问题,提出了相关对策和建议;是我国"十三五"和"十四五"期间在材料领域具有国内领先水平的第二套系列科技著作。

全套丛书特别突出了前沿新材料的前瞻性、颠覆性、先进性特点。丛书的出版,将对我国从事新材料研究、教学、应用和产业化的专家、学者、产业精英、决策咨询机构以及政府职能部门相关领导和人士具有重要的参考价值,对推动我国高新技术和战略性新兴产业可持续发展具有重要的现实意义和指导意义。

中国材料研究学会是中国科协领导下的全国一级学会,是以推动我国新材料科学技术进步和新材料产业发展为宗旨的学术性团体,也是国际材料研究学会联盟(International Union of Materials Research Societies,IUMRS)的发起和重要成员之一,具有资源、信息和人才的综合优势。多年来中国材料研究学会在促进我国材料科学进步、开展国内外学术交流与合作、有序承接政府职能转移、为地方工业园区和新材料产业和企业提供新材料产业发展决策咨询、人才推荐、开展材料科学普及等社会化服务方面做了大量的、卓有成效的工作,为推动我国新材料发展发挥了重要作用。参加本丛书编著的作者都是我国从事相关材料研究和开发的一流的专家学者,拥有数十年的科研、教学和产业化发展经验,取得了国内领先的科研成果,对相关的细分领域的材料现状和发展趋势有全面的理解和掌握,创作态度严谨、认真,从而保证了丛书的整体质量,体现了前沿新材料的颠覆性、先进性和可读性。

本丛书的编著和出版是材料学术领域具有足够影响的一件大事。我们希望,本丛书的出版能对我国新材料特别是前沿新材料技术和产业发展产生较大的助推作用,也热切希望广大材料科技人员、产业精英、决策咨询机构积极投身到发展我国新材料研究和产业化的行列中来,为推动我国材料科学进步和产业化又好又快发展做出更大贡献,也热切希望广大学子、年轻才俊、行业新秀更多地"走近新材料、认知新材料、参与新材料",共同努力,开启未来前沿新材料的新时代。

中国科学院院士、中国材料研究学会理事长

国际材料研究学会联盟主席
中国材料研究学会执行秘书长

2020 年 8 月

前　言

"中国战略性新兴产业——前沿新材料"丛书是中国材料研究学会组织、由国内一流学者著述的一套材料类科技著作。丛书突出颠覆性、前瞻性、前沿性特点，涵盖了超材料、气凝胶、离子液体、多孔金属等 10 多种重点发展的前沿新材料。

超材料是一类具有人工结构的新概念材料，具有自然界中天然材料不具备的奇特性质，也是科技新时代背景下学科深度融合实现优异性能的方法。作为 21 世纪最重要的科学成果之一，超材料概念的提出对物理、材料、光学、声学等学科产生了颠覆性的影响。科学界报道的超材料领域的成果，如负折射率、100% 吸波效应、负刚度等神奇的科学现象也对传统学科理论造成了一次次冲击。超材料不可思议的物理、化学性质，一方面击破了来自各方的质疑和挑战，科学严谨地构建出了一套完整的超材料概念、设计、制备、表征、应用的框架；另一方面极大地丰富了超材料的科学内涵，使得超材料向着多元化、智能化、绿色化的方向发展。短短的十几年时间，超材料的概念已经逐渐渗透材料学、磁学、力学、热学等学科中，2010 年被《科学》（Science）杂志评为 21 世纪影响人类的十大科技突破之一，并且在生物医学、影像学、无线电通信等行业中占据了一席之地，在高精度成像、电磁隐身衣、高灵敏度传感器等方面有着重要应用价值。

新材料作为十大国家战略支持的发展方向之一，其重要性不言而喻。超材料作为一类颠覆性的新材料，将在下一阶段的我国制造业发展中发挥举足轻重的作用。本书围绕超材料这一颠覆性技术，论述超材料的基本概念、发展历史和科学内涵。具体来说，从电磁超材料和非电磁超材料两个角度出发，系统性地论述电磁超材料、声学超材料、力学超材料、信息超材料、热学超材料的设计、制备、性能特点和应用等方面的研究进展，并对未来超材料行业的发展方向进行指南性解读和趋势预测。

本书由原英国布里斯托大学教授、浙江大学求是讲席教授彭华新，中国工程院院士、清华大学教授周济，中国科学院院士、东南大学教授崔铁军等学者编著。参与本书编著的作者都是居于超材料研究前沿的国内一流科研人员。各章编著者如下：

绪论由浙江大学彭华新教授、罗阳博士和清华大学周济院士编著；第 1 章由浙江大学罗阳博士、陈红胜教授，杭州电子科技大学彭亮教授，吉林大学徐速副教授编著；第 2 章 2.1 节由上海海事大学范润华教授、浙江大学彭华新教授和罗阳博士编著，2.2 节由浙江大学罗阳博士、秦发祥研究员编著，2.3 节由浙江大学陈红胜教授、吉林大学徐速副教授和杭州电子科技大学彭亮教授编著；第 3 章由浙江大学罗阳博士、秦发祥研究员、彭华新教授编著；第 4 章由北京理工大学周萧明博士、朱睿教授和胡更开教授编著；第 5 章由清华大学于相龙副研究员和清华大学周济院士编著；第 6 章由深圳大学刘硕博士、北京大学李廉林研究员和东南大学崔铁军院士编著；第 7 章由复旦大学戴高乐、王骏、杨福宝、田博衍、张泽人和黄吉平授授编著；第 8 章由浙江大学罗阳博士、秦发祥研究员和彭华新教授编著。全书由彭华新教授、周济院士、崔铁军院士规划和制订提纲，由彭华新教授、罗阳博士、秦发祥研究员统稿和定稿。

　　本书的编著过程，正值中国超材料研究的蓬勃发展时期，见证了中国材料研究学会超材料分会的成立，这在中国乃至世界超材料领域具有里程碑的意义。编著人员为超材料分会主要领导、常务理事、理事，他们代表了我国超材料研究的最高水平。周济院士为超材料学会理事会理事长，崔铁军院士、彭华新教授、范润华教授为副理事长，此外，编著者中还有多位理事会常务理事和理事。

　　本书编著得到了浙江大学材料科学与工程学院功能复合材料与结构研究所的大力支持，特此表示衷心感谢。在编著过程中编著者参考了大量文献资料，也受益于由南京大学光声超构材料研究院卢明辉教授和陈延峰教授发起的"两江科技评论"定期发布的有关超材料最新动态与资讯。在此对被引用的参考文献的作者表示衷心感谢。

　　限于时间、精力、水平等原因，疏漏之处在所难免，欢迎广大读者批评指正。

编著者

2020 年 5 月

目　　录

绪　　论

0.1　超材料概念

　　"超材料"一词源于英文 metamaterial，而 metamaterial 最早是由美国得克萨斯大学奥斯汀分校 Rodger Walser 教授于 2000 年在美国物理学会春季年会（APS Annual March Meeting）上提出的。其中的"meta"取自拉丁语，代表着"超越、亚、另类"等含义。纵观超材料的发展历史，1967 年苏联科学家 Veselago 从理论上预测了超常电磁性能介质是可能存在的。随着材料和计算机技术的发展，经过多年的孕育，20 世纪 90 年代末英国伦敦帝国理工学院 Pendry 教授提出和发展了超材料设计理论，并由美国杜克大学 Smith 教授于 21 世纪初在实验室制备出了第一块微波频段电磁超材料。电磁超材料的发明是当代科学发展的一大步，以此为契机，研究者们在超材料的开发和性能的优化上做出了不懈的努力。

　　作为 21 世纪最重要的科技成果之一，超材料概念的提出对物理、材料、光学、声学等学科产生了颠覆性的影响。科学界报道的超材料领域的成果，如负折射率、100％吸波效应、负刚度、热缩冷胀等"神奇"的科学现象对传统学科的发展提出了新挑战，也对学科深入交叉提出了新要求。从普适性的角度看，一项颠覆性技术在出现的初期往往会受到质疑和抨击，超材料也不例外。21 世纪初，就有学者在知名学术期刊上撰文写道："超材料这一概念是不符合经典物理学理论和荒谬的，其相关的科学发现是不可信的。"然而随着时间的推移，超材料不可思议的物理化学性质吸引了越来越多的学者参与到其研究和开发中来，一方面逐渐构建起超材料设计、制备、表征、应用的框架，回应了来自各方学者的质疑和挑战；另一方面也在很大程度上拓展了超材料的科学内涵，使得超材料具备多元化、智能化、绿色化的特点。

　　就"超材料"这一概念而言，当前国内公认的提法是：超材料是指一类具有天然介质材料所不具备的超常物理性质的人工复合结构或材料，是从"材料—器件—装备—系统"视角上"超越"材料，同时也是一种以材料为物质基础多学科深度融合实现优异性能的方法。当前超材料的种类繁多，要想从设计思路、制备方法、工程应用等角度总结归纳出相关的共性具有一定难度。但回归超材料的"人工"本质，不难归纳出以下三个重要特征：一是从设计上，其几何拓扑结构满足特定数学物理关系，并由人工单元排列而成；二是从性能上，其具有反常的物理特性，例如电磁学超材料的负折射率、力学超材料的负刚度、声学超材料的负模量、热学超材料的负膨胀系数等等；三是从物质-能量交换模式上，超材料的奇特性能是来源于物理场能量（如电磁能、机械能、热能等）与其结构或材料特性的相互作用。

值得特别指出的是，随着这类由人工构建的基本"单元"组成的"材料"的发展，在很多领域方向上，"超材料"已经远远超出了传统意义上"材料（material）"的含义，更是一种"结构（structure）"，甚至是"系统（system）"。

0.2 超材料分类及发展历程

0.2.1 超材料分类

当前超材料的种类众多，按照发展历程来看，可以分为电磁超材料和非电磁超材料两大类。其中在电磁超材料方面分类方式很多，根据等效媒质电磁特性的不同，可以按照介电常数、磁导率取值的大小，将材料分为左手材料（具有负介电常数和负磁导率，从而具有负折射率）[1]、零折射率材料（具有零介电常数或者磁导率，从而具有零折射率）、零介电常数材料、甚大介电常数材料、零磁导率材料、甚大磁导率材料、甚大折射率材料、渐变折射率材料等。理想导体和理想导磁体，可以分别看作介电常数、磁导率为无穷大的材料[8]。按照实现方式的不同，可以将超材料分为传输线型超材料、波导型超材料、块状超材料等。按照工作方式不同，可以将超材料分为谐振型超材料与非谐振型超材料，前者工作在谐振区域附近，电磁参数变化范围较大，但频带较窄，损耗也较大[8,9]；后者远离谐振区域，有较宽的频带，损耗较小，但参数变化范围也小[10]。按照参数是否可控，可以将电磁超材料分为被动型超材料（passive metamaterial）和可调型超材料（tunable metamaterial），其中可调型超材料的电磁参数如介电常数、磁导率、相位等一般跟随外场（声、磁、力、电场等）的变化而可控可调，从而能对反常折射率、吸波效率等关键参数的适用频段进行精准调控，真正实现超材料的智能、原位调控，这也是未来超材料研究的重点之一。此外，还可以按照超材料的空间维数、是否各向同性/异性等特点进行其他分类。本书则从电磁超材料工作频段对其进行详细划分，从微波、近红外及红外、紫外及可见光三个频段区间内对超材料的设计及相关特点进行详细解析和论述。

必须指出的是，随着研究工作的深入，超材料的范围已经远远超出了左手材料或者负折射率的范围。目前研究者所广泛认同的新型电磁材料，已经涵盖所有由人工周期/非周期单元结构组成的、具有新奇电磁特性的人工功能复合材料，如梯度折射率材料、极限参数电磁材料（如：epsilon near zero，ENZ；mu near-zero，MNZ 等）、左手/右手复合传输线材料、电磁特性可控材料等。从这个意义上来讲，超材料实际上也包含了人们已经广泛研究的光子晶体（photonic crystal，PC）材料、电磁带隙（electromagnetic band-gap，EBG）材料、频率选择表面（frequency selective surface，FSS）等。

随着超材料研究的进一步深入,研究者们在非电磁超材料领域也做出了突出贡献。当前非电磁超材料相关报道较多,但尚没有统一的分类方法,本书将根据此类超材料前沿较热门的几个方向进行详细论述,分别为声学超材料、力学超材料、热学超材料和信息超材料。

0.2.2　超材料发展历程

超材料作为一个学科领域的发展历程较短。早期超材料的研发主要集中于具有负介电常数(μ)和负磁导率(ε)的电磁超材料。众所周知,材料的电磁学性能通常可以用介电常数(ε)和磁导率(μ)来表征。由麦克斯韦方程组,电磁波在介质中传播将得到正的折射率(refractive index),群速度(group velocity),ε 和 μ 等电磁参数。在很长一段时间内,电磁学的建立、发展和应用都是基于以上的内容,而且已经渗透我们日常生活的方方面面,例如计算机通信、地震检测、红外测量等。可以说没有电磁波和对电磁学的深入理解,现代社会的技术革新将仍然停留在初级水平,现在司空见惯的高科技计算机和电子通信等产品将很有可能是海市蜃楼。但如果我们采用周期性的"人工原子"进行重新构建,可以看出 μ 和 ε 如果单个为负或者同时为负在数学上也是可行的。事实上,双正和单负的现象在自然界中是普遍存在的,图 0-1 给出了 ε 和 μ 的坐标系和一些代表性的材料。

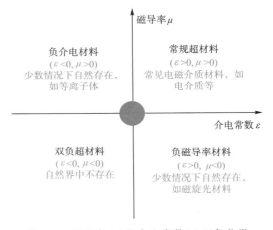

图 0-1　磁导率(μ)和介电常数(ε)正负分类及其对应的材料

双负指数的想法 Veselago 早在 1967 年就已经提出,并指出在理论上双负介质(ε 和 μ 同时为负)是存在的,但是遗憾的是,从实验上如何实现这种双负介质没有得到解决,这使得超材料的研究一直没有在学术界引起足够的重视。直到 20 世纪 90 年代末,英国伦敦帝国理工学院 Pendry 教授开创性地在两篇论文中提出金属丝阵列和开口谐振环(SRRs)的结构能分别实现负的 ε 和 μ,从实验的角度指出双负的介质的确是可以实现的,他也因此被称为超材料之父。特别地,这里负介电常数是利用了金属阵列类等离子体的响应,负磁导率则是把 SRRs 处理成等价谐振电路,从而实现人工磁响应,因而能用人工结构的方法分别实现单负超材料(single negative metamaterial)。后来发现将这两种结构结合起来,能在相应的电磁频段得到 ε 和 μ 同时为负的双负超材料。从折射定律并结合麦克斯韦方程组,双负材料的折射率可以表示为 $n=-\sqrt{\varepsilon\mu}<0$,同时这种双负超材料还能实现逆向多普勒效应,逆 Cherenkov 衍射等。从无到有,Pendry 和 Smith 共同迈出了人工制备双负电磁超材料的第一步,但是总体来说,这两篇论文只是激发了个别科学家的研究兴趣,因为即使双负介质能实现,其相关的应用前景仍然不明确。随后 Pendry 在 2000 年提出了负折射率材料利用不同的成

像原理能突破光学透镜 1/2 波长的极限分辨率,从而实现完美透镜,指出用双负的平板能完美地重现波源处的物体,这对于高分辨率成像和高密度光存储等领域的研究都具有划时代的意义。2001 年,杜克大学 Smith 等人在微波频段制备出了双负材料,并且首次验证了"双负"这个超材料具备的有趣特征是在实验上可行的。需要指出的是,此时仍然缺少一个超材料设计的通用准则,特别是在材料跟电磁波作用的过程中的一些细节仍然未知。2006 年在《科学》杂志上刊登的一篇文章完美地解决了这一问题,用光学变换的方法,提出了一个超材料的设计方法,可以任意改变电磁波传播的方向,比如可以使电磁波偏离物体,从而实现物体的隐形。同年,第一个微波隐形衣在实验上首次被开发出来。

这些研究报道构建了超材料设计和制备过程中的基本理论体系和设计思路,在这其中预言的超材料广泛的应用前景也极大地激发了各国学者的研究热情,将超材料的前沿从最初的微波超材料推进到红外波段进而覆盖全电磁波段,从开发单纯的电磁学双负的特征往宽频段、强调控、低成本的方向推进。最重要的是,电磁超材料设计过程中利用人工单元重构宏观、介观、微观物理世界的思路为后续超材料拓展到非电磁领域,例如力学、声学、信息学等奠定了理论基础,以此为基点,超材料已经脱离了物质或结构与电磁场的作用范畴,而把其他种类的场作用也纳入超材料的研究中,丰富了超材料特性和基因库,从而有利于最终形成超材料的设计、制备、性能的理论体系。

电磁超材料的发明是当代电磁学发展的一大步,以此为契机,研究者们在超材料的开发和性能的改进上做出了不懈的努力。总体来说,超材料的发展前沿可以概括为加工技术由低精度向高精度方向发展,应用频段从低频向高频方向发展,开发则从电磁学向力学、声学等领域拓展。

0.3 超材料的地位和作用

自从超材料所展现出来的奇特性质和应用价值被科学和工业界所认识,人们首次明确地认识到,可以在宏观或者可控制的尺度下对我们之前认识的物理世界进行"重构"。事实上,这种由人工构建的基本"单元"组成的"材料"可以超越很多自然界材料本征参数的限制,实现自然材料所不具有的物理特性和功能。由此,超材料作为独立学科正式诞生,成为一项在国际上热门的新兴交叉学科。

2001 年,杜克大学 Smith 教授等科学家首次实现的微波段的左手材料,证明了负折射率材料的存在。2003 年研发的"负折射率左手材料"被《科学》杂志评为"世界十大科技突破"之一。2006 年,Smith 等科学家和英国伦敦帝国理工学院 Pendry 教授共同提出了超材料薄层能够让光线绕过物体从而使物体隐形的预测,并展示了隐形斗篷的雏形,同年也被《科学》杂志评为"世界十大科技突破"之一。2007 年《今日材料》评选超材料为材料科学领域在过去 50 年间的十大进展之一。2009 年 1 月,Smith 等人第一次实现了宽频带超材料隐身衣的设计与制备,该成果刊登在《美国科学》杂志上,引起业界很大的反响,并于 2010 年被《科学》杂志评为 21 世纪影响人类十大科技突破之一。无独有偶,2016 年基于超材料设计制备的光学段超透镜(图 0-2)突破了现阶段光学透镜的聚光性差、色差大等劣势,被《科学》杂志评为当年年度十大进展之一。美国国防部专门启动了超材料研究计划;英特尔、AMD 和 IBM 等六家公司成立了联合基金;欧盟和日本也制订了研究计划,进行投资研究。随着研究的不断深入,超材料技术的突破性进展引起了各界的广泛关注。

值得强调的是,我国在超材料研究领域也一直走在科学前沿,如清华大学周济院士团队开发的介质超材料、东南大学崔铁军院士团队研发的编码超材料、浙江大学彭华新教授团队提出的超复合材料、山东大学范润华教授团队提出的随机微结构超材料等,均为超材料领域的创新和应用奠定了重要基础,符合《中国制造 2025》的强国战略。我国政府也对超材料技术予以了高度的关注,2016 年 3 月,"十三五"规划纲要提出:大力发展形状记忆合金、自修复材料等智能材料,石墨烯、超材料等功能材料。这意味着超材料已经正式上升为国家战略。笔者总结了"十三五"规划纲要里包含的未来五年中国计划实施的 100 个重大工程及项目,超材料就赫然在列。在研发经费支持方面,超材料也是我国重点投入方向之一,863 计划、973 计划、国家自然科学基金等重大科学项目都给予了大力支持。

图 0-2　光学段超透镜概念图

由中国材料研究学会超材料分会举办的第一届全国超材料大会于 2019 年 11 月在西安召开,有 1300 余名超材料领域的专家学者和科研工作者参加,展示了我国在该领域的崭新研究成果。

在工业界,中航工业济南特种结构研究所等一批国防单位实现了超材料工程应用。光启技术股份有限公司凭借在超材料领域的优势,参与了多个重点项目,成为军民融合发展的典范。经过六年的发展,光启在我国超材料产业化领域的地位和标杆作用已得到企业界的认可。超材料电磁调制技术国家重点实验室和全国电磁超材料技术及制品标准化技术委员会秘书处都设在光启,光启领衔制定的全球第一份超材料领域的国家标准 GB/T 32005—2015《电磁超材料术语》已于 2016 年 10 月 1 日起实施。

0.4　本书内容特色和结构安排

0.4.1　本书内容特色

本书内容力图体现以下几点特色:

（1）近年来超材料的研发重点逐渐从电磁超材料延伸到力学、声学、信息超材料等领域，笔者敏感地捕捉到了这一趋势，将非电磁超材料的概念、设计、性能等合理归纳入传统电磁超材料框架并进行了系统论述，实现了超材料设计、制备、性能、应用的统一化，以帮助读者能更清晰地获取超材料领域内前沿知识和发展规律。

（2）目前关于超材料的书籍或专著普遍以阐述其物理特性或科学内涵为主，对其工程应用讨论较少。本书对不同种类的超材料在电磁隐身、高精度成像、雷达通信等领域的应用价值进行了详细评价，并总结了其当前工程应用的情况，对超材料未来发展趋势和应用前景进行了预测。

（3）本书从《中国制造 2025》的国家战略角度出发，明确了超材料对国防、航空、航天等战略领域的重大价值，对超材料的宣传和行业发展规范的建立具有重要意义。

（4）本书面向具有一定科学基础的读者，避免使用大量专业术语和晦涩的物理、数学模型，可读性较强。

0.4.2 本书结构安排

本书共分八章（不含第 0 章），其主要内容概括如下：第 1 章到第 3 章详细论述电磁超材料。第 1 章从微观到宏观的尺度上简要论述了超材料的制备方法，后续章节中针对各类超材料均有相关制造技术的论述；第 2 章按照超材料应用的频率波段分别论述微波频段、近红外及红外频段、光波段超材料的设计思路及科学原理，围绕单/双负电磁指数获取的关键科学问题，对国内外研发上述超材料的性能进行论述和评价；第 3 章简单论述电磁超材料的现阶段应用领域及未来应用前景。第 4 章到第 7 章论述非电磁超材料。第 4 章论述声学超材料，主要从声学超材料的研发背景和发展历程出发，介绍声学超材料的基本理论和设计思路，通过对含有双负结构性参数的关键性模型的解析，对声学超材料在隐身、成像等工程领域的研究价值进行论述和评价，并尝试对未来研究趋势进行预测；第 5 章论述力学超材料，从力学超材料的定义及分类出发，清晰论述了其设计原理及制备方法，并围绕其负热膨胀、轻质超强、可调节杨氏模量、力学不稳定模式等一系列特殊性能进行了深入解析，最后简述了其工程应用价值；第 6 章论述信息超材料，从信息超材料的诞生及定义出发，论述了其设计原理、编码算法和当前适用的制备方法和工艺，并讨论了其在隐身和全息成像上的应用价值；第 7 章论述热学超材料，从热学超材料的定义出发，论述了其设计原理、制备方法和工艺，并介绍和评论热学超材料从基础研究到工业应用的前景。第 8 章对前文论述的不同种类超材料的性能特点进行归纳总结，明确目前超材料行业的巨大产业价值和对国防、航空航天等大型工程项目的重大战略意义，预测了超材料领域在研发和工程应用上的发展趋势，同时对我国在超材料行业发展趋势中应发挥的作用提出了建议。

第1章 电磁超材料的制备方法

超材料的概念形成于 21 世纪初,其发展历史还很短,但是其在学术界引发的讨论和引起的关注是空前的。图 1-1 给出了超材料技术的发展历程及未来趋势,从时间线整体看来,电磁超材料的发展经历了从低频微波段逐渐过渡到高频太赫兹波段,从实验室研究阶段到探索应用阶段,从二维周期性超材料和超表面到三维立体超材料阶段。

实现超材料特殊的电磁性能的一个关键要素是满足人工原子(building block)的尺度远小于与其发生作用的电磁波的波长,因而从物理上超材料整体能被看作均质电磁介质,并可以由材料的基本电磁参数表征(如介电常数、磁导率等)。由于电磁超材料的开发已经覆盖全电磁波段,因而其对应的制备方法也涵盖了从微观精细微纳加工(红外、太赫兹可见光波段)到介观、宏观工程加工方法(低频微波频段)。本章将从构成超材料的人工原子的尺度出发,论述从微观到宏观的超材料制备方法。

1.1 微观尺度下超材料的制备方法

微纳加工技术指尺度为亚毫米、微米和纳米量级元件以及由这些元件构成的部件或系统的优化设计、加工、组装、系统集成与应用技术,涉及多领域、多学科交叉融合,其最主要的发展方向是微纳器件与系统(MEMS 和 NEMS)。微纳器件与系统是在集成电路制作上发展的系列专用技术,研制微型传感器、微型执行器等器件和系统,具有微型化、批量化、成本低的鲜明特点,对现代生活、生产产生了巨大的促进作用,并催生了一批新兴产业。

微纳加工大致可以分为"自上而下"和"自下而上"两类。"自上而下"是从宏观对象出发,以相关工艺为基础,对材料或原料进行加工,最小结果尺寸和精度通常由光刻或刻蚀环节的分辨力决定。"自下而上"技术则是从微观世界出发,通过控制原子、分子和其他纳米对象的相互作用力将各种单元构建在一起,形成微纳结构与器件。

尽管超材料表现出了超常的性能以及广阔的应用前景,但是,由于超材料所涉及的微纳尺度材料加工技术尚不成熟,超材料的制备一直是限制其得到实际应用的瓶颈之一。当前尚没有对超材料制备方式的统一分类方式,应用比较多的高频超材料制备方式有光刻类技术和印刷类技术两类。光刻类技术一般是利用各种光源使掩模板图形化或者利用已有的掩模板使光源图形化,辅以恰当的材料沉积方法或者抽减方法完成超材料的成形;而印刷类技术一般不需要掩模板或者利用已有的掩模板在基板上直接印刷沉积超材料。

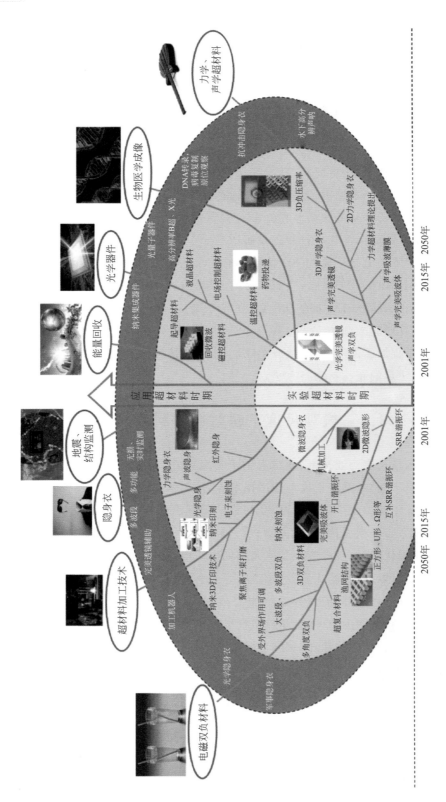

图1-1 超材料技术的发展历程及未来趋势

此外,还有以电子束直写(electron beam direct-write,EBDW)、蘸笔印刷(dip-pen nanol-ithography,DPN)、聚焦离子束(focused ion beam,FIB)等为代表的直写类技术。

1.1.1　光刻类技术

光刻技术(lithography)是一种应用最多的获得材料特殊图案的技术。自 20 世纪 50 年代开始到现在,光刻技术经历了紫外全谱(300~450 nm)、G 线(436 nm)、I 线(365 nm)以及深紫外(deep ultraviolet,DUV,248 nm 和 193 nm)光刻、极紫外(extreme ultraviolet,EUV)光刻等阶段,后来又发展出了 X 射线光刻(X-ray lithography,XRL)、电子束光刻(electron beam lithogra-phy,EBL)、离子束光刻(ion beam lithography,IBL)[1]。理论分辨率一步步向纳米量级推进。迄今光刻技术在微细加工技术中依旧占据着主导地位。

基于光刻技术的微纳加工技术主要包含以下过程:掩模(mask)制备、图形形成及转移(涂胶、曝光、显影)、薄膜沉积、刻蚀、外延生长、氧化和掺杂等。在基片表面涂覆一层某种光敏介质的薄膜(抗蚀胶),曝光系统把掩模板的图形投射在薄膜(抗蚀胶)上,光(光子)的曝光过程是通过光化学作用使抗蚀胶发生光化学作用,形成微细图形的潜像,再通过显影过程使剩余的抗蚀胶层转变成具有微细图形的窗口,后续基于抗蚀胶图案进行镀膜、刻蚀等可进一步制作所需微纳结构或器件。

掩模板是根据放大了的原图制备的带有透明窗口的模板。例如,可以用平整的玻璃板,涂覆上金属铬薄膜,通过类似照相制版的方法制备而成。具有微纳图形结构的掩模板通常使用电子束光刻机直接制备,其制作过程就是典型的光刻工艺过程,包括金属各层沉积、涂胶、电子束光刻、显影、铬层腐蚀及去胶等过程。由于模板像素超多,用扫描式光刻机制作掩模板的速度相当慢,造价十分昂贵。通过光刻技术制作出的微纳结构需进一步通过刻蚀或者镀膜,才可获得所需的结构或元件。在光刻制备法中,曝光光刻是图形形成的核心工艺过程,可分为正胶光刻工艺和负胶光刻工艺(见图 1-2),采用相同掩模板制作时,二者可获得互补的图形结构。另外,曝光按照不同工作距离可分为接近式曝光、近贴式曝光(接触曝光)和投射式光学曝光;按照曝光系统的工作光源又可分为紫外线曝光、X 射线与紫外线曝光、电子束与离子束曝光。此外,微纳印刷技术,如纳米压印技术,在纳米结构及器件制作中得到了良好的发展,其高效的图形复制特点使

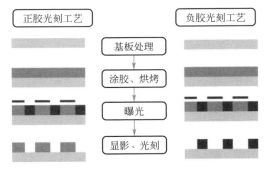

图 1-2　正胶光刻与负胶光刻工艺流程图

之在工业界极具吸引力。卷对卷(roll-to-roll,R2R)滚轴压印技术已经被生产线广泛采用。

刻蚀技术是按照掩模图形对衬底表面或表面覆盖薄膜进行选择性腐蚀或剥离的技术,可分为湿法刻蚀和干法刻蚀。湿法刻蚀最普遍,也是设备成本最低的刻蚀方法。大部分的

湿刻蚀液均是各向同性的,换言之,对刻蚀接触点的任何方向腐蚀速度并无明显差异。刻蚀技术最早是用于集成电路的生产,其特点是不同的硅晶面腐蚀速率相差极大,尤其是〈111〉方向,足足比〈100〉或是〈110〉方向的腐蚀速率小一到两个数量级。因此,腐蚀速率最慢的晶面,往往是腐蚀后留下的特定面。干法刻蚀利用等离子体来进行半导体薄膜材料的刻蚀加工。其中等离子体必须在真空度 0.001~10 Torr(1 Torr 约等于 133.3 Pa)的环境下,才有可能被激发出来;而干法刻蚀采用的气体,或轰击质量颇大,或化学活性极高,均能达成刻蚀的目的。其最重要的优点是能兼顾边缘侧向侵蚀现象极微与高刻蚀率两种优点。干法刻蚀能够满足亚微米/纳米线宽制程技术的要求,且在微纳加工技术中被大量使用。

刻蚀技术是微电子技术的核心技术之一,是指按照加工要求的图形或掩模图形对半导体衬底表面或表面覆盖的薄膜进行选择性剥离或腐蚀的技术。该技术是用一种较成熟的方法来制备超材料,当前应用最多的刻蚀技术有电子束刻蚀、离子束刻蚀、激光刻蚀等方法。电子束刻蚀技术是利用聚焦后的电子束对基片上的抗蚀剂进行曝光,曝光后在抗蚀剂中产生具有不同溶解性能的区域,选择适当的显影剂对其进行显影,就可以得到预先设计的图形。沿用此方法,Tandaechanurat 等人成功制备了具有扭曲光学平面的超材料,图 1-3 所示为电子束光刻技术制备的光子晶体[2]。

图 1-3　电子束光刻技术制备的光子晶体[2]

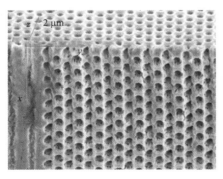

图 1-4　离子束刻蚀技术制备的面心立方晶格(FFC)结构的光子晶体[3]

离子束刻蚀是以离子束为刻蚀手段达到刻蚀目的进行纳微结构制备的技术,其分辨率限制于粒子进入基底以及离子能量耗尽过程的路径范围。离子在固体中的散射效应较小,并能以较快的直写速度进行小于 50 nm 的刻蚀,故聚焦离子束刻蚀是纳米加工的一种理想方法之一(见图 1-4)[3]。该方法与自组装技术相结合使用,可以成功制备大面积双渔网结构的超材料[4]以及三维手性超材料[5]。

激光刻蚀技术是通过调节激光光路,实现多光束相干激光汇聚,在汇聚区域形成周期性变化的干涉图案,并将图案记录在感光材料上。激光全息技术是一种特殊的激光刻蚀技术,如图 1-5 所示[6]。通过改变光束构型和参数,可以得到不同对称形貌、不同周期尺寸大小的微纳结构材料[7-11]。另外,结合使用激光刻蚀法与电沉积技术[12,13]、溶胶凝胶法[14]以及原子层技术[15]向空气孔洞中填充其他介电常数较高的材料,可以成功制备反结构。

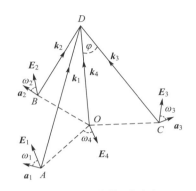 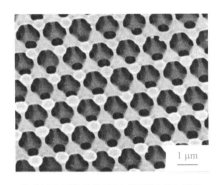

(a) 制备FCC结构的几何光束　　　　　(b) 制备FCC结构的SEM(扫描电镜)照片

图 1-5　激光全息光刻技术制备的光子晶体[6]

除此之外,通过激光直写技术也可以成功制备超材料。利用聚焦后的激光束对样品表面进行照射,照射后样品会发生物理变化(如挥发)或化学变化(如氧化),从而制备微结构[16]。而且通过调节激光光束的入射角、偏振、曝光量等参数,可以调整显影后样品的周期尺寸、对比度、占空比等,从而获得不同的微结构,如图 1-6 所示。

紫外全谱(300～450 nm)主要用于激光转印等方面。248 nm KrF 和 193 nm ArF 深紫外光刻技术飞速发展[17],已分别成为 Intel 等多家半导体公司 130 nm 和 90 nm 集成电路光刻的主流技术,且在超材料应用方面也有了较深入的研究[18]。极紫外光刻技术需要一系列多层膜反射镜,由于成本昂贵、可控性差、只能制作规则图形[19],当前还很少应用于超材料的制备,但对于高精度的短线对、长短线对等规则图形来说是一种

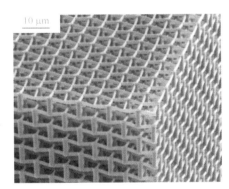

图 1-6　激光直写技术制备的堆积
结构光子晶体[16]

不错的选择。X 射线光刻由于没有透镜,也就不存在像差,可以得到较高的分辨率,用 X 射线光刻制得的光学负折射率超材料的最小线宽达到了20 nm[20]。但是,X 射线光刻的光源只能用高强的同步辐射光源,成本昂贵,同时还存在掩模板制作复杂等缺点,X 射线光刻在超材料制备方面还不能大规模应用。离子束光刻采用的光源是离子束,虽然邻近效应几乎为零且感光胶对离子比对电子灵敏得多,但离子在感光胶中的曝光深度太浅且离子束很难

聚焦,离子束光刻通常不直接用于超材料的制备,而改用重离子的聚焦离子束技术则有较好的应用。

电子束光刻是当前采用最多、分辨率最高、使用最灵活的超材料制备技术。标准的电子束光刻工艺一般包括基片预处理、涂胶、前烘、对准和曝光、显影、清洗、后烘、刻蚀、去胶等几个基本步骤。其对准精度较高、曝光简单、易于加工成多层材料,故常用于超材料的制备和高精度掩模板的制备。但电子束光刻存在磁透镜的像差问题,同时也存在邻近效应和曝光效率低等问题。通过合适的消除像差手段[21,22]提高电磁透镜聚焦电子的能力和通过几何尺寸预校正、剂量分区校正等工艺手段[23]可以将电子束光刻系统的分辨率提高至 5 nm[24]。迄今,电子束光刻技术依然是制备超材料的主要手段。

1.1.2 印刷类技术

由于光刻类技术具有加工精度高、器件特性好的优点,现阶段普遍采用光刻类技术制备超材料,但是,光刻类技术工艺复杂,技术要求高,成本较高,污染也很大。而在光刻类技术基础上发展起来的喷墨打印、激光转印和纳米压印(nano-imprint lithography,NIL)等印刷类技术,由于成本低、加工简单,且易于柔性化生产,正日益凸显其重要性。

1.1.2.1 喷墨打印

喷墨打印通过墨水直接在基材上沉积成形获得想要的图案。其分辨率通常由墨滴沉积面积决定,利用该技术加工的线宽最小可以达到微米量级。通过优化墨水的化学组成、调控基材表面的化学组成或物理结构以及改进喷墨设备等方法可以减小喷射墨滴的尺寸或者控制墨滴在基材表面的浸润行为,从而有效提高喷墨打印图案的分辨率。已有研究验证了它在超材料制备方面的可行性[25]。喷墨打印由于成本低、效率高而且可以很方便地实现柔性化生产而吸引了越来越多的研究者。2014 年 Yoo 等提出一种在纸上喷墨打印制备电磁吸收体的方法[26],他们在 0.508 mm 厚的纸上打印出的吸收体可以在 10.36 GHz 实现 79.5% 的吸收率。2015 年,Ling 等改进工艺,制备出的超材料可以在 3.97~4.42 GHz 范围内实现 90% 以上的吸收率[27]。

喷墨打印技术比一般光刻类技术更容易实现大面积复杂图案的直接书写和复合功能材料的图案化,其独特的优势使其成为微米量级图案加工的最有前景的方法之一。

1.1.2.2 激光转印

激光转印技术是先将光源发出的高斯脉冲光束整形为平顶光束,再利用空间光调制器构建图案并在光敏的导电浆料上成像,最后经过烘胶在基底上形成图案化微米级结构。2010 年,Kim 等用激光转印技术在硅基底上制备了线宽为 6 μm 的开口谐振环结构阵列,其透射特性与仿真相符[28]。2011 年,Auyeung 等通过使用数字微镜装置(digital micromirror device,DMD)使激光转印技术能构建的图案更加多样化,其最小线宽达到了 4 μm[29]。相比于光刻技术,激光转印技术工艺流程更加简洁,制备方法更加灵活。但该技术目前仅限于单层超材料的制备,且匀浆工艺也有待提高。尽管如此,激光转印技术也因和喷墨打印技术一样具有成本低、自动化程度高等特点而不容忽视,在制作微米级以上的单层超材料时,是一种经济、高效又环保的选择。

1.1.2.3　纳米压印

纳米压印技术指使用带有纳米结构的印章通过压印的方式将印章图形复制到基底上的方法,最早由 Chou 等提出[30]。由于该技术使用的印章模板是通过电子束光刻或聚焦离子束等手段制得的,因此用该模板加工出的超材料也具有相应的精度。根据固化脱模的方式不同将纳米压印技术分为热压印(hot embossing lithography, HEL)、紫外压印(ultraviolet nano-imprint lithography, UV-NIL)以及微接触压印(μ-contact printing, μCP)三类。纳米压印具有和光刻类技术媲美的精度,还可用于制备三维纳米结构超材料和柔性超材料,具有很强的商业可行性。但是,纳米压印要想大面积投入工业生产,还面临模板昂贵、易损伤等问题[31]。

(1)热压印。热压印是最早的纳米压印技术,压印过程中采用较高的温度和压强来固化光刻胶。早在 1997 年,Chou 等就已经用热压印实现了 10 nm 线宽图形的热压印制备[32]。很快地,热压印技术就因为其工艺简单、穿透深度深、分辨率高、生产效率高、成本低和适合工业化生产等独特优点被应用到了超材料的制备中,并在一定程度上可以取代光刻类技术制备红外波段和可见光波段超材料[33]。

(2)紫外压印工艺采用具有紫外光照射固化功能的光刻胶,克服了热压印过程需加热的缺点,且所需压强也较小。这种工艺由于比热压印更加容易实现工业化,因此得到了人们的重视。改进的步进-闪光压印技术最小能实现的线宽也已达到了 10 nm 以下[34]。2009 年,Ahn 和 Guo 提出了一种滚轮式纳米压印技术[35](roll to roll nano-imprint lithography, R2RNIL),如图 1-7 所示。该技术通过使用柔性衬底和柔性印模,同时完成涂胶和压印过程,提高了紫外压印技术通量的同时,也减少了模板的损坏,既提高了生产效率,也减少了生产成本,将紫外压印的大批量工业化向前推进了一大步。此外,该技术还可以用于制作多层结构超材料。2015 年,Yang 等用 405 nm 的紫外光制备多层结构的超材料,获得了 48 nm 的线宽[36]。

(3)微接触压印。微接触压印工艺通过模板表面的光刻胶分子与基底表面的物理化学作用形成组装单分子层,实现纳米结构图形的转移。其最早由 Wilbur 等提出[37],当前最小特征尺寸可以达到50 nm。这种采用自组装的制备方法制得的超材料有着独特的表面物理化学性质和在图案表面控制生物细胞的能力,故在生物芯片制作以及表面性质研究等领域具有较强的应用潜力。这种工艺简单、效率高、成本低,特别适合制作大面积的简单图案。

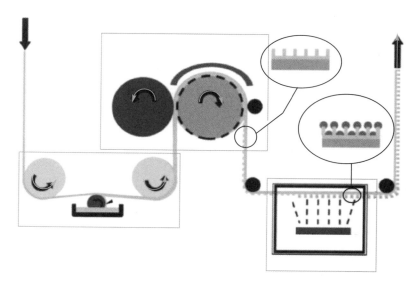

图 1-7　滚轮式纳米压印技术[35]

　　除了以上两类基于光刻和印刷的技术外,还有其他诸如电子束直写、蘸笔印刷、聚焦离子束等直写类技术可以用来制备超材料。虽然它们的原理各不相同,但都是直接在微纳尺度操控原子来形成特定的图案,故普遍具有精度高、效率低、只能制作小尺寸材料的特点,一般可以用来制作高精度掩模板和光栅等,也可用来制备高精度的超材料[38-40]。

1.1.3　其他技术

　　当前除上述两种微纳加工技术以外,也有研究者采用自组装技术制备超材料。自组装技术是一种不依靠人力就能完成组装和构筑结构的方法。一般情况下,只要胶粒的尺寸够大(500 nm 以上),由于重力作用,它们就能自发地沉积在容器底部,然后经历无序到有序的自组装过程。使用该方法来制备胶体晶体过程较为简单,一般实验室都可做。对于粒径较小的粒子(300 nm 以下),无法通过重力沉积,但能在离心力下排列成有序结构,特别是对亚微米的胶粒(300～500 nm),这种方法简单快捷,能形成单分散结构。此外,当基片被单分散微球的悬浮液润湿后,随着溶剂的蒸发,毛细管力(纵向毛细管力[41]或横向毛细管力[42])驱动弯月面中的微球在基片表面自组装为周期排列结构,形成胶体晶体。

　　此外,也有研究者采用当前热点制造方法之一的增材打印技术制造超材料。例如,类比光子晶体光纤的制作方法,Tuniz 等[43]利用光纤拉丝方法也成功制作出三维超材料,如图 1-8 所示。随着微加工技术的不断进步以及 3D 打印技术的繁荣,打印技术也成为超材料制备的新途径[44]。虽然通过这种方法制备超材料不需要制作掩模板或模板,但是很难制备小尺寸金属线宽的结构。

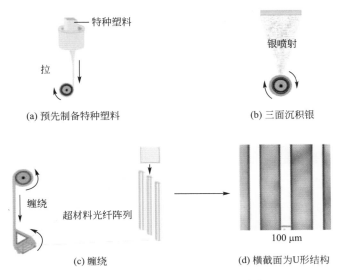

图 1-8　光纤拉丝法制备超材料[43]

1.2　宏观尺度下超材料的制备方法

高频超材料由于其对应的人工单元尺度远远小于波长,尺寸往往在纳米甚至亚纳米的量级上,而随着应用波长的增加,超材料的人工单元的尺寸将逐渐增长到微米和厘米的范围,因而没有必要采用高成本的微纳加工技术,一般的精密机械加工往往能满足技术要求。例如最早报道的在微波频段采用周期性排列的开口金属谐振圆环和金属导棒[45,46],即采用这种方式加工而成。其优点是相比微纳加工技术,成本较低,缺点是无法批量加工生产,每一个人工单元只能独立加工完成,加工周期长,是后期继续工程化和产业化的一大障碍。

最新提出的将超材料性能与高性能树脂基工程复合材料相结合形成超复合材料的概念,不但低成本和省时,而且符合标准工业化生产的基本要求,有希望解决宏观尺度下超材料制备的工程化应用问题。一个典型的例子是纤维增强树脂基复合材料中添加周期性排列的铁磁功能纤维。下面结合航空用 Hexcel E-glass 913 型预浸料对此类超复合材料的制备方法进行简单说明[47,48]。

(1)将铁磁功能纤维按照周期性排布的方法埋入解冻后两层的纤维增强预浸料中(每层约 250 mm),为了保证功能纤维在基体材料中排布的准确性,需要辅以标定尺具,保证间距误差不超过 1%。

(2)将埋入功能纤维的两层预浸料用滚轮处理,使得表面没有可见的褶皱,并预抽真空,尽量排除复合材料中的气孔。

（3）采用手工铺层的方式将另外两层玻璃纤维增强预浸料与埋入功能纤维的预浸料结合，确保功能纤维在中间层，从而保证整体复合材料的各向同性，并采用上述除气步骤保证材料宏观上的平整度。

（4）将铺层后的复合材料置于高平整度铝模具上，并放入真空袋中抽真空，直至袋内压强在 94.6～104.7 kPa 范围内。

（5）打袋后将复合材料放入热压罐中成形，采用的工艺如下：以 2.4 ℃/h 的升温速率加热到 125 ℃，保温 2 h 后自然随炉冷却，同时以 0.07 MPa/min 的升压速率加压到 0.62 MPa 后保压 270 min，随后以 0.07 MPa/min 的降压速率下降到大气压。

（6）最后将热压罐成形后的超复合材料进行简单的表面清理、机械加工，即可用于下一步的电磁测试。

此外，在微波频段实现超材料性能还有基于 PCB 工艺的制备方法、传统粉末冶金和陶瓷工艺方法等。其中前者是通过打印或电镀等方法，在介质基板上覆盖金属结构，形成的复合结构能够在特定电磁环境下表现出特异的电磁性能。前文提到的金属开口谐振环亦可用此种方法制备，并且相比于精密机械加工，此种方法精度更高，重复性更好；缺点是成本较高，且最终成品很大程度上依赖选取的 PCB 基板的质量。传统的粉末冶金和陶瓷工艺则适用于制备基于超构介质的逾渗复合材料，具体特点将在后文详细展开。

本章论述了当前超材料常见的制备技术。总体说来，在微观尺度下，由于超材料结构单元尺度较小，为了保证加工精度，往往需要微纳加工技术的介入，具体以光刻类技术和印刷类技术为主，其优点是加工精度高，可加工复杂的人工原子图案，但缺点也很明显，高昂的加工成本和低下的制备效率是制约其工业化应用的主要因素；在宏观尺度下，加工成本大大降低，精密机械加工能满足一般低频段超材料的制造需求，但是制造成本依然比较高，且对于复杂形状的功能单元加工效率低或甚至无法加工，其应用范围受到制约。近几年慢慢兴起的超复合材料的概念带动了高性能纤维复合材料制造技术在超材料领域的应用，将具有超材料性能的功能单元与复合材料相结合有望解决当前低频超材料制造效率低的问题。

由于现阶段超材料的结构复杂、尺寸范围大等特点，也相应带动了加工制造业的发展，对《中国制造 2025》的实施具有工程意义。特别在纳米加工方面，精度已经得到了显著提高。但是，我们也应该意识到，针对超材料在未来的应用趋势，当务之急就是应该从材料制造的方向控制成本，因而在不断提高在各个尺寸加工精度的同时，也希望能有更快捷、更低廉、更模块化、更工业化的加工方法的出现来加速超材料在未来的应用。

参考文献

[1] ITO T, OKAZAKI S. Pushing the limits of lithography[J]. Nature, 2000, 406(6799): 1027-1031.

[2] TANDAECHANURAT A, ISHIDA S, GUIMARD D, et al. Lasing oscillation in a three-dimensional

photonic crystal nanocavity with a complete bandgap[J]. Nature Photonics，2010，5(2)：91-94.

[3] BROEK J M V D，WOLDERING L A，TJERKSTRA R W，et al. Inverse-woodpile photonic band gap crystals with a cubic diamond-like structure made from single-crystalline silicon[J]. Advanced Functional Materials，2012，22(1)：25-31.

[4] LODEWIJKS K，VERELLEN N，ROY W V，et al. Self-assembled hexagonal double fishnets as negative index materials[J]. Applied Physics Letters，2010，98(9)：091101.

[5] VIGNOLINI S，YUFA N A，CUNHA P S，et al. A3D optical metamaterial made by self-assembly [J]. Advanced Materials，2012，24(10)：23-27.

[6] WANG X，XU J F，SU H M，et al. Three-dimensional photonic crystals fabricated by visible light holographic lithography[J]. Applied Physics Letters，2003，82(14)：2212-2214.

[7] 王霞，许剑锋，苏慧敏，等. 亚微米结构的可见光聚合全息制作[J]. 物理学报，2002，51(3)：527-531.

[8] WANG X，XU J，SU H，et al. Fabrication of sub-micron structure by visible light polymerization holographic[J]. Journal of Physics，2002，51(3)：527-531.

[9] WANG X，NG C Y，TAM W Y，et al. Large-area two-dimensional mesoscale quasi-crystals[J]. Advanced Materials，2010，15(18)：1526-1528.

[10] WANG X，XU J，LEE J C W，et al. Realization of optical periodic quasi Al_2-O_3 crystals using holographic lithography[J]. Applied Physics Letters，2006，88(5)：53-55.

[11] XU J，MA R，WANG X，et al. Icosahedral quasi-crystals for visible wavelengths by optical interference holography[J]. Optics Express，2007，15(7)：4287-4295.

[12] WANG X，GAO W，HUNG J，et al. Optical activities of large area SUB microspirals fabricated by multibeam holographic lithography[J]. Applied Optics，2014，53(11)：2425-2430.

[13] TAN Z，FENG Z H，YU L P. Preparation and characterization of bowl like porous ZnO film by electrodeposition using two-dimensional photonic crystal template[J]. Journal of Materials Science：Materials in Electronics，2013，24(7)：2630-2635.

[14] PARK S G，MIYAKE M，YANG S M，et al. Cu_2O inverse woodpile photonic crystals by prism holographic lithography and electrodeposition[J]. Advanced Materials，2011，23(24)：2749-2752.

[15] PARK S G，JEON T Y，YANG S M. Fabrication of three-dimensional nanostructured Titania materials by prism holographic lithography and the sol-gel reaction[J]. Langmuir，2013，29(31)：9620-9625.

[16] BUCKMANN T，STENGER N，KADIC M，et al. Tailored 3D mechanical metamaterials made by dip-in direct-laser-writing optical lithography[J]. Adv. Materials，2012(24)：2710-2714.

[17] HULTEEN J C，TREICHEL D A，SMITH M T，et al. Nanosphere lithography：size-tunable silver nanoparticle and surface cluster arrays[J]. The Journal of Chemical Physics B，1999，103：3854-3863.

[18] ESTROFF A，LAFFERTY N V，XIE P，et al. Metamaterials for enhancement of DUV lithography [J]. Proc Spie，2010：7640-7642.

[19] SOLAK H H，DAVID C，GOBRECHT J，et al. Sub-50 nm period patterns with EUV interference lithography[J]. Microelectronic Engineering，2003，67(1)：56-62.

[20] SHALAEV V，KILDISHEV A，KLAR T，et al. Optical negative-index metamaterials：from low to no-loss and from linear to nonlinear optics[J]. Nature Photonics，2006，1(1)：41-48.

[21] MUNRO，E. Design and optimization of magnetic lenses and deflection systems for electron beams

　　　　　[J]. Journal of Vacuum Science and Technology，1976，26(4)：216-222.

[22] OHIWA H. Moving objective lens and the Fraunhofer condition for pre-deflection[J].Optik，1979，53(1)：63-68.

[23] 王冠亚.高精度掩模板电子束光刻关键技术研究[D]. 北京：中国科学院大学，2013.

[24] YANG J K W，BERGGREN K K. Using high-contrast salty development of hydrogen silsesquioxane for sub-10-nm half-pitch lithography[J]. Journal of Vacuum Science & Technology B：Microelectronics and Nanometer Structures Processing，Measurement，and Phenomena，2007，25(25)：2025-2029.

[25] WALTHER M，ORTNER A，MEIER H，et al. Terahertz metamaterials fabricated by inkjet printing[J]. Applied Physics Letters，2009，95(25)：251107.

[26] YOO M，LIM S，TENTZERIS M. Flexible inkjet-printed metamaterial paper absorber[C]// Antennas & Propagation Society International Symposium，2014.

[27] LING K，YOO M，SU W，et al. Microfluidic tunable inkjet-printed metamaterial absorber on paper[J]. Opt Express，2015，23(1)：110-120.

[28] PIQUE A，KHACHATRIAN A，KIM H，et al. Fabrication of terahertz metamaterials by laser printing[J]. Optics Letters，2010，35(23)：4039-4041.

[29] AUYEUNG R C Y，KIM H，CHARIPAR N A，et al. Laser forward transfer based on a spatial light modulator[J]. Applied Physics A，2011，102(1)：21-26.

[30] CHOU S Y，KRAUSS P R，RENSTROM P J. Imprint of sub nm vias and trenches in polymers[J]. Applied Physics Letters，1995，67(21)：3114-3116.

[31] CHEN Y. Applications of nanoimprint lithography/hot embossing：a review[J]. Applied Physics A，2015，121(2)：451-465.

[32] CHOU S Y，KRAUSS P R. Imprint lithography with sub-10 nm feature size and high throughput[J]. Microelectronic Engineering，1997，35(1)：237-240.

[33] WU W，YU Z，WANG S Y，et al. Midinfrared metamaterials fabricated by nanoimprint lithography[J]. Applied Physics Letters，2007，90(6)：509-517.

[34] CHEAM D D，KARRE P S K，PALARD M，et al. Step and flash imprint lithography for quantum dots based room temperature single electron transistor fabrication[J]. Microelectronic Engineering，2009，86(4)：646-649.

[35] AHN S H，GUO L J. High-speed roll-to-roll nanoimprint lithography on flexible plastic substrates[J]. Advanced Materials，2010，20(11)：2044-2049.

[36] YANG F，CHEN X，CHO E H，et al. Period reduction lithography innormal UV range with surface plasmon polaritons interference and hyperbolic metamaterial multilayer structure[J]. Applied Physics Express，2015(8)：062004.

[37] WILBUR J L，KUMAR A，KIM E，et al. Microfabrication by microcontact printing of self-assembled monolayers[J]. Advanced Materials，2010，6(7/8)：600-604.

[38] BASSIM N D，GILES A，CALDWELL J D，et al. Focused ion beam direct write nanofabrication of surface phonon polariton metamaterial nanostructures[J]. Microscopy & Microanalysis，2014，20(S3)：358-359.

[39] ENKRICH C，PEREZ-WILLARD F，GERTHSEN D，et al. Focused-ion-beam nanofabrication of

near-infrared magnetic metamaterials[J]. Advanced Materials，2010，17(21)：2547-2549.

[40]　VALENTINE J，ZHANG S，ZENTGRAF T，et al. Three-dimensional optical metamaterial with a negative refractive index[J]. Nature，2008，455(7211)：376-379.

[41]　IM S H，KIM M H，PARK O O. Thickness control of colloidal crystals with a substrate dipped at a tilted angle into a colloidal suspension[J]. Chemistry of Materials，2003，15(9)：1797-1802.

[42]　KIM M H，IM S H，PARK O O. Rapid fabrication of two- and three-dimensional colloidal crystal films via confined convective assembly [J]. Advanced Functional Materials，2010，15 (8)：1329-1335.

[43]　TUNIZ A，POPE B，WANG A，et al. Spatial dispersion in three-dimensional drawn magnetic metamaterials[J]. Optics Express，2012，20(11)：11924-11935.

[44]　GEORGE D，LUTKENHAUS I，LOWELL D，et al. Holographic fabrication of 3D photonic crystals through interference of multi beams with 4＋1，5＋1 and 6＋1 configurations[J]. Optics Express，2014，22(19)：22421-22431.

[45]　SHELBY R A，SMITH D R，SCHULTZ S. Experimental verification of a negative index of refraction[J]. Science. 2001，292(5514)：77-79.

[46]　SMITH D R，PADILLA W J，VIER D，et al. Composite medium with simultaneously negative permeability and permittivity[J]. Physical Review Letters. 2000，84(18)：4184-4187.

[47]　LUO Y，PENG H X，QIN F X，et al. Fe-based ferromagnetic microwires enabled meta-composites [J]. Applied Physics Letters，2013，103(25)：2066-2071.

[48]　LUO Y，PENG H X，QIN F X，et al. Metacomposite characteristics and their influential factors of polymer composites containing orthogonal ferromagnetic microwire arrays[J]. Journal of Applied Physics，2014，115(17)：173909.

第2章 电磁超材料的设计、分类及性能

超材料的发现引起了学术界的广泛关注。它打破了人们对于传统介质材料的认识,通过调控材料在关键物理尺寸上的结构有序设计,人们可以获得想要的有效介电常数 ε 和有效磁导率 μ(负数或者复数),从而达到可以操控电磁波的目的。这一开创性的概念将给我们的生活带来巨大的影响。

本章将按照超材料应用的频率波段分别论述微波频段、近红外及红外、紫外及光波段超材料的设计思路及科学内涵,围绕单/双负电磁指数获取的关键科学问题,对国内外研发上述超材料的性能进行论述和评价,并对其现阶段的应用情况进行简单介绍。

2.1 微波频段超材料

自 2001 年首次在实验室制备出第一块微波超材料以来[1],近 20 年间,研究者们提出了众多微波频段超材料的实现方法,如金属谐振结构超材料、随机分布超材料和超复合材料等。下面一一进行论述。

2.1.1 金属谐振结构超材料

2.1.1.1 金属谐振结构电磁超材料

金属谐振结构是电磁超材料发展过程中最为典型的一种实现结构,其基本思想是利用金属材料设计出一定形状的阵列结构,其单元结构尺寸远小于入射电磁波的波长,从而使得设计出的金属阵列结构能等效为一种合成媒质,且其等效介电常数或磁导率在一定的频率范围内为负值。其中最典型的为 Pendry 提出的周期性排列的无限大金属导棒阵列,能实现显著降低金属等离子体频率的特征[2]。Smith 等人于 2000 年更进一步,提出了采用连续金属线阵列和金属开口谐振环阵列相结合的方式,并首次得到了具有负折射现象的电磁超材料[3],如图 2-1 所示。

最初的金属开口谐振环结构电磁超材料印制在介质板的同侧,当入射电磁波的磁场方向沿着金属环的中心轴时,这种结构存在双各向异性,既有主要的磁谐振特性,也有寄生电谐振特性[4]。同时,这种结构的尺寸受限于其边缘耦合效应,因此工作频率相比于尺寸不能有很大程度的降低。2002 年,西班牙学者 R. Marquez 等人在 Pendry 提出的原始金属谐振环结构上,提出了众多改进型结构[5-8],如图 2-2 所示。其中图 2-2(a)所示为宽边耦合结构

的金属开口谐振环,这种结构能避免双各向异性。同时,由于两个金属环分别位于介质的两侧,从而其等效电尺寸小于最初的设计。图 2-2(b)、(c)所示的两个相互嵌套的金属开口谐振环结构以及多开口金属谐振环结构,同样能避免双各向异性。图 2-2(d)所示为螺旋结构,等效电尺寸为最初设计的 1/2,同时也具有非双各向异性特性。

(a) 首个微波频段双负电磁超材料

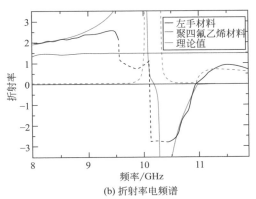

(b) 折射率电频谱

图 2-1 首个微波频段双负电磁超材料及折射率电频谱[3]

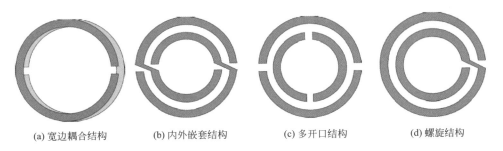

(a) 宽边耦合结构   (b) 内外嵌套结构   (c) 多开口结构   (d) 螺旋结构

图 2-2 几种改进型的金属开口谐振环单元结构

2005 年,美国麻省理工学院 Kong 在电磁超材料的合成方法上展开了广泛的研究,先后提出了如图 2-3 所示的几种新型结构[9-11]。其中图 2-3(a)的设计思想与 R. Marquez 等人类似,均是提供对称的开口谐振环结构。前面讨论的设计均为采用两种结构相组合的方式(金属开口谐振环与连续金属线阵列)构成电磁超材料,而图 2-3(b)、(c)则是仅采用单种谐振环即可在重叠的频段内同时实现负磁导率和负介电常数特性,从而直接具有负折射现象。其基本原理是:将原本在较高频率具有负介电常数特性的谐振环结构级联,使其等效负介电常数频段向低频移动,从而与原本的负磁导率频段重合。

在一段时间内,由于实现负介电常数的方法大部分是采用 Pendry 提出的连续金属线阵列,因此众多学者的主要研究方向是实现负磁导率特性的结构设计。然而,连续金属线阵列在实际应用中需要很好的电连接性才能提供良好的负介电常数频段,因此具有一定的局限性。为此,Schurig 等人于 2006 年提出了一种电谐振结构单负介电常数电磁超材料[12],W.

J. Padilla 等人在此基础上发展了多种类型电谐振单元的改进设计方法[13]。紧接着,美国杜克大学的 Liu 等人于 2007 年采用金属开口谐振环和这种新型电谐振单元组成了具有负折射现象的新型电磁超材料[14]。由前面分析可知,金属谐振结构电磁超材料具有窄带谐振的特点。为了扩宽金属谐振型电磁超材料的工作频带和带宽,研究者们提出了诸如采用多个谐振单元组合的方法实现双频或多频工作设计,以及使用二极管、液晶、铁氧体、微电机械系统等附加技术实现调节电磁超材料工作频段的设想。下面将对电磁超材料工作频段在展宽技术方面的研究进展做简要分析讨论。

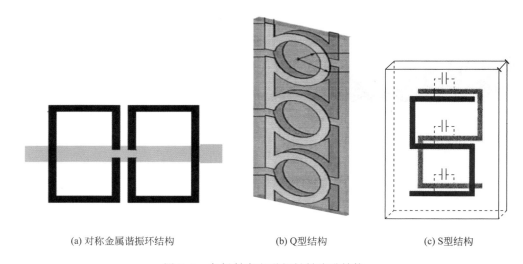

(a) 对称金属谐振环结构   (b) Q 型结构   (c) S 型结构

图 2-3   负折射率电磁超材料改进结构

2007—2010 年,对于双频负折射率电磁超材料,D. H. Kwon 采用两个不同尺寸的磁谐振结构以及利用宽带负介电常数结构实现了双频电磁超材料的设计,如图 2-4(a)所示[15]。C. Sabah 采用两个脊尺寸上有差别的非对称三角形金属谐振环实现了双频磁谐振,并结合金属线阵列结构获得了双频电磁超材料,如图 2-4(b)所示[16]。C. Huang 等人使用长度有差别的短路金属线获得了双频负磁导率特性,并组成线阵列获得了双频电磁超材料,如图 2-4(c)所示[17,18]。Zhu 等人则采用非对称六边形开口谐振环结构,在介质板的两侧刻蚀出此种结构,获得了双频双负折射率的电磁超材料,如图 2-4(d)所示[19]。

对于双频单负电磁超材料,Y. Yuan 等人采用两组具有不同尺寸的对称开口谐振环构成了具有双频电谐振特性的单负介电常数电磁超材料[20],且制作了更小型的双频段单负介电常数电磁超材料[21]。M. Li 等人则在金属渔网结构中嵌入金属开口谐振环,从而实现了太赫兹频段的双频单负磁导率电磁超材料[22]。E. Ekmekci 等人则设计了一种单环结构双频单负磁导率电磁超材料[23]。2008—2012 年,对于多频电磁超材料,Zhu 等人还将三个具有不同尺寸的树状结构金属谐振单元按照线排列和混合排列的方式构成了三频负折射率电磁超材料[24]。后续的工作在金属开口谐振环的外环上刻蚀不同数量的缝隙,再将这些谐振环排列在一起构成了新型的三频段单负磁导率电磁超材料[25]。C. Zhu 等人提出了一种具有一个电谐振点和两个磁谐振点的三频段单负电磁超材料[26]。O. Yurduseven 等人则在双频结构电磁超材料的基础上设计出了三频和四频单负电磁超材料[27,28]。

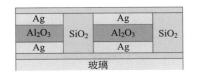

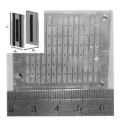

(a) 光波段双频结构　　　(b) 非对称三角形结构　　　(c) 金属长短线结构　　　(d) 非对称六边形
　　　　　　　　　　　　　　　　　　　　　　　　　　　　　　　　　　　　　开口谐振环结构

图 2-4　双频负折射率电磁超材料

前面介绍的双频、多频电磁超材料主要是通过对金属谐振单元的排列和拼接构成的多频工作特性,为拓宽电磁超材料的工作频段提供了一定的思路。为了进一步实现电磁超材料的工作频段的控制调节,研究者们在 2007—2014 年相继提出采用各种有源加载技术实现众多可调谐的电磁超材料新型结构。

首先,由于液晶材料的等效介电常数可随外加条件来控制,因此可将液晶材料加载到常规电磁超材料中,通过控制电磁超材料的背景等效电磁参数来实现其工作频率的可调谐性能。例如,A. Minovich 等人利用渔网结构电磁超材料的结构优点,可在空气网格中填充液晶流体[29],以达到简单易行的基于液晶的可调谐电磁超材料设计。同时在实验上验证了这种结构的工作频率在外加控制偏置场及温度变化时的调谐性能,如图 2-5(a)所示。其他基于液晶材料的可调谐电磁超材料,如金属开口谐振环结构、欧米伽结构等已被数值仿真及物理实验所证实,可随外加电场、磁场、温度等改变而按需控制调节[30-32]。

其次,基于铁氧体及金属线阵列的新型结构也可实现可调谐特性的负折射率电磁超材料。将涂覆有绝缘层的金属线阵列嵌入铁氧体基体材料中即可实现具有负折射率特性的新型电磁超材料结构,外加偏置磁场作用下的铁氧体材料将直接提供负磁导率特性[33]。由于这种结构的负折射特性是由外加偏置磁场控制实现的,因此可通过调节外加偏置磁场的强度来控制其负折射率特性出现的工作频段。然而,这种设计方法在加工上受限于铁氧体陶瓷材料的制备,难以降低成本大批量生产。Wu 等人提出了更容易加工的基于铁氧体和印制有金属线阵列的 PCB(印制电路板)相层叠的实现方法,并初步用数值仿真验证了其负折射传输特性及可调谐特性[34]。在实验验证方面,He 以及 Zhao 等人利用前面提出的改进型结构,如图 2-5(b)所示[35,36],先后用实验测试研究了这种结构的负折射现象以及负折射率频段的可调谐特性。同时,利用铁氧体材料的等效磁导率可随外加偏置磁场控制调节,可将铁氧体材料加载到常规电磁超材料中,通过控制合成结构的背景等效电磁参数值来实现工作频率的可控调谐特性。Kang 等人研究了加载有铁氧体材料的金属开口谐振环结构单负电磁超材料及结合金属线阵列的双负单频电磁超材料,以及 W 形、长短线形、单环金属谐振环形等双频、多频电磁超材料,这些新型结构的工作频段均可通过控制外加偏置磁场的强度来按需控制调节,如图 2-5(c)所示[37]。

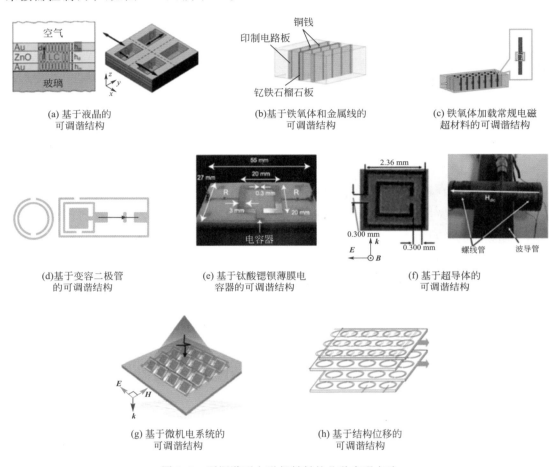

(a) 基于液晶的
可调谐结构

(b)基于铁氧体和金属线的
可调谐结构

(c) 铁氧体加载常规电磁
超材料的可调谐结构

(d)基于变容二极管
的可调谐结构

(e) 基于钛酸锶钡薄膜电
容器的可调谐结构

(f) 基于超导体的
可调谐结构

(g) 基于微机电系统的
可调谐结构

(h) 基于结构位移的
可调谐结构

图 2-5　可调谐型电磁超材料的几种实现方法

另外,Gil 等人以及 Velez 等人将变容二极管加载的金属开口磁谐振环嵌入微带线结构中,提出了变容二极管加载的可调谐电磁超材料设计方法[38]。此方法是通过调节外加直流电压来控制合成材料的工作频段,如图 2-5(d)所示。随后,Wang 等人用实验验证了负折射率电磁超材料在直流控制的变容二极管下的折射率特性变化情况[39]。K. Aydin 等人分析了在金属开口磁谐振环的缝隙处加载电容器所构成的可调谐电磁超材料,并讨论了在金属开口谐振环的不同位置加载电容器的不同电磁特性,及改变电容器大小的可调谐特性[40]。T. Hand 等人分析了在谐振环开口处使用直流电压控制的 BST(钛酸锶钡)薄膜电容器结构的电磁超材料的可调谐特性,如图 2-5(e)所示[41]。

还有其他结构的可调谐型电磁超材料相继被报道。例如 M. C. Ricci 等人提出的基于超导体的可调谐型电磁超材料,此材料可通过外加直流或高频磁场来调谐工作频率,如图 2-5(f)所示[42];例如,可通过 MEMS(微机电系统)开关控制材料的单元结构来调谐工作频率,如图 2-5(g)所示[43];还可通过改变单元结构位移来实现调谐,如图 2-5(h)所示[44]。因此,对于金属谐振型电磁超材料,采用多频工作设计方法以及有源加载电磁超材料等设计方法,大大地扩展了电磁超材料的工作带宽,为其实际工程应用提供了有效的解决方案。

2.1.1.2 传输线型电磁超材料

除此以外,国内外也有采用传输线理论设计和制备微波超材料的报道。最早的报道来自于 2002 年加拿大多伦多大学 Eleftheriades 等人利用传输线理论证明了在二维传输线网络中加载串联电容(C)和并联电感(L)所组成的高通 LC 传输线网络在一定的条件下具有负的等效介电常数和负的等效磁导率特性。当加载有串联电容和并联电感的二维传输线网络单元的周期尺寸远小于入射电磁波波长时,也可等效为一种均匀介质,且当工作在较低频带时,加载 LC 传输线网络具有负折射特性。相比于谐振型电磁超材料,其工作频段具有更宽的带宽。

Eleftheriades 等人采用基于时域有限差分法(FDTD)的电磁仿真方法、模拟电路仿真方法和实验测试等方法验证了加载 LC 传输线网络的负折射率特性以及平板聚焦特性等[45]。例如,对二维加载 LC 传输线电磁超材料的负折射现象和单个界面的正负折射率传输线媒质的聚焦现象进行了电路仿真。在图 2-6(a)中,左边区域为正折射率媒质,右边区域为相对折射率为-2 的加载 LC 传输线电磁超材料。图 2-6(a)、(b)x、y 坐标轴为仿真模型中的晶胞数(cell number),右侧标尺是弧度值。当平面电压波以 29°的入射角入射到正负折射率交界面处发生折射,根据折射定律,折射角为-14°。由图 2-6(a)可知,电路仿真结果与理论计算的结果是相吻合的。图 2-6(b)是负折射率电磁超材料相对正折射率媒质的相对折射率为-2 时的点源的聚焦示意图,左边媒质为正折射率,右边媒质为负折射率。因为相对折射率不是-1,所以聚焦范围在一个区域而不是单点上。图 2-6(b)中的电压幅度分布(voltage magnitude distribution)清楚地展示了这种加载 LC 传输线化电磁超材料的平板聚焦特性[45]。

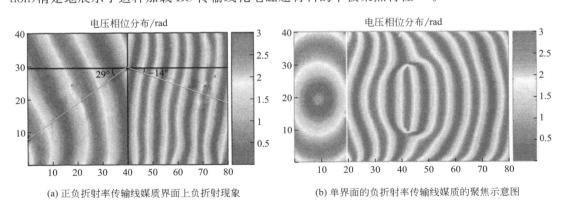

(a) 正负折射率传输线媒质界面上负折射现象　　　　(b) 单界面的负折射率传输线媒质的聚焦示意图

图 2-6　加载 LC 二维传输线电磁超材料的负折射和平板聚焦特性[45]

通过放置多层二维结构的负折射率传输线结构电磁超材料,可构成理想折射率为1的三维传输线电磁超材料介质平板透镜[46]。后续有报道基于传输线电磁超材料的基本实现理论,设计出了不同结构的传输线式电磁超材料。例如,通过增加谐振回路的办法提出了更具有一般性的负折射率传输线电磁超材料,该种结构具有两个负折射率频带和两个正折射率频带[47],还提出了各向同性三维负折射率电磁超材料,这种结构是由加载 LC 传输线构成的,并基于有限元方法(finite-element method,FEM)仿真了这个三维传输线电磁超材料的色散特性[48]。

2.1.2 随机微结构超材料

2.1.2.1 超构介质的逾渗复合材料设计路线

对于导体-绝缘体复合材料,存在逾渗现象。导电相可以是金属材料,也可以是碳材料、氮化钛陶瓷材料等;绝缘相可以是氧化铝、氮化硅、二氧化硅等无机非金属材料,也可以是树脂等高分子材料,如图 2-7 所示。导电相含量低于临界体积分数,即逾渗阈值(φ_c)时,复合材料的介电常数为正值;导电相含量超过逾渗阈值时,复合材料有可能出现负介电常数[49],这主要取决于逾渗网络的构型。通过对构成逾渗网络的导电功能体类别、形貌尺度、维数、表面状态的调控可以实现对逾渗复合材料的负介电性能的调控。

超构介质:
◆ 精密加工
◆ 周期性结构
◆ 人工性质
◆ 无关于成分

逾渗复合材料:
(以金属陶瓷为例)
◆ 材料技术
◆ 无序物相组织
◆ 本征性质
◆ 成分-组织-性能

图 2-7 超构介质和逾渗复合材料[50]

金属陶瓷是一类逾渗复合材料,可以采用传统粉末冶金和陶瓷工艺制备。图 2-8 为热压烧结制备的铁/氧化铝(Fe/Al_2O_3)金属陶瓷复合材料的金相显微镜照片[51]。微米级铁金属颗粒随机地分布在氧化铝基体中,且随着铁含量(质量分数)的增加铁颗粒逐渐相互接触,一旦超过逾渗阈值,材料内部形成导通的三维金属网络,负介电行为出现。相似的逾渗现象和负介电行为也在热压烧结的合金(FeNi、FeNiMo)陶瓷复合材料中发现[52,53]。此外,可采用原位合成一步烧结工艺制备金属陶瓷复合材料,将金属氧化物颗粒分散在陶瓷基体中,经过氢气高温还原过程,制得致密、均匀的金属陶瓷复合材料。通过改变金属的种类、含量,控制制备工艺参数,对金属陶瓷的微观结构进行剪裁,获得具有负电磁参数的逾渗复合材料[54,55]。然而,采用以上传统陶瓷工艺制备金属陶瓷时,金属相往往不能在准纳米级尺度进行精确调控。因此又提出了湿化学法制备技术,采用浸渍-还原工艺在多孔陶瓷孔壁上原位负载金属相,制备流程如图 2-9 所示[56,57]。将一定气孔率的多孔陶瓷浸入金属盐溶液中,通过抽真空使溶液浸入陶瓷孔道内,重复干燥和煅烧过程将金属氧化物颗粒负载到陶瓷中。随着浸渍次数增加,颗粒间距离不断减小,部分颗粒间相互接触形成网络,最后将金属氧化物/多孔陶瓷前驱体在氢气中还原,得到了负载金属颗粒的金属陶瓷。这种液相制备技术可以通过改变溶液种类、浓度及煅烧温度等实验条件较容易地对复合材料中的金属功能体有效剪裁,从而达到精确调控电磁性质的目的。以制备的镍/氧化铝(Ni/Al_2O_3)金属陶瓷复合材料为例,其介电常数实部的频散曲线如图 2-10 所示[56]。当镍含量(质量分数)较低时,其介电常数类似于 Al_2O_3;镍含量稍高时,介电常数增大。当镍含量进一步提高,材料内部形成逾渗的金属网络,其介电常数为负值。此外,还可以将湿化学法制得的金属陶瓷进行后续化学或物理处理,对金属相的形貌进行修饰,从而丰富了电学性质的调控方法[58]。

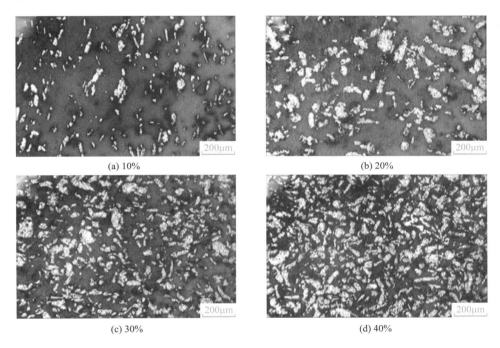

(a) 10%　　　　　　　　　　　　　　　(b) 20%

(c) 30%　　　　　　　　　　　　　　　(d) 40%

图 2-8　热压烧结制备的 Fe/Al_2O_3 金属陶瓷复合材料的金相显微镜照片[51]

除了金属陶瓷作为逾渗复合材料,碳陶瓷复合材料也展现出逾渗现象和负的电磁参数。它表现出了部分优于金属陶瓷的特点,如易于调控的电学性质、良好的化学稳定性等。以一维的碳纳米管(CNTs)为导电相,采用传统热压烧结工艺,制备了 $CNTs/Al_2O_3$ 纳米复合材料,CNTs 在 Al_2O_3 基体中随机地分布,当添加量高于逾渗阈值时,表现出了与金属陶瓷相似的负介电行为[59]。与金属陶瓷不同的是,即使碳管含量低于逾渗阈值,碳陶瓷中仍然可能出现共振型负介电行为。以二维石墨烯作为导电相,采用放电等离子烧结制备了不同含量的

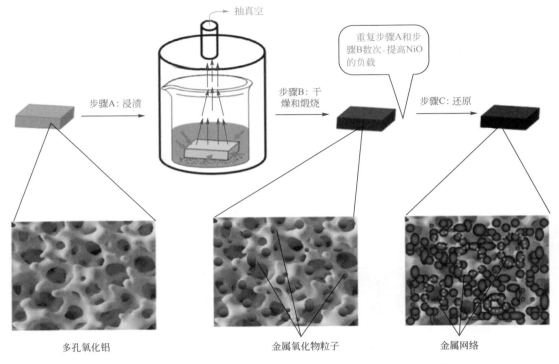

图 2-9　湿化学法制备 Ni/Al_2O_3 金属陶瓷复合材料的流程示意图[56]

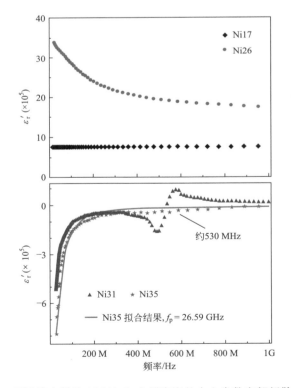

图 2-10　不同镍含量的 Ni/Al_2O_3 金属陶瓷的介电常数实部频散曲线[56]

石墨烯/氮化硅（GR/Si₃N₄）陶瓷，其扫描电镜图片及微观结构演变示意图如图 2-11 所示[60]。当石墨烯含量高于逾渗阈值时，陶瓷基体中石墨烯构成了有效的导电网络时，材料出现逾渗现象和负介电常数。碳陶瓷复合材料同样也可以采用湿化学法制备，以蔗糖作为前驱体，采用浸渍-碳化工艺，在多孔陶瓷基体中负载裂解碳，进而构建逾渗碳网络[61]。当碳网络中形成导电回路时，材料表现出了负介电行为，并且通过控制碳化温度还可以调控负介电性能[62,63]。

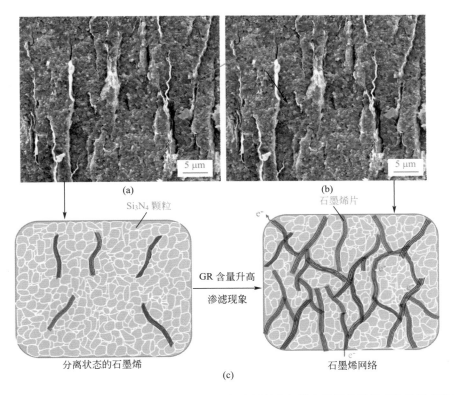

图 2-11　石墨烯质量分数为 2% 和 8% 的 GR/Si₃N₄ 复合材料的扫描电镜图片及微观结构演变示意图[60]

　　导电聚合物复合材料是另一类逾渗复合材料，其具有轻质、低成本、易加工等优点。我们采用机械球磨-热压成形工艺，在树脂基体中填充金属颗粒、合金颗粒，并使其含量超过逾渗阈值，复合材料表现出了负介电常数[64-66]。此外，把碳纳米管分散在聚二甲基硅氧烷柔性基体中，在其中构建了导电网络，也表现出负介电行为[67]。

　　通过以上研究表明，逾渗复合材料也展现出负的电磁参数，因此可以利用逾渗复合材料构建超构介质。事实上，超构介质与常规材料正在相互融合，即可以将常规材料引入超构介质体系，或将超构介质的思想和理念引入常规材料的设计，克服超构介质的结构限制，拓展超构介质的研究范畴。

2.1.2.2 射频等离激元

等离激元是指在具有一定载流子浓度的固体系统中（如金属、石墨烯、具有一定载流子浓度的半导体等），由于载流子之间的库仑力作用，使得空间中一处载流子浓度的涨落，必将引起其他地方载流子浓度的振荡。这种以载流子浓度的振荡为基本特征的元激发，称为等离激元。根据其等离子体共振形式，可分为体积等离激元、表面等离激元和局域等离激元。这里重点叙述体积等离激元。

金属材料是研究和应用最为广泛的一种等离激元，这里对金属材料在微波频段的介电常数情况进行分析和论述。常规电介质的介电常数一般为正值，其介电常数由材料内部各种微观极化机理产生，包括离子极化、分子转向极化、原子极化、电子极化等[20]。但金属材料通常在低于紫外或光波段下的介电常数为负值，其介电常数与内部大量自由电子组成的等离子体相关。金属中的自由电子在自身的惯性作用和正负电荷分离所产生的静电恢复力的作用下会发生集体性的简谐振荡，称为等离子体振荡。图 2-12 为金属板中电子气的均匀位移，它描绘了金属中的等离子体振荡，即电子气作为一个整体相对于正离子背景发生运动[68]。当特定频率的电磁波入射到金属材料时，如果电磁波的频率低于等离子体的振荡频率，电子会屏蔽电磁波的场，电磁波会被反射，此时材料展现出负介电行为；如果电磁波的频率高于等离子体的振荡频率时，电子回应得不够快而不能屏蔽电磁波的场，因此电磁波可以透过，材料具有正介电常数。

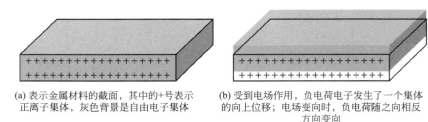

(a) 表示金属材料的截面，其中的+号表示正离子集体，灰色背景是自由电子集体

(b) 受到电场作用，负电荷电子发生了一个集体的向上位移；电场变化时，负电荷随之向相反方向变向

图 2-12　金属中的等离子体振荡示意图

金属材料的介电特性可以用自由电子模型（Drude 模型）进行描述。下面利用经典电磁理论来推导金属的 Drude 模型，假设自由电子在宏观时谐电场 $E = E_0 \mathrm{e}^{-j\omega t}$ 的作用下，则其运动方程可表示为

$$m^* \frac{\mathrm{d}^2 x}{\mathrm{d}t^2} + m^* \gamma \frac{\mathrm{d}x}{\mathrm{d}t} = -eE \tag{2-1}$$

式中，m^* 和 e 分别为电子的有效质量和电量；γ 表示阻尼因子或碰撞频率；E 是各种不同场综合作用下的平均场。

求解此方程，最后可以得到电子的位移偏离量 x 为

$$x = \frac{eE}{m^* (\omega^2 + j\gamma\omega)} \tag{2-2}$$

根据电极化的定义可以得到材料的内极化式为

$$P = n^* e x \tag{2-3}$$

式中，n^* 为等效电子浓度。

由上述公式，可以得到与频率相关的介电常数表达式为

$$\varepsilon = 1 - \frac{\omega_p^2}{\omega^2 - \mathrm{j}\omega\gamma} \tag{2-4}$$

$$\varepsilon' = 1 - \frac{\omega_p^2}{\omega^2 + \gamma^2} \tag{2-5}$$

$$\varepsilon'' = \frac{\omega_p^2}{\omega\gamma(\omega^2 + \gamma^2)} \tag{2-6}$$

$$\omega_p^2 = \frac{n^* e^2}{\varepsilon_0 m^*} \tag{2-7}$$

式中，ε' 和 ε'' 分别为介电常数实部和虚部；ω_p 为等离子体共振角频率；ε_0 为真空介电常数。

式（2-4）即为 Drude 模型的一般表达形式。由式（2-5）可知，当电磁波的频率低于材料的 ω_p 时，介电常数为负值；当电磁波的频率高于材料的 ω_p 时，介电常数为正值，其介电常数频散特性曲线如图 2-13 所示。此外，从式（2-7）中不难发现，ω_p 与等效电子浓度及质量相关。

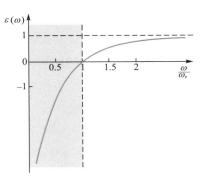

图 2-13　金属的介电常数频散特性曲线[68]

事实上，超材料的发展一直与等离激元学相伴。在 1996 年，Pendry 等人提出了三维金属线阵列的设计，从自由电子模型出发，理论研究了电磁波在金属阵列内部的传输特性。研究发现，通过控制金属柱的几何参数，可以有效地调控阵列的等效等离子体共振频率和介电常数，其介电频散特性符合 Drude 模型。与块体金属相比，金属阵列可以有效降低电子浓度，同时由于金属柱的自感会激发出感应磁场，引起电子有效质量的增加，所以其 ω_p 要比块体金属的低很多，甚至可以达到吉赫兹波段[69]。随后，Smith 等人[50, 70] 根据 Pendry 的理论研究，利用铜制金属线和开口谐振环为基本单元构建了超构介质，并在其中首次发现了负折射现象。此超材料微波频段的负介电常数是由金属结构单元提供的低频离子体态导致的，其等离子体振荡频率被降低到微波频段。

近年来，诸多研究工作表明，负介电常数不仅出现在具有周期性阵列结构的超材料中，含有导电功能相的逾渗复合材料往往也可表现出负介电性能。逾渗复合材料采用使功能性单元随机分散在材料内部的方式，不具有周期性的结构，负介电性能产生于材料本征的特性，可通过材料的组成和微观形貌等对负介电常数进行调控。Tsutaoka 等人[71-73] 通过热压成形的方式制备了树脂基逾渗复合材料，以 Cu、Ni 等金属作为功能相，通过对微波频段的介

电性能进行研究发现,当金属功能相在复合材料中连接形成导电网络时,材料在微波频段处于低频等离子体态,导致了负介电常数出现。山东大学范润华教授课题组提出了利用逾渗复合材料构筑超构介质的学术思路,通过复合材料制备工艺,把金属功能相随机地分散在绝缘的陶瓷基体中,制备出金属陶瓷逾渗复合材料[56,74-76]。研究其射频波段的介电性能发现,金属陶瓷的射频负介电也是等离子体振荡引起的,同时逾渗行为具有决定性作用。对于金属陶瓷,含量低于逾渗阈值时金属基本上是孤立相,介电常数为正,频散特征是德拜弛豫;含量超过但仍接近逾渗阈值时金属变成连通相,介电常数为负,以法诺共振为特征。过逾渗组分的金属陶瓷在某种程度上被视为被陶瓷稀释的弱导电金属均质介质,平均电子浓度较块体金属降低,其等离子体振荡频率可以降低到射频波段,此类材料也可称为射频等离激元。该机理也适用于聚合物基逾渗复合材料;导电相也可以是石墨烯、碳纳米管、裂解碳等碳材料[59,60,77]。另外,按照射频等离激元这个思路,在一些弱导电的单相材料,如锰酸锶镧、氮化钛中也发现了可调控的负介电常数[78,79]。

2.1.2.3 随机超材料的等效电路

等效电路是一种简捷有效的方法,用于直观地分析材料的电学性能。材料处于交变电场下,其可以等效为由电阻、电容和电感组成的电路。当材料组分和微观形貌发生变化时,将会对其等效电路中元件的种类、数量和数值等产生影响,从而可以根据元件的改变反推材料组分及微观结构的变化。

利用等效电路模型分析热压烧结的氧化铝陶瓷和其碳纳米管复合材料的阻抗频谱(见图 2-14)[59],发现拟合结果较好,所得的拟合参数见表 2-1。低于逾渗阈值(<10%)的复合材料可以等效为包含串联电阻(R_s)、并联电阻(R_p)和并联电容(C)的电路。R_s 主要起源于平行板、电极以及测试过程中的电阻效应;R_p 主要是由漏电流引起的材料内部的接触电阻。材料中碳纳米管(简称"碳管")含量的增加导致碳管之间的距离变小,漏电流增强,所以 R_p 随着碳管含量的增加而减少。C 主要来自于孤立分布的碳纳米管及其与氧化铝基体的界面效应。增加的碳纳米管会使碳纳米管-氧化铝的界面面积增加,从而 C 的数值从 2.39×10^{-12}F 增大到 6.49×10^{-10}F。当碳管含量超过逾渗阈值时,复合材料可以等效为含有电阻(R_p、R_1 和 R_2)、电容(C)和电感(L_1 和 L_2)的电路。出现的电感是由于材料内部形成了三维的碳纳米管导电网络,因此相互连通的碳纳米管可以看作电感功能体;孤立的碳纳米管可以看作电容功能体。当碳管质量分数从 10% 增大到 12% 时,材料内部形成了更多的导电网络,因此 L_1 和 L_2 的数值变大;同时,孤立的碳纳米管的数量也增多,C 的数值也变大。

阻抗的虚部可以体现此类复合材料介电行为的演变规律。碳纳米管含量较小时,$Z'' < 0$,整体复合材料表现为电容特性,随着碳纳米管含量逐渐增加,Z'' 逐渐增加到 $Z'' > 0$,表现为电感特性。

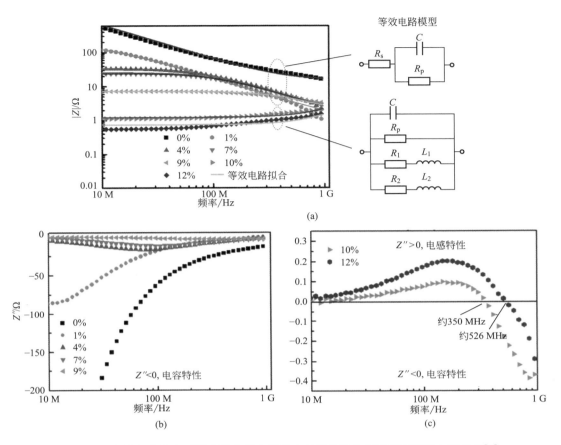

图 2-14　氧化铝陶瓷和不同碳纳米管含量复合材料的阻抗频谱及其等效电路分析[59]

表 2-1　经过等效电路拟合所得电阻、电容和电感的数值[59]

CNTs 质量分数/%	R_s/Ω	R_p/Ω	C/F	R_1/Ω	L_1/H	R_2/Ω	L_2/H
0	15.78	2 258	2.39×10^{-12}				
1	0.96	173.3	9.19×10^{-12}				
4	0.75	33.17	6.34×10^{-11}				
7	0.64	23.67	6.63×10^{-11}				
9	0.74	6.5	6.49×10^{-10}				
10		8.14×10^5	6.86×10^{-11}	1.08×10^{16}	1.74×10^8	1.23	1.8×10^{-11}
12		5.13×10^8	1.57×10^{-10}	2.22×10^9	1.07×10^{10}	7.39	1.27×10^{-10}

在一个电路中,电阻不阻碍外电场的变化,但电容和电感会阻碍外电场的变化,电容和电感的阻碍作用分别称为容抗(Z_C)和感抗(Z_L)。阻抗的虚部可以表达为:$Z''=Z_L-Z_C$。由图 2-14(b)可知,氧化铝陶瓷和低碳纳米管复合材料(质量分数<10%)的电抗在测试频段

为负值,即 Z_C 大于 Z_L,电路中电容的作用大于电感,样品内部电压相位落后于电流相位,材料表现出电容性,可以等效为具有漏电流的电容。当碳纳米管的质量分数进一步增加,超过逾渗阈值时[见图 2-14(c)],其电抗为正值,材料中电感功能体的作用大于电容功能体的作用,电压相位领先于电流相位,材料表现为电感性。随着频率的增加,电抗数值由正转负,即材料在不同频率下出现了电容性-电感性转变。在电容性-电感性转变对应的频率点,$Z'' = 0$,电压与电流同相位,复合材料表现出电阻性。上述分析表明,随碳纳米管质量分数增加,材料会逐渐由电容性转变为电感性,并且同一个样品在不同频段也会表现出不同的特性。

在一个由电容 C、电感 L 和电阻 R 组成的交流电路中,当外电场达到特定频率附近时,电路会出现 LC 谐振,此时电路的电抗值为零,LC 谐振频率 $f_{LC} = 1/[2\pi(LC)^{1/2}]$。图 2-15 为铜质量分数为 19% 和 24% 的铜/氧化铝金属陶瓷复合材料的电抗和介电频谱曲线[81]。对

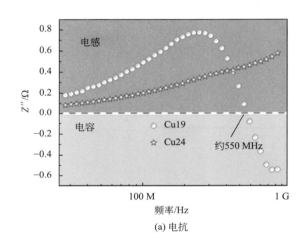

(a) 电抗

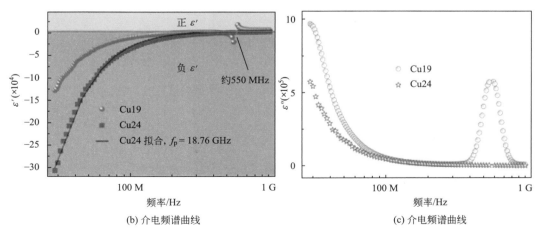

(b) 介电频谱曲线　　　　　　　(c) 介电频谱曲线

图 2-15　铜/氧化铝金属陶瓷复合材料的电抗和介电频谱曲线[81]

于铜质量分数为 19% 的样品(Cu19),其电抗随频率的增加由正转负,在 550 MHz 附近电抗为零,出现 LC 谐振;对应于介电频谱,在谐振频率点处出现法诺共振,介电常数实部由负转正,介电常数虚部出现明显的介电损耗峰。LC 谐振会激发出频率为 f_{LC} 的电磁辐射,当电磁辐射频率与高频外电场频率发生干涉时,从而导致法诺共振的出现。增加铜质量分数到 24% 时(Cu24),其介电常数实部在整个测试频段内均为负值,电抗在测试频段内为正值,材料表现出电感性。研究发现,材料的负介电行为往往伴随着电感特性,这种相似的现象也在其他金属复合材料、碳复合材料和单相材料中发现。此外,在左/右手(CRLH)传输线复合超材料中,在低频段负介电常数通常由并联电感提供。因此,可以认为电感性是负介电现象的一个特征,也可以认为负介电行为主要源于材料内部的电感。

综上所述,等效电路可以很好地分析电磁介质的电导行为和介电特性。材料的电学性质与其微观结构紧密相关,其中 L 起源于复合材料中形成的导电网络(电感功能体),C 主要来自于孤立的导电相(电容功能体),因此电感和电容功能体在调控电学性能方面起到重要作用。

2.1.2.4　随机超材料功能体设计与性能精确调控

在一个逾渗复合材料体系中,其电学性质主要与功能相的种类、数量、形貌、分布状态和物理性质相关。对功能体进行有效的设计,研究功能相对逾渗复合材料电学性质的影响,为实现和调控负介电行为提供了方法和思路。

在前文中,简单阐述了功能体对逾渗复合材料电学性质的影响,这里为进一步明确和区分电感功能体、电容功能体的作用,以达到对复合材料电学性能的精确调控,Fan 设计出一种三元环氧树脂(Epoxy)基复合材料[65]。选取金属单质铁(Fe)为电感功能体,二氧化硅包覆的单质铁(coated-Fe)为电容功能体。此复合材料可以标记为 $(Fe_x coated-Fe_{1-x})_{0.7} Epoxy_{0.3} (x=0.6 \sim 1)$,其中绝缘的树脂为基体,其总体积分数为 30%;功能相的体积分数为 70%,x 为功能相中 Fe 的含量。图 2-16(a)、(b)所示为 $(Fe_x coated-Fe_{1-x})_{0.7} Epoxy_{0.3}$ 复合材料的交流电导率曲线。可见,随着 Fe 含量的增加,材料的电导率逐渐变大,同时电导率的频散特性也发生变化。当 $x < 0.75$ 时,试样的电导率随频率的增加而增大,展现出跳跃电导特性;当 $x \geqslant 0.75$ 时,复合样品的电导率随频率的增加而减小,为金属电导行为。这表明,随着 Fe 含量的增加,复合材料的导电机理发生了变化,材料中出现逾渗现象。从复合材料的 SEM 图中可以发现金属颗粒相互接触,形成了联通的三维金属网络。在高 Fe 含量的试样中,三维网络中形成了大量导电回路,但当 coated-Fe 含量增加,导电网络被增多的 coated-Fe 颗粒阻断,网络中不再形成导电回路,所以材料的导电机理发生变化,coated-Fe 颗粒像"开关"一样控制着材料的电导行为。

图 2-17 为 $(Fe_x coated-Fe_{1-x})_{0.7} Epoxy_{0.3}$ 复合材料的介电常数实部的频散曲线[65]。当 $x < 0.75$ 时,复合材料的介电常数为正值;当 $x \geqslant 0.75$ 时,复合材料的介电常数为负值,并随

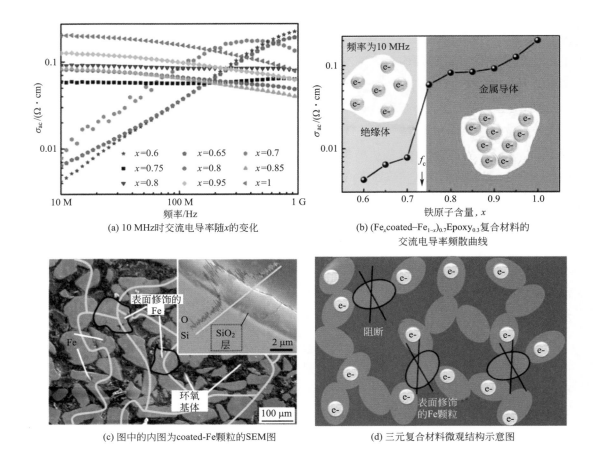

(a) 10 MHz时交流电导率随x的变化

(b) (Fe$_x$coated-Fe$_{1-x}$)$_{0.7}$Epoxy$_{0.3}$复合材料的
交流电导率频散曲线

(c) 图中的内图为coated-Fe颗粒的SEM图

(d) 三元复合材料微观结构示意图

图 2-16　（Fe$_x$coated-Fe$_{1-x}$）$_{0.7}$Epoxy$_{0.3}$复合材料的交流电导率[65]

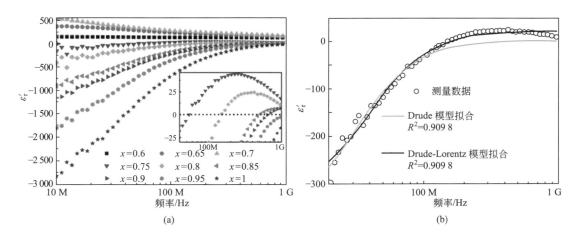

(a)

(b)

图 2-17　（Fe$_x$coated-Fe$_{1-x}$）$_{0.7}$Epoxy$_{0.3}$复合材料的介电常数实部的频散曲线[65]

着 x 的增加,介电常数的绝对值增大。对于金属材料的负介电行为,可以利用 Drude 模型很好地解释。根据 Drude 模型,介电常数的数值随频率单调增加,但其数值不会超过 1。但在实验中所得复合材料的介电常数数值超过 1,如图 2-17(a) 内图所示。这说明,有其他机制影响介电常数的频散。我们知道,Drude 模型主要描述了导电金属网络中自由电子的运动;孤立分布的 Fe 颗粒可以导致一种 Lorentz 型介电行为。因此,材料的介电频散特性可以利用修正后的 Drude–Lorentz 模型进行分析[81]:

$$\varepsilon' = 1 - \frac{\omega_{\mathrm{p}}^2}{\omega^2 + \omega_{\tau}^2} + \frac{K\omega_0^2(\omega_0^2 - \omega^2)}{(\omega_0^2 - \omega^2)^2 + \omega^2\omega_{\mathrm{L}}^2} \tag{2-8}$$

式中,ω_0($\omega_0 = 2\pi f_0$)为特征频率(共振频率);ω_{L}($\omega_{\mathrm{L}} = 2\pi f_{\mathrm{L}}$)为 Lorentz 型共振的阻尼常数;$K$ 为直流电极化率。

利用 Drude 模型和 Drude–Lorentz 模型对 $(\mathrm{Fe_{0.8}\,coated\text{-}Fe_{0.2}})_{0.7}\mathrm{Epoxy_{0.3}}$ 复合材料的介电频谱进行拟合,其可靠性因子 R^2 分别为 0.987 9 和 0.909 8,Drude–Lorentz 模型能更好地拟合实验数据。这说明孤立的金属颗粒对调控负介电频散特性起到重要的作用。为进一步研究导电网络和孤立金属颗粒对材料电学性质的影响,利用等效电路分析了复合材料的阻抗频谱,如图 2-18 所示[65]。当 Fe 质量分数较低时($x < 0.75$),复合材料的介电常数为正值,其可以等效为包含电阻和电容的电路;当 Fe 质量分数达到逾渗阈值时($x = 0.75$, 0.8),复合材料的等效电路中出现电感,此时介电常数为负值;随着 Fe 含量的进一步增加($x \geqslant 0.85$),复合材料中形成更多的导电网络,等效电路中出现更多的电感元件。因此,电感性的导电网络是导致负介电行为的决定性结构单元。综上所述,金属导电网络导致了负介电行为的出现,并且可以利用孤立的金属颗粒产生的介电共振对负介电的频散进行调控。

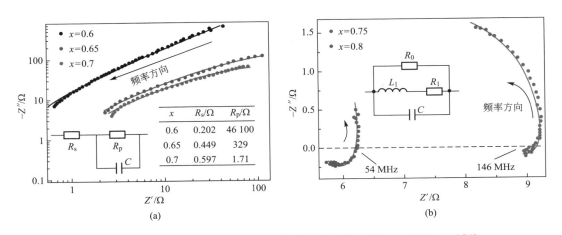

图 2-18　$(\mathrm{Fe_x\,coated\text{-}Fe_{1-x}})_{0.7}\mathrm{Epoxy_{0.3}}$ 复合材料的阻抗频谱及其等效电路[65]

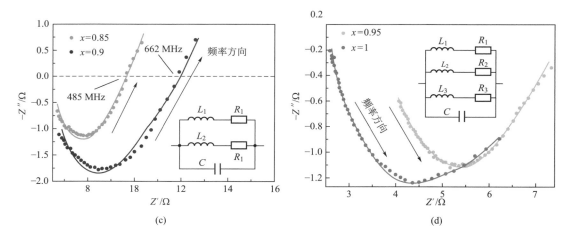

图 2-18 （Fe$_x$coated-Fe$_{1-x}$）$_{0.7}$Epoxy$_{0.3}$复合材料的阻抗频谱及其等效电路[65]（续）

为探究功能体的物理性质对材料电学性质的影响,利用浸渍-碳化工艺裂解碳/氮化硅（C/Si$_3$N$_4$）复合材料,研究碳化温度和碳含量对其复合材料电学性质的影响[82]。图 2-19（a）为在不同碳化温度下碳的质量分数为 12.5％的 C/Si$_3$N$_4$ 复合材料的电导率曲线:500 ℃煅烧试样的电导率随频率的增加而线性增大,展现出典型的绝缘体电导行为[83];当碳化温度高于 500 ℃时,材料展现出金属电导特性,电导率随频率的增加而降低,这是由趋肤效应引起的。金属电导行为的出现,意味着材料内部出现了联通的三维碳网络。在低的碳化温度下（500 ℃）,无定形碳的导电性差,材料中的三维碳网络不能形成导电网络;高的碳化温度使无定形碳的导电性增强,从而形成了三维导电碳网络。无定形碳可以看作是由高导电的碳微晶簇和绝缘的无序结构碳组成的,其中碳微晶簇分布在无序结构的基体中[84,85]。在 500 ℃的碳化温度下,无定形碳中包含少量孤立分布的碳微晶簇,其几乎为绝缘体。当碳化温度升高时,碳微晶簇的尺寸增大,并伴随无定形碳的体积收缩,所以无定形碳中的碳微晶簇浓度增大。增多的微晶相互连接在一起,使无定形碳的电导率快速增大[86]。因此,随着碳化温度的增加,材料内部形成了三维导电碳网络,并伴随着材料电导行为的转变。

图 2-19（b）为不同碳化温度下碳的质量分数为 12.5％的 C/Si$_3$N$_4$ 复合材料的介电常数实部的频散曲线。碳化温度 500 ℃样品的介电实部为正值,几乎不随频率的增加而变化。高碳化温度的复合材料具有负的介电常数,主要起源于碳网络中自由电子的低频等离子体态。在复合材料的碳网络中存在大量自由移动的载流子,形成了等离子体态。当外电场的频率低于等离子体的振荡频率时,负的介电常数就会出现。负介电的频散行为可以用 Drude 模型进行描述[见式（2-5）],随着碳化温度的升高,材料的等离子体频率增大,分别为 9.44 GHz、55.81 GHz 和 65.62 GHz。随着碳化温度的增加,无定形碳的电导性增强,材料中有效电子浓度增大,有效电子质量降低,所以根据 Drude 模型,材料的等离子体频率向高

频移动。增大的等离子体频率使负介电常数的数值变大。850 ℃煅烧的样品在测试频段展现了弱的介电频散特性,其数值在-50～-10 之间。相对于由金属构成的超材料,无定形碳复合材料展现了弱的负介电行为,其介电常数在低于等离子体频率下未出现明显的频散。这是由于无定形碳中具有相当低的载流子浓度,因此在其复合材料中容易实现弱的负介电行为。

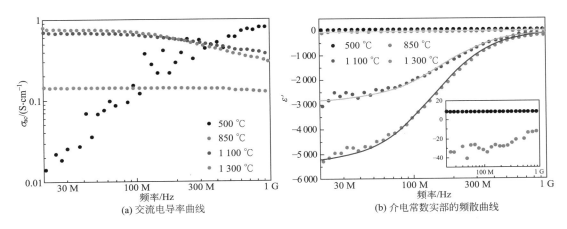

图 2-19　不同碳化温度下碳的质量分数为 12.5％的 C/Si₃N₄ 复合材料的
交流电导率曲线及介电常数实部的频散曲线

　　为进一步研究碳化温度对复合材料电学性质的影响,在不同煅烧温度下制备了低碳质量分数的复合材料。图 2-20 为在不同碳化温度下碳的质量分数分别为 4.9％、8.3％和 10.1％复合材料的交流电导率曲线和介电常数实部的频散曲线。随着碳化温度和碳的质量分数的增加,材料的电导率升高,并且其电导率展现出两种不同频散特性。当碳化温度为 850 ℃时,不同碳的质量分数的复合材料具有相似电导频谱,其电导机理为跳跃电导。当碳化温度升高到 1 100 ℃和 1 300 ℃时,材料的电导率随频率增大而降低,展现出金属电导特性。随着碳化温度的升高,材料出现了电导机理的转变,即使碳的质量分数降低到 4.9％,材料内部也形成了三维联通的碳网络,只是在 850 ℃时材料中的无定形碳导电性比较差,未形成导电回路。相对地,碳化温度为 850 ℃的复合材料都具有正的介电常数,高碳化温度下的复合材料均具有负的介电常数。随碳化温度和碳的质量分数的增加,负介电常数的数值增大。

2.1.2.5　随机超材料存在的问题与解决办法

　　电磁超材料自开创以来,一直是学术界研究的热点领域,许多国家和科研工作者在这一领域投入了大量的资金和精力。目前对电磁超材料的理论研究和应用研究仍然在不断进行,并相继取得了突破性的进展。但电磁超材料作为新兴的学科,依然还有很多学术和技术问题有待解决。关于超材料与双负材料的今后发展趋势,有几个问题值得关注。

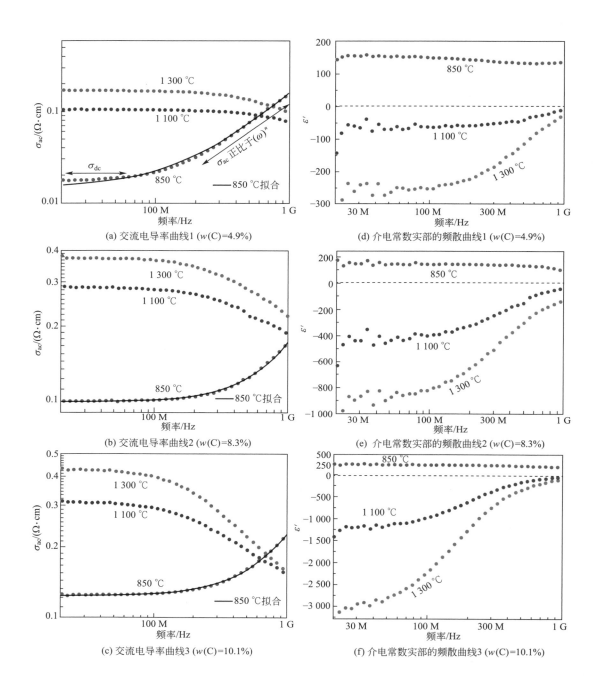

图 2-20 在不同碳化温度下、不同碳的质量分数的 C/Si₃N₄复合材料的交流电导率曲线［图(a)～图(c)］和介电常数实部的频散曲线［图(d)～图(f)］[35]

（1）近零电磁参数。研究超材料独特的电磁特性，不仅仅追求负的电磁参数，实际上正电磁参数小于 1 也是"超常"性质。其发展趋势和应用点当前主要集中在以下两方面：一方面是近零电磁参数介质对电磁波传播的控制。由于折射率决定于介电常数和磁导率这两个本征电磁参数，当介电常数或/和磁导率小于 1 并且接近零时，折射率接近零。根据折射定律 $n_1 \sin \theta_1 = n_2 \sin \theta_2$，当电磁波从超材料（折射率为 n_1）入射到空气中时，由于 n_1 为零，使得无论电磁波入射角 θ_1 为多少，θ_2 均等于 $90°$，即电磁波沿着界面处法线方向出射。基于以上原理，Enoch[87] 等利用近零折射率超材料设计了具有高方向性辐射的天线。随后，利用近零折射率超材料，一系列具有高方向性的天线被报道[88-90]。此类天线的优点是单一频点处方向性系数很高，缺点是天线带宽较窄。此外，在光学波段，哈佛大学报道了将近零折射率超材料应用到芯片上[91]，可以实现对光的控制，为探索零折射率物理学及其在集成光学中的应用提供了重要依据。另一方面是近零电磁参数介质对电磁波的完美吸收。当前的结构设计主要为叠层，其中以近零介电常数[92]或近零磁导率[93]介质作为阻抗匹配层，以金属为衬底，在符合一定的临近耦合条件（如入射波的阻尼率与材料内部的阻尼率相等，以及金属衬底与介质界面处的反射波发生干涉相消等）时，可以实现对电磁波的完美吸收[94,95]。但是目前只有在特定入射角度下才可以实现完美吸收，制约着其进一步的发展。

上述提到的近零电磁参数均是在谐振点附近获得的，如介电常数近零点一般在等离子体振荡频率附近获得，但是伴随着虚部较高、频段较窄等问题。因此，获得具有可调、宽频的近零电磁参数的材料有望成为今后新的研究方向之一。

（2）低频等离子体振荡。目前，等离激元的研究多集中于光学波段，微波甚至更低频的射频波段的等离激元鲜有报道。对于大多数等离激元材料，其等离子体振荡频率位于紫外或光学波段。在远离等离子体共振频率的频段内，负介电常数的数值往往很大，损耗也比较大，这限制了等离激元的应用。等离子体共振频率与材料中的自由电子浓度及电子有效质量密切相关，因此可以通过降低自由电子浓度的方法，获得低频等离子体振荡，使振荡频率向低频移动。在逾渗复合材料中，可以通过对材料物相组成与微观结构的设计与裁剪，用绝缘基体稀释导电功能相的自由电子浓度，在射频或微波频段获得等离子体振荡，同时结合相同频率下的磁性能，从而将超材料的研究及其应用向低频拓展。

（3）材料学问题。负介电常数决定于两个本征材料参量，即自由电子浓度和电子迁移率。只有当电子达到一定的浓度时，材料才会产生负介电，但是电子浓度过高，会造成强负介电，因而材料电子浓度须具有可调性；电子迁移率则影响损耗，其值越高，损耗越低[96]。

逾渗复合材料的电学性质与功能体紧密相关，导电功能体本身决定了电子迁移率和损耗机制，其在基体中的含量和连通状态等因素决定了复合材料平均电子浓度和相应的负介电数值。在之前的研究中发现，对于常见的 Fe、Ni、Ag 金属为功能体的负介电材料，其数值为 $-10^5 \sim -10^7$（$f = 10$ MHz），伴随着高一个数量级的介电虚部[97]。对于常见的碳材料（如无定形碳、石墨烯、碳纳米管等）可以获得一个较低的负介电数值，大约 -10^3（$f = 10$ MHz）。通过改变基体与调整功能体分布可进一步调控至更小的负介电数值[98]。这种小的负介电常数有利于超构介质应用于电容器、微波吸收等领域[99, 100]。

材料中电子的浓度对负介电行为起到重要作用,但与传导电子在基体内是否均匀分布无关。因此,对于一些弱导电的单相材料,可以通过掺杂、能带工程调控电子浓度从而具有负介电常数。通过掺杂,在半金属性的锰酸锶镧陶瓷中发现了负介电现象,随着自由电子浓度的增加,负介电的类型由 Lorentz 型(高阻尼)转变为 Drude 型(低阻尼),更加难得的是这种单相材料是铁磁性的,可以通过外加磁场调节其磁共振,从而实现负磁导率[101]。此外,也在铁电陶瓷钛酸钡中发现了由于畴壁共振导致的 Lorentz 型负介电行为[102],进一步在导电单相氮化钛中报道了负介电常数,并通过掺杂等手段调控其负介电行为。

(4)电磁单负与双负问题。单负是指只有一个电磁参数为负值的情况,而双负是指两者同时为负值的情况。当介电常数和磁导率同时为负时,材料会表现出许多诸如逆多普勒效应、逆切连科夫效应和负折射率等独特的性质。同时应该更加重视单负材料研究。在自然界中可以容易地找到单负材料,它们的制备要比双负材料相对容易,为研究负电磁参数提供了便利。探明单负材料中负电磁参数的实现机理,为获得双负材料提供理论基础。单负材料也具有广阔的应用前景,比如单负材料往往在电磁参数为负的频段内具有良好的电磁屏蔽性质和滤波作用[103];具有负磁导率的单负材料在无线电力传输、磁共振成像等工程领域具有重要的应用前景[104]。此外,可以通过对材料物相组成、微观结构及外加场的调控,获得双负性质。

现在对于射频负介电的相关机理已经较为明确,而对负磁导率的机理仍然值得探索。我们发现在逾渗复合材料中,当有一相为铁磁相时,更易获得负磁导率。如导电功能相为 Fe[75, 98]、Co[58]、Ni[59] 时,或基体为钇铁石榴石[105, 106]、锰酸锶镧[107] 时,其机理主要是磁功能相的自旋共振和畴壁共振[108] 以及过逾渗组分中涡流导致的抗磁性[8]。但是最近几年陆续在非磁性的复合材料中报道了负磁导率[109-111]。因此,对负磁导率机理的研究变得更为迫切。

(5)负折射率和其他衍生特性。介电常数和磁导率是基本电磁参数,其单负或双负衍生了诸多新颖特性。除了耳熟能详的负折射率,也有强吸收、表面波等。负折射率是对透明、透波材料而言的,其关键是如何降低损耗。实现负折射的充要条件是[112]:

$$\varepsilon'\mu'' + \varepsilon''\mu' < 0 \qquad (2-9)$$

一般损耗材料的介电常数和磁导率虚部为正,因此对于双负($\varepsilon' < 0, \mu' < 0$),自然实现了负折射率。同时,对于单负(如 $\varepsilon'' < 0, \mu'' > 0$),仍然有可能满足负折射的充要条件。尤其负磁导率在难以实现的情况下,只需满足 $0 < \mu' < 1, \varepsilon' < 0$,即有可能实现负折射。这在逾渗复合材料中可较易获得,但是,当前在获得负折射率的同时虚部较高,使得电磁波进入介质后被快速损耗掉,难以观察到负折射。与此不同,吸波等损耗材料则谈不上负折射率。当前基于双负参数的损耗和吸波研究较少。逾渗复合材料双负性质的发现,为微波吸收材料提供

了新的思路。

（6）电磁参数反演问题。复介电常数和复磁导率这两个电磁参数在微波频段事实上密不可分，除非确保其中一个参数可以忽略，例如非磁性绝缘材料可以忽略磁导率，即 $\mu'=1$。矢量网络分析仪测试电磁参数是利用传输线法，测算散射参量通过 Nicolson-Ross 方法进一步反演计算得到。针对负参数的测试，以下反演公式被广泛认可[112]：

$$Z=\pm\sqrt{\frac{(1+S_{11})^2-S_{21}^2}{(1-S_{11})^2-S_{21}^2}} \tag{2-10}$$

$$n=\frac{1}{k_0 d}\{[(\ln e^{ink_0 d})''+2m\pi]-i(\ln e^{ink_0 d})'\} \tag{2-11}$$

$$e^{ink_0 d}=X\pm i\sqrt{1-X^2} \tag{2-12}$$

$$X=1/2S_{21}(1-S_{11}^2-S_{21}^2) \tag{2-13}$$

$$\varepsilon=\frac{n}{Z} \tag{2-14}$$

$$\mu=nZ \tag{2-15}$$

式中，m 是关于折射率的一个整数，需满足阻抗（Z）的实部，折射率（n）的虚部均大于 0；测试得到反射参数 S_{11} 和透射参数 S_{21}，进一步计算得到 n 和 Z。

利用式（2-14）、式（2-15）计算得到复介电常数和复磁导率。尽管以上反演方法被超材料广泛采用，但需要注意的是，负参数材料一般阻抗匹配较差，即使形成通带（双负），损耗也较高，这使得 S_{11} 数值较大（尤其是单负，强的反射），S_{21} 信号较弱，从而带来测试结果的误差。因此，微波频段的测试仍需探索合适的测试方法和反演方法。

在低于 1 GHz 的频段，这两个参数可以利用阻抗分析仪单独测试，所得到的规律对于超过 1 GHz 的微波频段也是适用的。兆赫兹和吉赫兹频段电磁性质都属于经典电动力学的范畴，物理本质相同。

（7）测试技术。在低于 1 GHz 的情况下，介电常数和磁导率可以分别利用阻抗分析仪测量，测试电压为 100 mV，未加偏置电压或电流。样品结构如图 2-21(a) 所示，分别为一个圆柱形的片（直径大于 10 mm，厚度小于 3 mm）用于介电常数测试以及一个圆环（内径为 7 mm，外径为 20 mm，厚度为 2~3 mm）用于磁导率测试。介电常数利用平行板电容器的原理，通过阻抗分析仪测试电容 C_p 和电阻 R_p 参数，其计算公式如下：

$$\varepsilon'=\frac{C_p t}{\varepsilon_0 A} \tag{2-16}$$

$$\varepsilon''=\frac{t}{2\pi f\varepsilon_0 R_p A} \tag{2-17}$$

式中，A 为电极面积；t 为厚度；ε_0 为真空介电常数；f 为频率。

磁导率测试一般通过在磁芯上缠绕导线，再测量导线两端的电感，从而测量出有效磁导率。磁性材料测试夹具测量磁导率[见图 2-21(c)]，一般经过开路、短路、负载补偿及标准样校准等步骤。将被测试圆环样品放入夹具[短路同轴腔,相当于缠绕单线圈,图 2-21(c)中红线代表测试电流方向]后形成单匝电感,进一步利用以下公式计算得到磁导率:

$$\mu = \frac{2\pi(L-L_0)}{\mu_0 h \ln \dfrac{c}{b}} + 1 \tag{2-18}$$

$$L = \frac{Z^*}{\mathrm{j}(2\pi f)} \tag{2-19}$$

式中,L 为放入样品后的电感;L_0 为未放入样品时的电感;μ_0 为真空磁导率;h 为被测样品厚度;c 为被测样品外径;b 为被测样品内径;Z^* 为放入样品后的复阻抗。

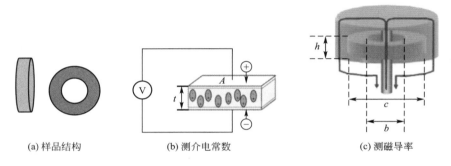

(a) 样品结构　　　　　　(b) 测介电常数　　　　　　(c) 测磁导率

图 2-21　样品结构示意图及测试示意图

2.1.3　超复合材料

2.1.3.1　多功能复合材料在工业领域的广泛应用

树脂基复合材料由于其相比于传统金属合金和高分子材料具有质量小、强度高、疲劳周期长等优势,已经逐渐成为下一代航空、汽车等领域制造材料的首选。例如,民航空客公司研制开发的 A350 和 A380 系列机型中,此类复合材料应用比重分别高达 53% 和 25%,在飞行距离、载客数量上都与上一代客机相比优势明显[113]。国外亦有用复合材料制造无人机和汽车车身的报道。在实现优异结构力学性能的同时,复合材料的研究也向着多功能、强可控可调性的方向发展。其中,复合材料的多功能化是指通过在结构性基体中添加第二相的方法,在保留高力学性能的同时,来实现其他功能的目的。当前多功能复合材料的研发大多集中在纳米复合材料,即通过添加或原位生成碳纳米颗粒、碳纳米管等多功能相,成功改善基体的导电、导热、防火、抗腐蚀等功能特性[114-117],这类纳米复合材料已经在新能源电池[118]、药物投递[119]、人造组织[120]、电子封装[121]等领域都产生了巨大的影响力。近年来,碳纳米复合材料的热点逐渐从开发新功能转移到碳纳米管改性及其在基体中的分布等关键工程技术性问题。然而不可忽视的是,此类多功能纳米复合材料往往受限于制造成本高,微观组织结构控制困难和纳米功能相易团聚等因素,现阶段难以大规模加工生产[2]。因而有必要采用一种新型的功能相埋入高力学性能基体中来满足多功能、低成本、强可控等适应于工业应用的条件。

2.1.3.2　超复合材料的定义

迄今为止,对超材料的特殊性能的开发仅仅是利用周期性排列导电性功能结构单元来实现的,所以严格来说,超材料是一类特殊的"结构"而不是真正意义的"材料"。这不利于其在复杂的环境中,如高温、强磁、碰撞、振动等环境中的应用。原因有两方面:一是功能结构单元是成本较高、本身力学性能较差的金属,如金、银等高导电、导热材料,单元的力学性能达不到工程应用要求;二是这些单元构成的周期性的阵列在复杂工作环境中其力学结构完整性容易被破坏[122,123]。一个比较理想的设计是将超材料功能单元添加到工程复合材料中,实现二者的融合,即提出的"超复合材料"的概念。超复合材料的定义首先由浙江大学彭华新提出,其内涵包括三个方面:一是超复合材料是一种复合材料而不仅仅是一类超材料结构;二是其电磁性能不仅与人工原子的结构特性相关,如几何尺寸和排列周期等,同时还取决于人工原子的本征材料特性;三是这类复合材料的制备可以依靠传统树脂基复合材料成形技术[124],这与传统超材料需要的昂贵的纳米刻蚀工艺相比具有突出的成本控制优势。

研发此类超复合材料有非常重要的工程应用价值。由于其能在微波频段实现双负指数效应,利用在此波段内的折射率为负这一特殊现象,能够实现复合材料的电磁隐形/透波特性。前文提到树脂基复合材料已经广泛应用于航空航天、汽车制造等领域,例如 F-35 闪电 II 型战斗机各类复合材料所占比重高达 35%。对于此类军事目标的隐形,显然用传统超材料结构无法在机身高速、低温、强辐射等巡航条件中发挥电磁特性。直接在制造复合材料飞机组件时嵌入超复合材料功能相的办法则有望有效改善此问题。另一方面,机身本身对超复合材料的高应力反馈和力学变形结构(morphing structure)则有望实现应力对隐身/透波性能的动态调节,增强超材料效应可控性。此外,超复合材料在雷达天线罩、军事/民用雷达通信、卫星导航等方面也有重要应用价值。

超复合材料在微波频率识别方面也有重要意义。在被识别的物品表面埋入一层微米丝阵列结构,在合适的电磁波传播模式下,利用对超材料独特的微波透过/反射行为和相关散射参数的解析,将其从外观等同的物品中识别出来,这对于未来构建物联网有重要的科学研究价值。在航空领域,超复合材料在航空通信和雷达甄别上还有很大改善空间,除了提高雷达性能等技术,在民用飞机上添加超复合材料作为其唯一的雷达波"二维码",将使得民用航空的安全性得到进一步提高。

实现超复合材料的外场可控可调性对其在宽频隐身和结构健康监测上具有重要价值。隐身波段可受外场灵活调控,而基于此性能开发出的无损检测技术,相比于传统超声检测技术,其优点主要有两方面:首先是微米丝本身对外加磁场和应力等非常敏感,在超复合材料中的微米丝阵列的微波响应能与在被监测结构中的裂纹产生力学耦合,并可以被灵敏捕捉到;其次是简单的施加直流磁场可以使得复合材料中的微米丝阵列与微波作用发生完美的电磁匹配[31],最大限度上还原被探测物体的内部结构和减小相关噪声干扰。

2.1.3.3 国内外研究现状与分析

传统超材料结构虽然具有一系列自然界材料所不具有的特殊性能而在学界引起一股研究热潮,然而其不是一块完整的材料,在实际应用领域受到了很大限制。而超复合材料的出现弥补了这一缺点,特别是把超材料性能和多功能工程复合材料进行融合能够将工程应用和超材料性能紧密联系起来。由于电磁超复合材料属于较新的研究方向,相关的研究还停留在探索前沿的阶段,主要是利用添加不同功能相来实现单负(ε 或 μ 为负)和双负(ε 和 μ 同时为负)超复合材料的性能。下面进行详细介绍与分析。

1. 含介电功能相的超复合材料

(1)介电单负性能:单负介电材料通常也被称为等离子体。自然界中也存在这种单负材料,但是必须在很高的频率下才能发生。Pendry 第一次提出利用无限长细金属棒组成的阵列可以模仿自然界中等离子体的介电行为,并可以在这种"稀疏"的等离子体介质中计算得到负的介电参数并显著降低其工作频率区间[125]。同样,也可以在非导电的复合材料中嵌入介电功能相的办法来构建这样的类等离子体结构。Zhu 等第一次提出了超复合材料的概念,利用在三氧化钨纳米颗粒上镀上一层均匀的聚吡咯(PPy)纳米导电颗粒,并用离散分布的办法在千赫兹频段下利用颗粒间的偶极子共振实现了较大的负介电常数[126]。以此为起点,随后如 Fe_3O_4[127] 和聚苯胺[128,129] 等其他导电纳米相也被引入作为零维颗粒的表面涂层来实现负介电常数性能。但总体来说,此类超复合材料由于颗粒是被单个隔开的,所以并不具有实际的应用价值。随后一维的纳米碳纤维(CNFs)作为功能相被引入 PEI 塑料中得到了负介电常数的效果[130],结果表明最终的介电常数的大小取决于碳纤维在基体中的体积分数、长径比和分布等因素。同时也发现树脂基体中的高分子链的化学结构能对 CNFs 跟基体的结合产生直接作用,并影响复合材料最终的介电响应。另一研究表明,在以人造橡胶为基体的复合材料中加入 CNFs,除了可以得到负介电常数以外,在应力传感上也有很大的应用价值[131]。此外,对复合材料中添加碳纳米管(CNTs)得到负介电常数的研究也比较多[132-134]。石墨烯在科学界引起了相关人员足够的兴趣,并被证实可以在活性剂处理和层片化后能在复合材料中得到负介电常数[135],与前面的超复合材料类似,其介电性能也受石墨烯含量和形态的影响。由于石墨烯的电阻相比一维 CNTs 或者 CNFs 较大,在同等条件下电子迁移率较低,因而需要更高石墨烯含量才能达到导电阈值和负介电常数的消失。

上述现有的研究已经证实了采用介电功能相可以在特定的频段内实现单负的电磁性

能,然而该种体系中的劣势也较为明显:首先是要求这些介电功能相在基体中均匀分散,但这些功能相一般尺寸细小为纳米级,往往需要采用额外的机械或化学处理方法。其纳米复合材料的制备技术成本高,工艺复杂,难以进行实际应用。

(2)磁导率单负性能:利用非磁性人工结构实现磁导率单负的例子很多,如利用开口谐振环[136]、U 形谐振环[137]、渔网结构[138]和成对的金属棒[139]等。然而对于利用超复合材料中的介电功能相实现负磁导率的报道还相对比较少。清华大学周济课题组利用周期排列的介电立方单元和聚四氟乙烯复合,利用米氏共振(mie resonance)实现了在微波段的负磁导率[135]。然而需要指出的是,这种材料得到的负磁导率仍然是跟其内部结构直接关联的而与介电立方单元的材料学性能无关;而且由于复合材料的反射损耗较大,最终测得的磁响应很弱,并且得到的负磁导率的频段也较窄。

2. 含磁性功能相的超复合材料

(1)磁导率单负性能:引入磁性功能相的目的主要是为了利用其本身的磁学性能得到负磁导率。相关研究首先关注了在复合材料中引入亚铁磁性功能相得到负磁导率的可能性。其中,钇铁石榴石(YIGs)作为一种常见的铁氧体被广泛应用于高频器件,对它磁导率的研究也较为深入[140]。因而可以将其作为一种成熟功能相引入超复合材料中。浙江大学何赛灵课题组成功地利用 YIGs 和铜丝阵列的结合在磁场引导下得到了负磁导率[141],但是其不是一块复合材料。Tsutaoka 等随后对此体系进行了改进,采用 YIGs 为基体的颗粒状复合材料,利用其旋磁自旋共振(gyromagnetic resonance)在兆赫兹频段得到了负磁导率[142]。随后在含 70% Ni-Fe(体积分数)坡莫合金的复合材料中在超过 5 GHz 的频段也观察到了负磁导率的现象[143]。虽然直接利用此类亚铁磁功能相成功获得了磁导率单负效应,但由于这类材料矫顽力较大,磁化后剩磁较多,总体得到的磁响应较为微弱。因此具有良好软铁磁性的材料将会是一个更好的选择,其对磁场更强的敏感性和更宽的理论负磁导率频率区间将会为超复合材料的设计提供更多的自由度。

(2)双负性能:对超复合材料双负性能的报道现阶段并不多,但从上述 YIGs 诱发磁导率单负性能的报道可以发现,如果将磁性功能相在复合材料中周期性排列,当满足等离子体假设时,也可以得到负的介电常数,从而最终构建出双负的介质。研究发现,在由 YIG 板和 Co_2Z 型铁氧体构建的复合材料体系中开发出了在吉赫兹频段磁场可控的电磁双负效应,其中 YIG 提供负磁导率而均匀排列的铁氧体则受电磁场激发产生负的介电常数[144]。另一重要研究来自于在多孔 Al_2O_3 陶瓷中浸渗 Ni 得到非连续三维陶瓷基复合材料[145]。微观组织结构结果表明,在复合材料内部形成了随时均匀分布的 Ni,电磁表征则分别证实了负磁导率和负介电常数,其中负磁导率是由于形成的三维 Ni 网络的铁磁共振响应导致的,而负介电常数则受形成的 Ni 网络的不连续性的影响。但是,其缺点是双负的频段仍然比较窄(几兆赫),而且双负带宽受陶瓷基体孔隙率的影响很大。

2.1.3.4 基于磁性微米纤维的超复合材料

铁磁性微米纤维(简称"微米纤维"),通常是指在快速冷凝过程中形成的以含铁磁性元素如 Co、Fe、Ni 等为主,并掺杂微量 B、Si、C 等非金属元素及过渡金属元素(如 Mo、Cr、Nb 等)的一类微米丝。由于不同种类元素原子尺寸差异大,制备冷却速度快等原因,微米丝往往呈现力学强度高的非晶态。特别是由 Taylor 法制备的玻璃包裹丝[见图 2-22(a)],由于其出色的软磁特性、力学性能和微米级尺寸,近年来被广泛研究并应用于磁场、力学等传感器器件上[146,147]。其也被认为是多功能复合材料理想的功能相之一[148],主要原因有以下几个方面:

(1)对外场响应强、埋入量少。这保证了强可控可调性和尽量小的功能相-基体界面,从而最大限度上减小了对复合材料力学性能的影响;

(2)其尺寸(通常 1~30 μm)和工业广泛应用的复合材料增强相碳纤维/玻璃纤维(通常 8~14 μm)匹配,保证了整体材料的结构完整性,同时更适应当今传感器微型化的要求;

(3)制备和埋入微米丝的过程简单,微观组织结构比较容易控制和调节,大大降低了多功能复合材料的生产制备成本;

(4)在外加磁场和应力下,能分别实现巨磁阻抗效应(GMI)和应力阻抗效应(GSI),在复合材料结构健康监测、应力探针等应用上有重要价值。

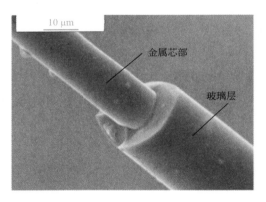

(a) 典型的由Taylor法制备的玻璃包裹丝

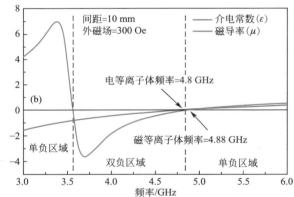

(b) 磁性Co基微米丝阵列的典型复磁导率和介电常数频谱
(可见在3.5~4.6 GHz内同时产生了负磁导率和介电常数)

图 2-22　磁性微米丝结构及相关性质[149]

磁性微米丝具有优异的软磁特性,其在磁场、应力下可控可调是作为多功能复合材料功能相的得天独厚的优势。此外,利用其微米丝在微波频段的铁磁共振响应能产生负磁导率[148],并通过在基体中简单的排列分布,能在相应电磁波段内实现经典超材料双负效应[见图 2-22(b)][150,151]。因此,采用微米丝阵列嵌入树脂基复合材料中,就可以从三方面真正实现超材料性能与复合材料结构特性的融合。

在构建双负超复合材料上,需要满足三大条件:一是功能相周期性排列且尽量可控;二是需要在工程复合材料基础上实现超材料化,即可以使用传统工程复合材料成形方法制备,且功能相的嵌入不破坏其力学性能;三是对外场有灵敏的电磁双负响应。综上所述,可以看到现有的超复合材料体系都在电磁响应的控制与优化方面存在着很大的局限性,且铁磁功能相相比于亚铁磁和介电功能相在复合材料中能获得更大的负磁导率,作为功能相更适用于构建超复合材料体系。磁性微米丝作为铁磁功能相很好地满足了这一条件。除了前面提到了其优异的软磁特性、良好的力学性能等优势外,文献中也报道了利用微米丝阵列来实现电磁双负效应。其中,Co 基微米丝由于比 Fe 基微米丝有更强的对外磁场和应力的电磁反馈而受到学界欢迎。Carbonell 利用一列平行排列的 Co 基微米丝,利用波导测试的方法,在 8～12 GHz 波段实现了双负效应[152,153];Liu 等也理论预测了利用导电纤维和 Co 基微米丝组成的正交结构可在吉赫兹波段实现双负指数[154];另外,已经从理论上证实采用 Co 基微米丝阵列,配以合适的树脂体系而构建的超材料结构将在外加磁场和应力下实现独特可调的双负电磁指数。然而,这些工作都还是停留在对 Co 基微米丝或者丝阵列的测试与计算,并没有制备出真正的复合材料。此外,目前报道的微米丝超结构的双负频带都较窄,通过外场调控实现宽频的双负区域的微米丝超复合材料是一亟须解决的问题。已有报道采用应力调控复合材料基体可调控超材料功能单元的几何尺寸和排布,从而对双负效应频带宽度和灵敏性有一定调控效果[155]。将微米丝嵌入复合材料中,通过应力和磁场对整体材料电磁特性的调控将进一步拓展可调可控超复合材料这一领域的科学价值,并为其后续工程化提供技术支撑。

Luo 首次发现了在基于 Fe 基微米丝和高分子复合材料构成的超复合材料中具有电磁双负指数特征且此性能受丝排布特征间距(critical spacing)的直接控制[150]。如图 2-23 所示,在通过自由空间测量得到的超复合材料的微波透射频率中,当微米丝的间距为 3 mm 时,在 1～7 GHz 的频率内出现了一个显著的透射窗口,但在丝间距大于此特征间距时,这个透波窗口则消失。通过后续参数计算,得到了在相应频率范围内负介电参数和负相速度,从而分析得出获得了超材料双负效应。原因主要有两方面:一是由平行排列的金属丝构成的电磁介质在与微波作用的时候可以看作是近等离子体,通过控制排布间距,在低于截断频率时,将获得负介电常数。按照 Pendry 提出的理论计算公式,间距在 3 mm、7 mm、10 mm 时都将在 1～7 GHz 内获得负介电常数,但实际上由于在微波-微米丝作用体系中介电部分的贡献主要来自于丝环向磁畴与电磁场分量的耦合,对于 Fe 基微米丝其环向磁畴的体积与整个丝体积相比可以忽略,使得在间距较大时的介电响应忽略不计。然而进一步减小间距到 3 mm,丝与丝之间的动态磁交互作用将对介电响应提供很大的补足,重新使得负介电参数成为可能。二是 Fe 基微米丝的铁磁共振频率发生在 2 GHz 左右,从而使得在响应区间内负磁导率成为可能。

综上,在平行结构的连续微米丝超复合材料中得到了双负效应。从平行排布超复合材料的 S 参数相位上可以看出,如图 2-24 所示,在对应的 1~7 GHz 的频段内其相速度有突变,进一步佐证了在此频段内双负电磁参数的物理特征[156]。

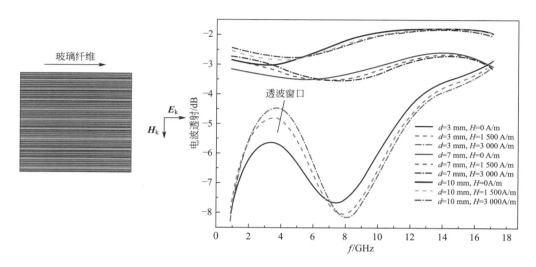

图 2-23 含有不同微米丝间距 d 的 Fe 基平行排布阵列的超复合材料在外加磁场强度 H
为 0~3 kA/m 情况下,0.9~17 GHz 范围内微波透射频谱结果[150]

然而,采用平行排布的超复合材料实现双负参数时基体内的丝体积分数较高,导致最终的透波窗口的透过信号较低,不利于后续应用开发。Luo 等对平行排布的拓扑结构进行了改进,采用正交排列的 Fe 基纤维,在降低磁性纤维体积分数的同时,也增大了特征间距,最终材料在纤维间距为 10 mm 时即可产生透波窗口,实现最终的双负效应,如图 2-25 所示[151]。且此类正交超复合材料具有明显的电磁各向异性,即只在外加直流磁场平行于基体中的增强纤维时才存在双负超材料效应,如图 2-26 所示[151]。这主要是由于当磁性微米纤维垂直于外加磁场时由于增强纤维和磁性纤维之间发生硬接触,而磁性纤维对电磁信号的贡献是主要来自于表面等离子体的激发,这种硬接触造成的表面应力状态的改变将使得原来等效周期性拓扑结构发生破坏,从而最终无法获取双负的透波特性。

可以看出,上述平行或正交的超复合材料对外加场变化产生的调节特性较为有限,为了进一步提高微米纤维超复合材料对外场的可调性,Luo 等在原先 Fe 基纤维超复合材料的基础上引入了 Co 基纤维,力图通过外加磁场对 Co 基纤维灵敏调控的特点,对整体超复合材料的透波窗口的频段进行调节,结果如图 2-27 所示[158]。可以看出单独采用 Fe 基纤维的超复合材料在外加磁场增加时,其特征频率向高频移动,这符合 Kittel 关系[159]。同时,在单独含有 Co 基纤维的复合材料中,其频率特征峰则向低频移动,这主要是由于 Co 基纤维间距较窄,在发生长程偶极子谐振时其表面趋肤效应较强,导致其表面产生很大的涡流电流,因而需要通过降低共振频率的方式来补偿涡流电流引起的能量耗散。综合来看,当将 Fe 基纤维阵列与 Co 基纤维阵列同时混杂入复合材料中时,在低激发磁场下,主要是长程偶极子谐振起主导作用,因而谐振峰往低频移动;而在较高激发磁场下,主要是磁性纤维的铁磁共振起主导作用,所以谐振峰往高频移动。采用 Co 基和 Fe 基纤维混排的方式能实现外场对透波窗口的灵敏调控。后续改变纤维的间距和长短,还能实现双负透波窗口带宽的变化。另外,2018 年微米纤维超复合材料的研究取得了突破。通过在磁性纤维上电镀碳纳米管的方式,在微波波导中首次发现此类复合材料具有超材料特性[160]。研究发现,通过控制电镀工艺,能控制碳纳米管在微米纤维上的分布和含量,从而控制混杂微米纤维的介电响应、等离子体频率和最终此类超复合材料的双负频段。

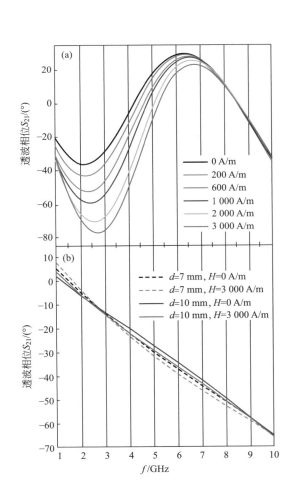

图 2-24　Fe 基纤维阵列复合材料的透波相位频谱变化规律[157]

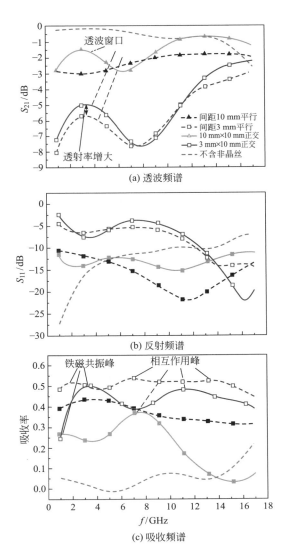

图 2-25　含有正交或平行微米纤维的超复合材料的透波、反射、吸收频谱[151]

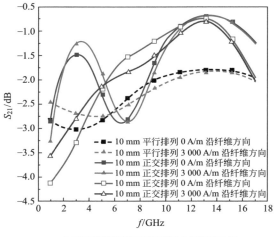
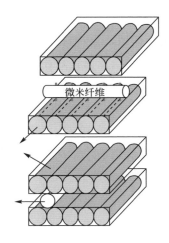

(a) 正交排列微米纤维超复合材料在外加
激发磁场沿不同方向时的透波参数变化情况

(b) 磁性纤维与增强纤维在复合
材料中排布示意图

图 2-26　正交排列微米纤维超复合材料研究结果

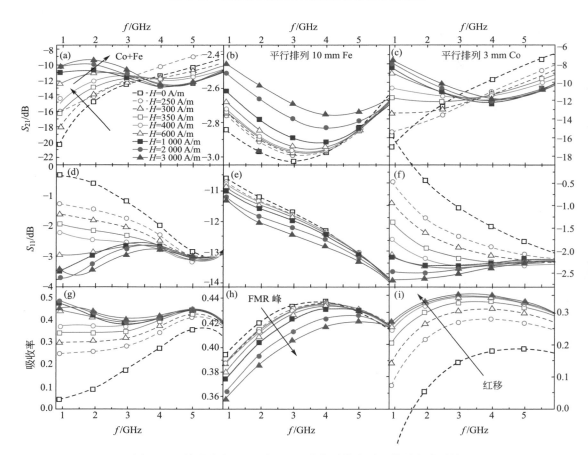

图 2-27　单独含有 Fe 基或 Co 基微米纤维阵列及其混杂阵列的
超复合材料 S_{21} 参数频谱在外加磁场下的变化规律

2.2　近红外及红外频段超材料

近年来,电磁超材料的研究重点逐渐从微波频段提高到近红外和红外波段。由于在此波段内材料和结构的光谱具有高度的特征性,往往能反映出物质的本征组成或结构信息,因而在吸波领域具有重要的研究价值,同时对军事作战、灾害搜救等应用领域有重大意义。本节将围绕超材料在近红外及红外波段的吸波性能,阐述红外超材料目前国内外的研究现状,并对不同种类超材料进行评价。

2.2.1　近红外及红外超材料吸波结构的特点

通过材料介电常数和磁导率的设计,可以调制电磁波在材料中的传播。人工电磁结构材料是通过周期性金属图案单元的设计来实现这一调制的。例如,负折射材料通过单独调节电共振和磁共振,能够同时实现负的等效介电常数和负的等效磁导率,即其等效介电常数 ε_{eff} 和等效磁导率 μ_{eff} 中两个参数的实部均为负值。介电常数和磁导率的虚部也与材料的性能密切相关。通常在设计中要求尽量减小其虚部来降低损耗,获得较好的电磁匹配,以获得最大的透射率。

长期以来,人们都是不希望虚部损耗出现在人工电磁结构材料中的。直到 2008 年 Landy 等人提出了超材料吸波结构[161],利用材料的虚部实现了近乎完美的电磁波吸收效果,人工电磁结构材料虚部的利用价值才开始被人们更充分地挖掘。在 Landy 等人的设计中,他们将环形电振子(electric ring resonator,ERR)置于介质层和短导线的上方,实现了高达 96% 的吸收率,并将这种结构命名为完美超材料吸波结构(perfect metamaterial absorber)。超材料吸波结构利用谐振图案提供的电响应和上下金属层之间反向平行电流提供的磁响应的调节,使结构的阻抗与自由空间的阻抗匹配,即 $Z_{eff} = (\mu_{eff}/\varepsilon_{eff})^{1/2}$ 近似等于 1,再通过吸波结构中虚部所提供的损耗使得进入结构的电磁波被有效地吸收。图 2-28 中给出了 Landy 等人设计的超材料吸波结构示意图和吸收效果曲线。与传统的结构型吸波材料相比,红外超材料吸波结构具有如下的共同特点:

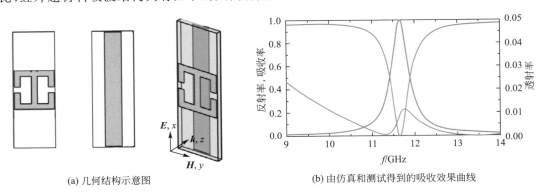

(a) 几何结构示意图　　　　　(b) 由仿真和测试得到的吸收效果曲线

图 2-28　Landy 等人设计的超材料吸波结构示意图和吸收效果曲线[161]

（1）灵活的谐振频率可调节性。由于超材料吸波结构的谐振特性依赖于对金属谐振图案的设计,因此改变谐振图案的形状或尺寸,再结合结构中其他参数的调整,即可实现对谐振吸收频率的调节。超材料吸波结构的谐振频率可调节性不仅体现在某个波段内,更体现在其高效吸波能力可以横跨微波[162]、太赫兹[163]、红外[164]以及可见光[165]等多个波段。相对于传统的结构型吸波材料,其吸收频率更方便调节,受材料属性的限制更小。

（2）吸收频带较窄。超材料吸波结构对电磁波的吸收利用的是强烈的电磁共振,因此吸收频点单一,吸收频带较窄。而某些传统的结构型吸波材料,如蜂窝吸波结构,其浸渍的电磁波吸收剂本身就具有频散特性,能够实现宽频带的吸收效果。但是另一方面,吸收频带窄这一特点也恰恰是某些应用中所需要的,如选择性热发射体[166]。

（3）结构的厚度很薄。许多传统的结构型吸波材料都要求结构的厚度为 1/4 个有效波长,而超材料吸波结构采用的是完全不同的吸波原理。其通过强烈的电磁共振来设计等效介电常数和等效磁导率的方式,可以使结构具有极薄的厚度,从而有利于吸波结构在其他器件中的集成。在红外波段,由于金属材料的特殊性质[167],红外超材料吸波结构中所激发出的表面等离子体激元效应也使其具有某些独特的属性,如场局域增强效应[168]和对入射波角度的不敏感特性[169]。

2.2.2　近红外及红外超材料吸波结构的研究现状

目前,超材料吸波结构的研究已经从微波频段向更高的频段发展,在包括太赫兹、红外和可见光等波段,人们都已经开展了大量的研究工作。当前红外超材料吸波结构的研究重点主要包括以下几个方面。

2.2.2.1　极化不敏感吸波结构

Landy 等人最初提出的超材料吸波结构只能在单一的极化方向吸收电磁波,这使得以其他的极化方向或以非极化方式入射的电磁波在结构中的吸收效率比较低,因此也限制了其在某些方面的应用。极化吸收的产生是由于谐振图案对电磁波的响应是极化的,即谐振图案只能够对以某一极化方向入射的电磁波产生响应。例如,对于图 2-28(a)中所示的吸波结构,只有当入射波电场的方向平行于 ERR 的轴线方向(TE 极化波)时,ERR 中才会产生电谐振,进而产生吸收;而当入射波电场的方向垂直于 ERR 的轴线方向时,ERR 中不能够产生电谐振,该结构也不能吸收电磁波。改善吸波结构的极化方向敏感性可以通过设计对极化方向不敏感的谐振图案来实现。正方形的谐振图案即是一种最简单的对称结构[168]。在正方形吸波结构中,电场沿着正方形的任何一边的方向都可以使谐振图案产生谐振,因此改善了结构对极化方向的敏感性。H. Lee 和 Z. Jiang 等人分别利用环绕中心谐振图案的对称谐振环设计了极化不敏感的吸波结构[170-171]。W. Zhu 等人为了获得极化不敏感的吸收效果还设计了具有高度对称性的树枝形谐振图案[173],该结构在任意的方位角下都能发生谐振,并且吸收波长不随入射方位角的改变而变化。

2.2.2.2　多峰和宽频吸波结构

超材料吸波结构与传统吸波材料相比的一个优点是其谐振行为的高度可调节性。正是这一优点使得通过超材料吸波结构可以更容易地获得多峰和宽频的吸收效果。由于不同尺寸的谐振图案对应着不同的电磁波吸收频率,因此通过合理的调节谐振图案的尺寸,能够将多个吸收峰叠加形成多峰或宽频的吸收。利用在一个周期单元内排布多个不同尺寸的谐振图案来产生多峰和宽频的吸收是一种常用的手段。谐振图案的排布有平面叠加和多层叠加两种方式,但本质上都是利用谐振长度的差异来产生不同的谐振频率。当谐振频率的间隔较大时形成的是多峰的吸收效果,当谐振频率的间隔足够近时就能够形成宽频的吸收效果。B. Zhang 利用环绕对称排布的椭圆形谐振图案制备了双峰的吸波结构[174],两个吸收峰分别位于 1.3 μm 和 1.7 μm 处,吸收峰的强度达到了 89.3% 和 93.2%,并且该结构对于极化方向和入射波角度都不敏感。R. Feng 等人利用非对称的 T 形谐振图案在 4.6 μm 和 6.5 μm 处实现了双峰的吸收,通过改变竖直谐振臂的位置即可达到对这两个吸收峰位置的调节[175]。J. Hendrickson 等人还利用三个不同尺寸的正方形谐振图案制备了具有三个吸收峰的吸波结构[176]。此外,也有一些只采用单一尺寸的谐振图案就形成多峰吸收效果的设计。例如,D. Cheng 等人通过将高次模产生的吸收峰与主模产生的吸收峰相叠加的方式,利用单个方环结构就实现了双峰的吸收效果[177]。当不同尺寸的谐振图案产生的谐振频率相隔足够近时,就能够设计出宽频的吸波结构。J. Guo 等人将两个尺寸差异较小的正方形谐振图案排布于一个周期单元内,在 3.4~3.6 μm 的波段实现了吸收率高达 98% 的宽频吸收效果[178]。为了扩宽吸收带宽,就需要采用更多的不同尺寸的谐振图案。C. Cheng 等人利用多个圆形谐振图案实现了中心波长在 4.3 μm,吸收带宽达到 2 μm 的宽频吸收峰[179]。Y. Cui 等人还利用多达 20 层的一维渐变谐振图案实现了在 3~5.5 μm 波段的宽频吸收峰。其宽频带的吸收效果是利用在波导中激发出的慢波模式,使得不同频率的电磁波在波导内不同尺寸的位置上"静止",从而被吸收掉。此外,Q. Feng 等人还在理论上对金属谐振图案材料的介电常数色散模式进行了调制,他们发现当把金属材料的介电常数色散模式从 Drude 模型转变为 Lorentz 模型后,可以在 6.8~14.3 μm 波段实现一个吸收率高达 97% 的超宽频带吸收峰[180]。

2.2.2.3　超薄吸波结构

某些传统的结构型吸波材料必须将损耗材料放置在电磁场能量最强的位置才能够有效吸收电磁波。因此,Salisbury 屏中的电阻膜被放置在距离底层金属层 1/4 有效波长的位置。而超材料吸波结构则完全不同,其本身所具有的谐振特性就能够将电磁场的能量聚集在结构之中。此外,不但结构中的金属谐振图案能够损耗能量,介质层材料也能够充当损耗层的角色。Landy 等人最初提出的超材料吸波结构就非常薄,结构的总厚度仅为吸收波长的 1/35。随后,K. B. Alici 等人研究了谐振图案为开口环的吸波结构,他们的研究结果表明通过谐振图案尺寸的优化设计可以有效地缩减结构的整体厚度[181]。L. Li 等人还利用一种 Tetra-Arrow 谐振图案,成功地实现了厚度仅为吸收波长 1/75 的吸波结构[182]。在红外波段,L. Huang 等人通过研究谐振图案与底层金属层之间的耦合作用,发现结构的厚度可以在吸收波长的 1/36~1/68 范围内调控[183]。

2.2.2.4 可调节吸波结构

通常情况下,当超材料吸波结构中的谐振图案形状、尺寸、重复周期,以及构成材料和其他结构参数确定后,其吸波效果也就确定了。但是如果通过某些外界激励,如温度、电流、电压和光照等使吸波结构中的某个参数是一个可控的变量,那么就能够通过这些外界激励实现可调节吸收的目的。超材料吸波结构谐振图案之间的相互作用可以用电容和电感来进行等效[184-186]。因此,可以在谐振图案之间加入变容二极管,通过电压或电流来控制谐振图案之间的电容,达到可调节吸收的目的。Y. Kotsuka 等人利用二极管的加载在微波频段制备出了电可控的三维吸波结构[187]。在红外波段,可调节的吸收更多的是通过材料属性的调控来实现的。VO_2 在温度高于相变温度 68 ℃时会从介质相转变为金属相,其介电性质随之发生了巨大的改变[188]。M. J. Dicken 等人利用 VO_2 的这一特性制备了基于温度控制的可调节吸波结构[189]。在温度低于相变温度时,VO_2 在结构中充当介质层的作用,能够使结构有效地吸收电磁波;在温度接近或高于相变温度时,VO_2 逐渐地变成了金属,结构的吸收效果明显变差。此外,Y. Liu 等人还通过改变吸波结构表层介质环境的方式实现了一种激光控制的可调节吸波结构[190]。他们将光敏的液晶材料置于吸波结构的表面,通过激光改变液晶的排布状况进而改变结构表层的介质环境,从而使得吸波结构具备可调节的吸收效果。

2.2.2.5 基于等离激元的吸波超表面

(1)周期性结构金属表面。等离激元超表面用于吸波用途首先可以考虑周期性结构的金属表面。为了将等离子体频率从光频段降低到近红外、红外波段,可以采用周期性结构的金属表面阵列,增强表面波与微结构的相互作用,从而获得等效介质中较低的等离子体频率。如图 2-29(a)所示,这种超材料吸波器由三层“三明治”结构组成,上层由两个内外径分别为 2 μm、3.3 μm 的同心金属圆环嵌套而成,中层用 SiO_2 作为电介质层将上层结构单元与底层金属背板隔开[191]。通过优化尺寸参数,金属环之间的谐振频率几乎没有影响,共同作用形成了两个独立的吸收峰。由于金属背板的存在,阻断了入射电磁波的透射,透射率 $T(\omega)$ 几乎为 0,因此只需测量其反射率。仿真结果如图 2-29(c)所示,在 11.8 THz 和 17.9 THz 有两个近完美吸波峰,并且与极化角度无关。

除了利用嵌套方法来实现周期性结构的金属表面,多层谐振层叠加也可以达到同样的效果。这里介绍一种中红外多层电介质层宽带超材料吸波器,如图 2-30(a)所示,Y_2O_3 和

Al_2O_3 作为电介质层分别位于金属 Al 夹层中间,介电常数分别为 $\varepsilon_d = 3.06$(无损耗)和 2.28($\tan\delta = 0.04$),自上而下依次为金属 Al、介质 Y_2O_3、金属 Al、介质 Al_2O_3、金属 Al[192]。利用多层金属–介质–金属谐振堆栈,激发每层谐振堆栈的磁谐振,通过设计不同介质层的介电常数来调节吸收峰值波长,然后叠加成宽带超材料吸波体。经过红外傅里叶变换频谱仪和红外显微镜测量,这种双层谐振堆栈结构在 6.94 μm 和 6.68 μm 处分别有两个吸收率为 77.7% 和 77.2% 的吸收峰值,吸收率大于 70% 的带宽为 0.52 μm;对于三层谐振堆栈,在 6.88 μm、6.68 μm 和 6.37 μm 处分别有吸收率为 82.5%、83.4% 和 80.7% 的吸收峰值,吸收率大于 70% 的带宽 0.83 μm,结果如图 2-30(b)所示。这种多层宽带超材料吸波体的谐振堆栈都是相同尺寸,因此只需要经过一次光刻处理,这极大简化了微纳加工步骤,并且可以在不改变结构尺寸的情况下,通过改变电介质层的介电常数改变谐振峰值,这在能量采集、灵敏度探测和热调节等方面具有潜在应用价值。

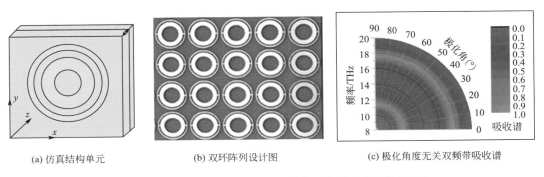

(a) 仿真结构单元　　　　　(b) 双环阵列设计图　　　　　(c) 极化角度无关双频带吸收谱

图 2-29　双频段红外吸波超材料结构示意图及吸波特性[191]

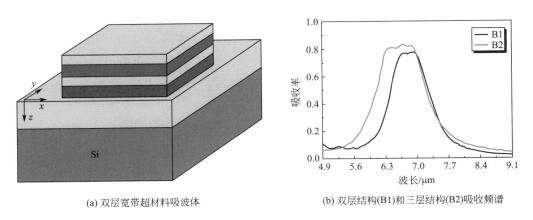

(a) 双层宽带超材料吸波体　　　　　(b) 双层结构(B1)和三层结构(B2)吸收频谱

图 2-30　中红外多层电介质层宽带超材料吸波器[192]

　　(2)掺杂半导体材料周期阵列。实现在近红外及红外波段的完美吸波体也可以采用掺杂半导体周期阵列的办法。与普通金属相比,半导体材料的载流子的浓度远低于金属中自由电子浓度,其等离子体频率由载流子浓度决定,半导体自由载流子与红外光的相互作用类似于金属,半导体表面 SPPs 特性可通过掺杂、光、热、电等方式激励。图 2-31(a)所示是一种高效率宽带极化无关太赫兹吸波体,不同于传统的金属介质-金属结构,这种宽带近完美吸波体由二维光栅和掺硼硅基板组成[193]。通过利用相消干涉和衍射的完美结合实现了宽带吸波。根据等效介质理论,在低频太赫兹波段,入射的太赫兹波碰到光栅结构后,由光栅上表面和下表面反射的太赫兹波会有一定的相差,通过调节光栅层的厚度使上下表面反射的太赫兹波干涉相消,减小反射波;在高频波段,将光栅视为周期波导阵列,利用光栅衍射减小反射,实现了在 1.17 THz 和 1.73 THz 吸收率接近 100%,1~2 THz 范围内吸收率在95% 以上,如图 2-31(b)所示。在此结构基础上,对光栅的占空比(光栅面积与基板面积之比)进一步研究,提出了占空比为 0.29 的互相垂直“双哑铃”掺硼硅光栅阵列结构。经过试验测试发现,该结构比原二维光栅具有更宽的吸波带宽,在 0.92~2.4 THz 超宽带频段内吸收率大于 95%[194]。

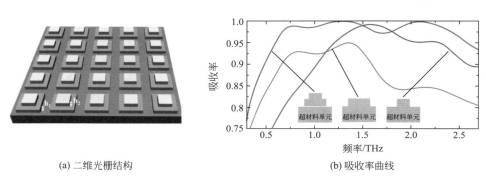

(a) 二维光栅结构　　　　　　　　(b) 吸收率曲线

图 2-31　二维光栅结构及吸收率曲线[193]

(3)石墨烯、碳纳米管等新型纳米材料。石墨烯在红外太赫兹波段也有可能激发出表面等离激元。石墨烯具有远远超过硅和传统半导体材料的载流子迁移率[目前其载流子迁移率的理论最大值可达 2×10^6 cm²/(V·s)]、优异的光传导性(其每一层的光传导与它的精细结构常数相对应),并且它还具有卓越的力学强度与热力学稳定性,这使它成为推动光电子学发展的关键材料之一。

在红外和太赫兹频段,石墨烯对电磁波的响应行为类似于金属对电磁波的响应行为,可以激发表面等离激元(SPPs),当光入射到石墨烯上时,石墨烯结构会产生 SPP 响应,导致等离激元吸收增强。如图 2-32(a)所示的结构,十字形石墨烯阵列附着在折射率为 3.4 的硅基板上,中间用一层介电常数为 3.9 的薄二氧化硅隔开[195]。采用控制变量法分析该吸收谱,通过控制 $L=1.25$ μm 不变,分别改变十字形石墨烯的宽长比 w/L 和长周期比 L/a 两个变量参数,仿真发现无论这两个变量参数取何值,吸收谱总会存在一个吸收峰,而吸收率存在差异,如图 2-32(b)、(c)所示。以上研究发现,这种十字形石墨烯结构比传统的石墨烯圆盘结构对吸收峰值波长的调节更加自由,而且吸收效率还可以进一步增强。

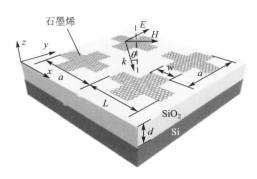

(a) 十字形石墨烯结构单元示意图

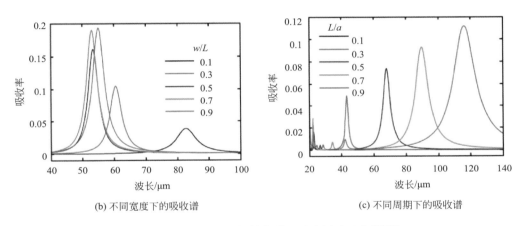

(b) 不同宽度下的吸收谱　　　　　　　(c) 不同周期下的吸收谱

图 2-32　十字形石墨烯结构单元示意图及吸收谱[195]

2.2.2.6　新型吸波结构

在微波频段,超材料吸波结构中的金属谐振图案的尺寸一般是在毫米量级,其制备工艺比较简单。而在更高的频段,尤其是在近红外和可见光频段,金属谐振图案的尺寸往往是在微米、亚微米甚至纳米量级。这种微纳米量级图案的制备一般是通过复杂且昂贵的光刻工艺来实现的。此外,某些光刻手段(如电子束曝光)还存在曝光效率低的问题,因此很难制备出大面积的样品。这些制约因素限制了超材料吸波结构在红外和可见光频段的广泛应用。所以,如何通过简便而经济的方式获得高性能的红外超材料吸波结构也是近年来的一个研究热点。A. Moreau 等人将银纳米立方体颗粒随机地分布在位于金属薄膜之上的高分子聚合物表面,实现了高效的吸收效果[196]。X. Chen 等人通过化学合成法制备了棒状金纳米颗粒,并通过液滴蒸发的方式获得了大面积的宽频吸波结构[197],该结构在 900~1 500 nm 的近红外波段吸收率高达 90%,其吸收效果甚至要好于某些通过光刻工艺制备的宽频吸波结构。

2.2.3 近红外及红外超材料的器件研发

2.2.3.1 选择性发热器件

根据基尔霍夫热辐射定律,物体在热平衡的状态下,其发射率与吸收率相等[198]。因此,原则上可以通过对红外超材料吸波结构的光吸收设计来实现对其发射率的调控。热光伏(TPV)技术是将高温热源中的红外辐射能量经由半导体 PN 结直接转换成电能的技术,如何提高 TPV 系统中的热电转换效率一直以来都是科学界和工业界关注的焦点。在 TPV 系统中,热源发出的能量通过热辐射器转换成热辐射能,并提供给半导体器件进而转换为电能。热辐射器可分为宽频辐射器(又称黑体辐射器)和选择性窄带辐射器两种。石墨、SiC、SiN 和稀土氧化物等是当前被广泛使用的热辐射器材料[199]。但是,由于材料自身属性的限制,由上述材料制成的热辐射器与热光伏电池之间总是存在能带的不匹配,所以不可避免地造成热能的损失和较低的热电转换效率。而红外超材料吸波结构则可以很完美地解决这一问题:利用红外超材料吸波结构的选择性吸收和频带较窄的特性,可以针对太阳能电池的禁带宽度提供一个选择性的发射峰[43,97],使得热辐射的能量被最大限度地转换为电能。研究结果表明,通过合理的设计,加入红外超材料吸波结构的 TPV 系统的热电转换效率甚至可以突破 Shockley-Queisser 极限[200]。此外,宽频的红外超材料吸波结构也能够作为宽频热辐射器,甚至可以近似地模拟一种热光伏半导体材料锑化镓(GaSb)的外部量子效应[201],从而替代成本较高的锑化镓材料,为 TPV 系统提供宽频的热发射峰。

X. Liu 等人设计了一个吸收峰在 6 μm 处的红外超材料吸波结构,其实验样品的扫描电镜图和吸波效果分别如图 2-33(a)、(b)所示。可以看到,该结构在 6 μm 处有一个近乎完美的吸收峰,而在较短和较长的波段,该结构呈现出低吸收的特性。将该吸波结构排布成图 2-33(b)中所示的字母图案 B 和 C,将另外一种吸收率非常低的吸波结构排布在非字母图案区域,则字母图案区域和非字母图案区域由于发射率的差异形成了空间性的热像素。图 2-33(c)、(d)中分别给出了该热像素图案在 6 μm 和 10 μm 处的空间热成像结果。可以看到,在 6 μm 的吸收峰处,由于吸波结构吸收了电磁波的能量并将能量辐射到空间中,字母图案 B、C 区域与非字母图案区域形成了非常明显的热成像对比;在 10 μm 的非吸收峰处,由于吸波结构几乎没有吸收电磁波的能量,字母图案 B、C 区域与非字母图案区域无法形成明显的热成像对比,几乎混为一体。

2.2.3.2 敏感探测器件

由于超材料吸波结构的谐振频率是能够调节的,因此可以将其作为光谱敏感探测器件。微测辐射热计(microbolometers)是一种用于检测微小热辐射能量的探测器件,其工作原理是利用吸波材料吸收电磁波的能量,并通过温度敏感材料对被吸收的能量做出反应,然后被温度计感知[202]。这种器件不但在中红外波段有着很好的应用前景,而且在太赫兹波段也有其特别的价值[203]。传统的用于微测辐射热计中的吸波器件包括黑色涂覆的金属[204]、碳纳米管[205]和反共振腔体[206-207]等,但它们通常不具有光谱敏感性。因此,为了增加光谱响应的敏感性,窄带耦合天线[208]、金属网格[209]和 SiO₂薄膜[210]等也常常被集成于微测辐射热计中。T. Maier 等人将红外超材料吸波结构置于传统的微测辐射热计的微桥上,使得集成的吸波器件不但能够吸收电磁波,而且同时具有光谱敏感性。理论和实验结果表明,这样的一个超材料吸波结构能够有效地吸收不同频段的电磁波能量并加热底部的热敏材料,形成对光谱敏感的热辐射能量探测[211-212]。

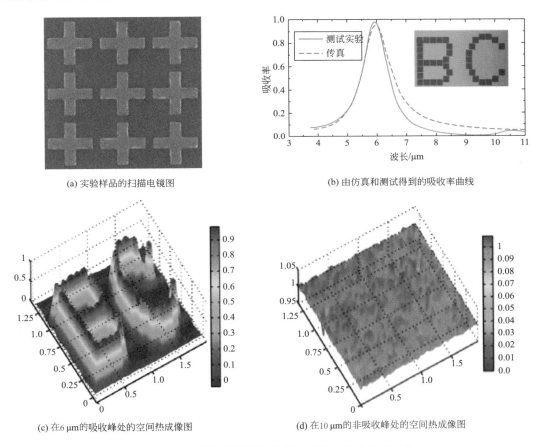

(a) 实验样品的扫描电镜图　　　　　(b) 由仿真和测试得到的吸收率曲线

(c) 在 6 μm 的吸收峰处的空间热成像图　　　(d) 在 10 μm 的非吸收峰处的空间热成像图

图 2-33　红外超材料吸波结构实现的空间热成像[201]

除了与其他器件集成外,红外超材料吸波结构本身也可以作为一种敏感探测器件。Liu 等人利用红外超材料吸波结构的等离子体光学特性,实现了一种对介质环境敏感的等离子体传感器[213]。图 2-34(a)所示的是该吸波结构的结构示意图。研究表明,该结构在波长 1.6 μm 处有一个很强的吸收峰。该结构的表面介质环境发生改变时,与吸收峰相对应的表面等离子体激元的激发条件发生了改变,导致吸收峰的位置也发生了移动,如图 2-34(b)所示。此外,该结构的品质因数最高可以达到 87,是传统的金纳米棒等离子体传感器最高品质因数的 3.6 倍[214],如图 2-34(c)所示。

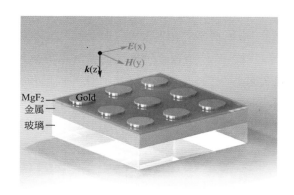

(a) 结构示意图

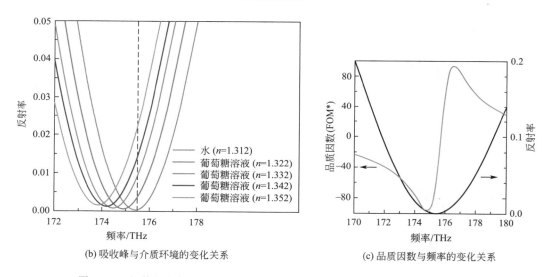

(b) 吸收峰与介质环境的变化关系

(c) 品质因数与频率的变化关系

图 2-34 红外超材料吸波结构实现的对介质环境敏感的等离子体传感器[213]

2.2.3.3 红外反探测器件

当前的武器装备探测系统以雷达探测和红外探测为两种主要手段。随着新型探测技术的发展,尤其是自 20 世纪 70 年代以来,红外探测技术在武器探测系统中的应用份额日益增加,被广泛地应用于瞄准、制导和目标侦查等方面[215-217]。红外探测技术分为被动探测和主动探测两种。被动探测即红外探测器通过被动接受目标发出的红外热辐射信号发现和识别目标;而主动探测则需要通过红外光源,如红外发射机等发射红外信号,再通过红外接收机接收返回的信号,进而识别目标。

针对红外探测,各种红外反探测技术也是层出不穷[218]。Z. Jiang 等人的研究结果表明,利用一种工作波长在 3.3 μm 和 3.9 μm 的共形双波段红外超材料吸波结构可以有效地抑制金属表面的红外光反射,从而实现红外反探测的功能[219]。图 2-35(a)、(b)所示的分别是红外光入射到高反射的金属表面和覆盖了吸波结构的金属表面的示意图。从图 2-35(c)中可以看到,在 3.3 μm 和 3.9 μm 处,入射到金属表面的红外光几乎被完全地反射回了空气中。而对于覆盖了共形双波段红外超材料吸波结构的金属表面,由于该结构在 3.3 μm 和 3.9 μm 处对电磁波的吸收效果,只有少量的红外光被反射回了空气中。同时,由于该吸波结构的共形特质,其对以 TE 和 TM 两种极化方式入射的红外光都能起到有效的反射抑制效果,如图 2-35(d)、(e)所示。所以,针对红外主动探测,这样的一种超材料吸波结构可以有效地减小目标被探测到的概率。除上述所提及的一些应用外,红外超材料吸波结构也有很多其他方面的应用,如生物传感[220]、光子集成电路[221]、光子探测[222]和太阳能电池[223]等。随着相关研究的不断深入,相信红外超材料吸波结构的潜在应用价值还将会被不断地挖掘。

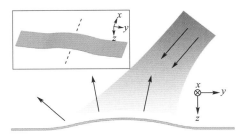

(a) 红外光入射到高反射的金属表面的示意图

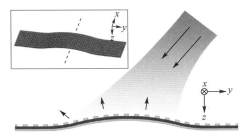

(b) 红外光入射到覆盖了吸波结构的金属表面的示意图

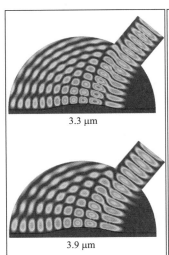

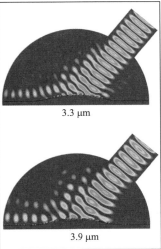

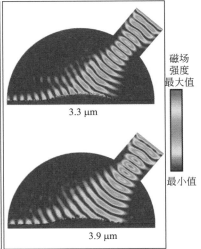

磁场强度
最大值

最小值

(c) 红外光入射到高反射的金属表面后在 3.3 μm 和 3.9 μm 处的电场分布图

(d) TE 极化的红外光入射到覆盖了吸波结构的金属表面后在 3.3 μm 和 3.9 μm 处的电场分布图

(e) TM 极化的红外光入射到覆盖了吸波结构的金属表面后在 3.3 μm 和 3.9 μm 处的电场分布图

图 2-35　红外超材料吸波结构实现的红外反探测[219]

2.3 光波段超材料

2.3.1 相关理论介绍

在经典的宏观电磁理论中,电磁波的时变波动性通过麦克斯韦方程组加以描述,即

$$\nabla \times \boldsymbol{E}(r,t) = -\frac{\partial}{\partial t}\boldsymbol{B}(r,t),$$

$$\nabla \times \boldsymbol{H}(r,t) = -\frac{\partial}{\partial t}\boldsymbol{D}(r,t) + \boldsymbol{J}(r,t) \tag{2-20}$$

式中,$\boldsymbol{J}(r,t)$代表了电磁波的波源信息;$\boldsymbol{E}(r,t)$、$\boldsymbol{D}(r,t)$、$\boldsymbol{H}(r,t)$、$\boldsymbol{B}(r,t)$分别为电场、电位移、磁场、磁感应强度,代表了媒质中的四种基本电磁场量,其分别包含三个维度上的未知分量,共 12 个未知量。对于大多数场合,人们往往关注某个特定频率(ω)下电磁波的波动特性,也就是时谐电磁场。假定在频率 ω 下,$\boldsymbol{E}(r,t)$、$\boldsymbol{D}(r,t)$、$\boldsymbol{H}(r,t)$、$\boldsymbol{B}(r,t)$分别表示为 $\mathrm{Re}\{\boldsymbol{E}(r)\mathrm{e}^{-\mathrm{j}\omega t}\}$、$\mathrm{Re}\{\boldsymbol{D}(r)\mathrm{e}^{-\mathrm{j}\omega t}\}$、$\mathrm{Re}\{\boldsymbol{H}(r)\mathrm{e}^{-\mathrm{j}\omega t}\}$、$\mathrm{Re}\{\boldsymbol{B}(r)\mathrm{e}^{-\mathrm{j}\omega t}\}$,则简化可获得时谐形式的麦克斯韦方程组,即

$$\nabla \times \boldsymbol{E}(r) = \mathrm{j}\omega \boldsymbol{B}(r),$$

$$\nabla \times \boldsymbol{H}(r) = \mathrm{j}\omega \boldsymbol{D}(r) + \boldsymbol{J}(r) \tag{2-21}$$

然而,上面的麦克斯韦方程组仅包含六个标量方程,若要求解$\boldsymbol{E}(r)$、$\boldsymbol{D}(r)$、$\boldsymbol{H}(r)$、$\boldsymbol{B}(r)$,还需要这些场量之间的相互关系,即媒质的电磁本构关系。对于宇宙万物而言,媒质的宏观电磁特性可以采用统一的物质本构方程加以概括[1]:

$$\boldsymbol{D}(r) = \bar{\bar{\varepsilon}} \cdot \boldsymbol{E}(r) + \bar{\bar{\zeta}} \cdot \boldsymbol{H}(r),$$

$$\boldsymbol{B}(r) = \bar{\bar{\mu}} \cdot \boldsymbol{H}(r) + \bar{\bar{\xi}} \cdot \boldsymbol{E}(r) \tag{2-22}$$

上述方程组简洁地概括了$\boldsymbol{E}(r)$、$\boldsymbol{D}(r)$、$\boldsymbol{H}(r)$、$\boldsymbol{B}(r)$的相互关系,共包含六个标量方程,与麦克斯韦方程组共同组合成 12 个标量方程,从而为准确求解取值中的电磁波提供了可行手段。

对于媒质的本构关系张量,即$\bar{\bar{\varepsilon}}$、$\bar{\bar{\mu}}$、$\bar{\bar{\zeta}}$、$\bar{\bar{\xi}}$,其分别表示了媒质中各方向电磁场量之间的相互关联,它们可以是复数形式且随频率色散。例如,张量$\bar{\bar{\varepsilon}}$中的某一个分量可用复数形式表示为$\varepsilon_{n,m} = \varepsilon'_{n,m}(\omega) + \mathrm{j}\,\varepsilon''_{n,m}(\omega)$,其中 $n,m = x$、y、z。

由于每个张量均包含 9 个实部变量和 9 个虚部变量,因此,描述媒质的电磁本构特征总共需用 72 个变量。从经典电磁理论的角度,无论媒质具有何种电磁特性,其均可通过非零(或部分非零)的 72 个参量加以表征。例如,双各向异性(bianisotropic)媒质的$\bar{\bar{\varepsilon}}$、$\bar{\bar{\mu}}$、$\bar{\bar{\zeta}}$、$\bar{\bar{\xi}}$均非零;各向异性(anisotropic)媒质则仅需$\bar{\bar{\varepsilon}}$、$\bar{\bar{\mu}}$非零;而在各向同性的情况下,$\bar{\bar{\varepsilon}}$、$\bar{\bar{\mu}}$可退化到标量形式的 ε(介电常数)和 μ(磁导率)等等。

对于自然存在的大多数无耗介质,其介电常数 ε 和磁导率 μ 为正的常数。而对于某些

特殊介质则不然，例如等离子体内部因电离产生的大量自由电子，在外电场力的作用下运动而形成电流，此感应电流与位移电流共同作用的结果是在低频形成负的介电常数，其解析表达式为 $\varepsilon_\infty = \varepsilon_0(1 - \omega_p^2/\omega^2)$。可见，在等离子体频率 ω_p 以下，等离子体的宏观介电常数为负值。

此外，如果媒质仅 ε 为负或仅 μ 为负时，其内部支持的电磁波将表现为隐失波，体现为较大的衰减，而不能形成有效的波动传播。而如果媒质的 ε 与 μ 同时为负值，即 ε 与 μ 的乘积为正时，电磁波在这类介质中仍旧可以传播。不同于 ε 与 μ 均为正值的寻常介质，此类媒介中的电磁波相速度方向与能量传播的方向相反，电磁波表现为相位相反波。进一步地，通过麦克斯韦方程组可知，这类介质的折射率须为负值，且其中电磁波的电场强度 $\boldsymbol{E}$、磁场强度 $\boldsymbol{H}$ 和波矢 $\boldsymbol{k}$ 满足左手正交关系，因此，1968 年，Veselago 把这类介质称为左手介质（left-handed material，LHM）[10]。相应地，对于自然存在的多数媒质而言，其内部传播的电磁波具有 $\boldsymbol{E}$、$\boldsymbol{H}$、$\boldsymbol{k}$ 的右手正交关系，因此也称为右手介质（right-handed material，RHM）或者正介质（折射率为正值）。

事实上，鉴于媒质本构关系的复杂性，$\bar{\bar{\varepsilon}}$、$\bar{\bar{\mu}}$ 可以只具有部分分量为负，因而通过 $\boldsymbol{E}$、$\boldsymbol{H}$、$\boldsymbol{k}$ 之间的相对正交关系很难对这些具有复杂本构参数特性的介质加以归类并命名。此外，由于左手介质的名称很容易与左旋极化波、右旋极化波，以及某些具有手征（chiral）特性物质的名称混淆，因此其他的一些命名也相继提出，如：负折射率介质（negative refractive index material）[1]、后向波介质（backward wave media，BWM）、双负介质（double negative media，DNM）、负相速度介质（negative phase velocity media，NPV）、Veselago 介质（Veselago Media）[224-228] 等等。

描述媒质本构关系的张量 $\bar{\bar{\varepsilon}}$、$\bar{\bar{\mu}}$、$\bar{\bar{\zeta}}$、$\bar{\bar{\xi}}$ 共有 72 个变量，这些变量可以其中一个为负值，也可以多个为负值，由此延伸出许许多多具有奇异现象的情况。因此，异向介质可以是各向同性，也可以是各向异性，甚至是双各向异性的，它们一般具有如下电磁特性：

（1）物质本构参数的某些分量为负值。

（2）负的本构参数产生奇特的电磁现象，如：反向波现象、负折射现象、逆契伦科夫辐射现象等等。这些电磁现象，往往难以在寻常介质中存在，因而此类媒质常常被称为超材料或超构材料。麻省理工学院孔金瓯（J. A. Kong）教授在详细研究了电磁波在这些介质中传播特性的基础上，建议其中文名称为"异向介质"，以突出这些奇异介质物质本构方程的多样性，以及电磁波在这些介质中传播时所表现出的不同于自然媒质的各种"异向"效应与"奇异"特性。

对于天然媒质而言，其宏观电磁本构关系很难为负，负的宏观电磁本构关系往往通过人工方案得以实现。自 Pendry 于 1996 年提出负介电常数媒质以来，异向介质已经历了 20 多年的发展，相关概念已经渗入多个物理与工程领域，成为当前诸多研究领域的创新源头。

相较于天然媒质，异向介质可以具有某些"超常"的电磁特性，其更突出的特点是波动响应的人工可操控性。异向介质的电磁特性主要由其结构而非其自身的构造材料决定，从而能够突破自然媒质的电磁性能极限,可被用于制作具有某些特异功能或比同类型器件具有更优性能的新型电磁器件,具有巨大的应用前景。基于异向介质的多项颠覆性创新研究曾三次入选美国《科学》杂志评选的年度世界十大科技突破。在本章,将论述异向介质的由来、基本物理思想、发展历程、制备技术与方案、潜在应用和未来展望等,以期给相关部门、业界人士以及初学者提供相关概念和基本认知。

2.3.2 光学超材料基本物理特性

2.3.2.1 反向波

异向介质,特指那些具有"超常"特性的电磁媒质。异向介质的研究实际上有很长的历史。早在 1904 年,A. Schuster 就讨论了在钠蒸气中传播的电磁波在吸收频段内表现为反向波。由于钠蒸气在该频段内损耗很大,A. Schuster 非常悲观地看待反向电磁波及其负折射现象的应用。1905 年,H. C. Pocklington 指出,在反向波介质中,辐射电磁波的群速度指向远离波源的方向,而其相位却朝向波源方向传播。大约 50 年后,H. C. Pocklington 的结论被 G. D. Malyuzhinets 再次证明。1957 年,D. V. Sivukhin 全面讨论了电磁波在负折射率介质中的传播特性。同一时期,V. E. Pafomov 发表了一系列论文,就电磁波在物质负群速频带内的非寻常辐射和 Cherenkov 辐射进行了详细的讨论。1968 年,苏联科学家 V. G. Veselago 发表文章,指出当各向同性介质的介电常数及磁导率同时为负数时,麦克斯韦方程仍然成立,但电场、磁场及波矢将转而服从左手正交关系[10]。在该文中,Veselago 首次完整地分析、总结了该类介质所具有的后向波、逆斯涅耳折射、逆多普勒效应、逆切连科夫辐射等诸多奇异现象,并且 V. G. Veselago 称此类介质为"左手介质"(left-handed material)。随着针对左手介质的深入研究与更深层次的理解,人们将其内涵与外延也不断地进行着更多的扩展。现在人们已经普遍认为,Veselago 及其他的先辈们所研究的,都可以看成是异向介质的一类各向同性的特例。

2.3.2.2 各向同性异向介质的基本电磁特性

对于下述平面波的方程在均匀的各向同性介质中传播,

$$\begin{pmatrix} \boldsymbol{E}(r) \\ \boldsymbol{H}(r) \end{pmatrix} = \begin{pmatrix} \boldsymbol{E}_0 \\ \boldsymbol{H}_0 \end{pmatrix} \mathrm{e}^{jkr} \tag{2-23}$$

用麦克斯韦方程组表示如下:

$$\boldsymbol{k} \times \boldsymbol{E}_0 = \omega\mu \boldsymbol{H}_0,$$
$$\boldsymbol{k} \times \boldsymbol{H}_0 = \omega\varepsilon \boldsymbol{E}_0 \tag{2-24}$$

其中物质的本构关系为 $\boldsymbol{D} = \varepsilon \boldsymbol{E}, \boldsymbol{B} = \mu \boldsymbol{H}$。

由式(2-24)可以看出,当 $\varepsilon > 0, \mu > 0$ 时,电场 $\boldsymbol{E}$、磁场 $\boldsymbol{H}$ 和传播常数 k 满足右手螺旋正交关系,这类物质称为右手物质(又称正介质,表示折射率 $n = \sqrt{\varepsilon}\sqrt{\mu}$ 为正);而当 $\varepsilon < 0, \mu < 0$ 时,$\boldsymbol{E}$、$\boldsymbol{H}$、k 满足的是左手螺旋正交关系,如图 2-36 所示,这类介质称为异向介质。同时,表征电

磁波功率流动的坡印亭矢量定义为

$$S = E \times H \qquad (2-25)$$

式(2-25)表明E、H和坡印亭矢量S的方向始终呈右手螺旋关系,如图 2-36 所示。

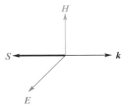

图 2-36 各向同性负折射率异向介质中各物理量之间的几何关系

　　其中坡印亭矢量S指示的方向是能量传播的方向,而k的方向表示的是相速度的方向。因此,在双负异向介质($\varepsilon < 0$,$\mu < 0$)中,能量传播的方向(也即群速度v_g的方向)与相速度v_p的方向是相反的,即相位是朝着波源方向传播。由于异向介质的坡印亭矢量与波矢的方向相反,因而在此种媒质中将引起一系列不同寻常的电磁特性,如逆斯涅耳效应、逆多普勒效应、逆切连科夫辐射效应等。

2.3.2.3　人工异向介质的构造理论

　　在自然界中,由于过去一直没有发现介电常数和磁导率同时为负的媒质,因此异向介质虽然具有种种特殊的电磁特性,多年来却一直未受到关注。1996 年,Pendry 提出采用周期排列的金属棒阵列结构实现等效介电常数为负的人工介质[2];1999 年,Pendry 再次提出采用周期排列的开路环谐振器(SRR)阵列实现等效磁导率为负的人工介质[229],从而让异向介质的实现成为可能。Smith 等根据 Pendry 的分析结果首次实现了这类人工介质,并且在实验上验证了异向介质的负折射率特性。异向介质从此引起了科学界的强烈关注。

　　(1)等效负介电常数介质——金属棒阵列。金属棒阵列结构如图 2-37 所示,金属棒在 z 方向无限长,半径为 r,在 x 和 y 方向以长度 $a(a \gg r)$ 为间距排列。外加电场方向沿着 z 方向,工作波长 $\lambda \gg a$。按照 Pendry 的分析方法可以求出金属棒结构的等离子频率,由于电子被限制在金属棒里运动,第一个效应是使周期结构的等效电子密度降低,即

$$n_{\text{eff}} = n \frac{\pi r^2}{a^2} \qquad (2-26)$$

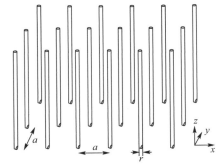

图 2-37 金属棒阵列结构

式中,n 是金属棒中实际的电子密度。

　　第二个效应是由于金属棒很细,具有很大的电感值,因而金属棒里的电流值很难受到改变,相当于在金属棒里流动的电子具有很大的质量。在一个周期单元里考虑距离棒中心为 ρ 的磁场,由于金属棒在 z 方向无穷长,在每个周期单元的电通量 D 可视为均匀分布。但是,电流分布却很不均匀,在金属棒区域有电流,在其他地方没有电流存在,导致磁场的分布也很不均匀,越靠近金属棒的区域磁场越大。通过麦克斯韦方程和边界条件:在相邻两个金属棒之间的中心位置磁场为零,即 $H\left(\bar{P}_n + \hat{\rho}\dfrac{a}{2}\right) = 0$,$\bar{P}_n$ 为第 n 个金属柱的位置。若考虑金属棒

的中心为坐标原点,则可近似得到磁场分布为

$$H(\rho)=\hat{\Phi}\frac{I}{2\pi}\left(\frac{1}{\rho}-\frac{1}{a-\rho}\right) \tag{2-27}$$

式中,电流 $I=\pi r^2 nev$,v 是电子运动的平均速度。

根据 $\nabla\times\bar{A}=\mu_0\bar{H}$,可以得出矢量位分布:

$$A(\rho)=\begin{cases}\hat{z}\dfrac{\mu_0}{2\pi}\ln\left(\dfrac{a^2}{4\rho(a-\rho)}\right) & \text{当 } 0<\rho<a/2 \\ 0 & \text{当 } \rho>a/2\end{cases} \tag{2-28}$$

由于 $a\gg r$,并且在良导体中,电子基本上在导体表面流动,因此,在单位长度的金属棒内,电偶极矩大小为

$$P=m_{\text{eff}}\pi r^2 nv \tag{2-29}$$

式中,$m_{\text{eff}}=\dfrac{\mu_0 r^2 n e^2}{2}\ln(a/r)$ 为电子的等效质量。

因此,可以得到周期金属棒阵列结构的等离子频率为

$$\omega_{\text{p}}=\sqrt{\frac{n_{\text{eff}}e^2}{\varepsilon_0 m_{\text{eff}}}}=\sqrt{\frac{2\pi c^2}{a^2\ln\left(\dfrac{a}{r}\right)}} \tag{2-30}$$

在 ω_{p} 频率以下,金属棒阵列结构具有负的等效介电常数。

(2)等效负磁导率介质——开路环谐振器阵列。周期排列的开路环谐振器(SRR)阵列结构如图 2-38 所示。SRR 半径为 r,内外环间距为 $d(d\ll r)$,在 z 方向延伸到无穷远,在垂直 z 的平面上以 a 的长度周期排列。当在 z 方向施加随时间变化的外磁场 H_0 时,SRR 将产生感应电流 i,因此 SRR 内的磁场变为

$$H_{\text{int}}=H_0-i\frac{\pi r^2}{a^2} \tag{2-31}$$

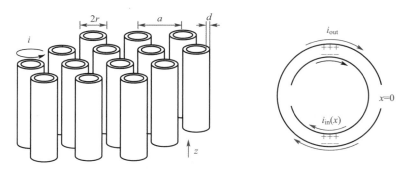

图 2-38　周期排列的开路环谐振器(SRR)阵列结构[229]

在 SRR 环路上,总的电动势满足如下关系:

$$\text{emf}=\oint \boldsymbol{E}\cdot\mathrm{d}\boldsymbol{l}=2\pi r E_1+2\pi r E_2=\mathrm{j}\omega\mu_0\pi r^2\left(H_0+i-i\frac{\pi r^2}{a^2}\right) \tag{2-32}$$

式中，$E_1 = \mathrm{j}\sigma$ 是由导体损耗引起的。

令外环电压分布为

$$V_{\mathrm{out}}(x) = E_2(x - \pi r) \qquad 当\ 0 < x < 2\pi r \tag{2-33}$$

内环电压分布为

$$V_{\mathrm{in}}(x) = \begin{cases} E_2 x & 当\ 0 < x < \pi r \\ E_2(x - 2\pi r) & 当\ \pi r < x < 2\pi r \end{cases} \tag{2-34}$$

由安培定律可得

$$\frac{\partial}{\partial x} i_{\mathrm{out}}(x) = -C\frac{\partial}{\partial t}(V_{\mathrm{out}} - V_{\mathrm{in}}) = \begin{cases} \mathrm{j}\omega C E_2(-\pi r) & 当\ 0 < x < \pi r \\ \mathrm{j}\omega C E_2(\pi r) & 当\ \pi r < x < 2\pi r \end{cases} ;$$

$$\frac{\partial}{\partial x} i_{\mathrm{in}}(x) = -C\frac{\partial}{\partial t}(V_{\mathrm{in}} - V_{\mathrm{out}}) = \begin{cases} \mathrm{j}\omega C E_2(\pi r) & 当\ 0 < x < \pi r \\ \mathrm{j}\omega C E_2(-\pi r) & 当\ \pi r < x < 2\pi r \end{cases} \tag{2-35}$$

式中，单位长度电容 $C = \varepsilon_0 / d$。由于在 $x = 0$ 和 $x = 2\pi r$ 处 $i_{\mathrm{out}}(x) = 0$ 以及在 $x = \pi r$ 处 $i_{\mathrm{in}}(x) = 0$，因此总的电流值为

$$i = i_{\mathrm{in}}(x) + i_{\mathrm{out}}(x) = \mathrm{j}\omega C E_2 r^2 \pi^2 \tag{2-36}$$

结合电动势表达式，可以得到

$$i = \frac{\mathrm{j}\omega \mu_0 \pi r^2 H_0}{2\pi\sigma - \dfrac{2\pi r}{\mathrm{j}\omega C r^2 \pi^2} - \mathrm{j}\omega \mu_0 \pi r^2 \left(1 - \dfrac{\pi r^2}{a^2}\right)} \tag{2-37}$$

从而等效磁导率为

$$\mu_{\mathrm{eff}} = \frac{B_{\mathrm{ave}}}{\mu_0 H_{\mathrm{ext}}} = 1 - \frac{\pi r^2 / a^2}{1 + \mathrm{j}\dfrac{2\sigma}{\omega \mu_0 r} - \dfrac{2dc^2}{\omega^2 \pi^2 r^3}} \tag{2-38}$$

其典型色散曲线如图 2-39 所示。

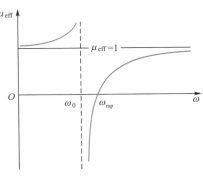

图 2-39　SRR 等效磁导率色散曲线 [229]

2.3.2.4　异向介质本构参数提取的数值方法

上述关于异向介质的描述，其主要思路是建立异向介质的谐振物理机制，但是对于异向介质，特别是将异向介质深入运用到新器件的设计和实验中，其首要特性指标是宏观上的等效负电磁本构参量（如等效介电常数、等效磁导率等），而非其亚波长的单元结构构造。尽管异向介质具有明确的谐振机制，但是，对于具体的异向介质而言，其宏观等效电磁参量却难以通过某个理想模型精准获得。2002 年，杜克大学 D. R. Smith 等首先提出了运用平板的电磁反射与透射系数提取异向介质宏观电磁本构参量的方法[230]。然而，由于异向介质本身具有的谐振特性以及仿真中存在的一些数值误差，造成在该方法的具体应用过程中出现一些支路选取的不确定性和非物理性。2004 年，Chen X. D. 等在 Smith 等人先期工作的基础上，提出了合理运用 S 参数提取异向介质宏观电磁本构参量的优化方法[231]，该方法在多种场合具有一定的鲁棒性，因而被广泛地应用。这里对此种异向介质宏观电磁参量的提取方法予以简要介绍。

假设一个平板由异向介质构成，其介电常数和磁导率均为未知，但是可以通过仿真模拟

或者实验测量的方式获得其反射与透射系数,即 S 参数。通过经典的电磁理论,可以获得:

$$\left.\begin{array}{l} S_{11}=\dfrac{R_{01}(1-\mathrm{e}^{-\mathrm{j}2nk_0d})}{1-R_{01}^2\mathrm{e}^{-\mathrm{j}2nk_0d}} \\[4mm] S_{21}=\dfrac{(1-R_{01}^2)\mathrm{e}^{jnk_0d}}{1-R_{01}^2\mathrm{e}^{j2nk_0d}} \end{array}\right\} \tag{2-39}$$

对于无源媒质,必须要求媒质中的电磁波是衰减的,因而要求 $\mathrm{Im}\{z\}\geqslant0$、$\mathrm{Im}\{n\}\geqslant0$,可以求得

$$n=\frac{1}{k_0d}\{\mathrm{Im}[\ln(\mathrm{e}^{jnk_0d})]+2m\pi-\mathrm{jRe}[\ln(\mathrm{e}^{jnk_0d})]\} \tag{2-40}$$

式中,m 是一个任意的整数,其表征了折射率的某一个分支。

通过合理选择不同的分支,可以通过 $\varepsilon=n/z$ 和 $\mu=nz$ 获得异向介质宏观上的等效电磁本构参量。

2.3.2.5 各向异性异向介质

2.3.2.2 节中的异向介质是各向同性的。然而,在 2.3.2.3 节中,Pendry 提出的异向介质结构是各向异性的。在各向同性的异向介质与正介质交界面可以产生群速度(代表能量 S 或者包络传播的方向)和相速度(代表波矢 k 方向)。因为负折射的现象(群速度的负折射和相速度的负折射是不一样的),在各向异性的异向介质与正介质交界面却可以产生群速度或者相速度是正折射现象的现象。反之,具有负折射现象的物质也并非全是异向介质,如在一些主光轴旋转后的各向异性的正介质与空气交界面处也可以产生能量负折射的现象。

事实上,对于宇宙中存在的各类物质,其统一的物质本构方程可以表述为

$$\overline{\boldsymbol{D}}(r)=\overline{\overline{\varepsilon}}\,\overline{\boldsymbol{E}}(r)+\overline{\overline{\zeta}}\,\overline{\boldsymbol{H}}(r)$$
$$\overline{\boldsymbol{B}}(r)=\overline{\overline{\mu}}\,\overline{\boldsymbol{H}}(r)+\overline{\overline{\xi}}\,\overline{\boldsymbol{E}}(r) \tag{2-41}$$

式中,$\overline{\overline{\varepsilon}}$、$\overline{\overline{\mu}}$、$\overline{\overline{\zeta}}$、$\overline{\overline{\xi}}$ 表示的是介质在各个方向电磁特性的张量,它们可以是复数的,也可以是与频率有关(即色散)的。Pendry 的负参量构造理论,只给出了在某一个(或某几个)方向上构造等效负电磁本构参量的理论。而如果对 Pendry 的基本模型组合以空间旋转,原则上可以将负电磁本构参量扩展到整个三维空间。在一般情况下,人们主要通过相速度和群速度之间的异常关系来观察异向介质的基本特性。2005 年,麻省理工学院 T. Grzegorczyk 等就各向异性媒质的反射与折射现象展开了详细讨论,并提出了其在实现负折射方面的应用[232]。有关各向异性媒质的反射与折射,具有以下几个典型情况:

(1)相速度为负折射、群速度为负折射。对于典型的双负异向介质,其相速度和群速度均为负值,从而在其表面将发生典型的负折射现象,如图 2-40 所示。图中,电磁波从正折射率媒质入射到负折射率媒质表面,其中波矢 1 代表入射电磁波方向,波矢 2 代表反射波方向,波矢 3 代表透射波方向。波矢 1、2、3 在两介质的交界面上满足相位匹配条件,从而其在 x 方向的分量相同。对于波矢 1、2,其方向与群速度方向相同;对于波矢 3,其方向与群速度

方向相反。从而,在满足相位匹配关系的条件下,波矢 3 所代表的电磁波能量须沿着波矢 3 的反方向,即产生负的斯涅耳折射现象。

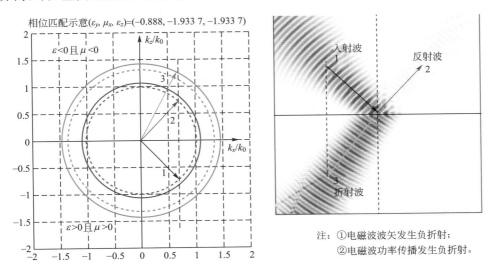

图 2-40　电磁波在负折射率媒质表面发生负折射现象

(2) 相速度为负折射、群速度为正折射。对于各向异性异向介质而言,其负折射现象的发生实则与其相速度和群速度的关系相关。具有负的相速度并不意味着一定会发生负的斯涅耳折射,比如双曲媒质表面的反射与透射现象,如图 2-41 所示。在图中,异向介质的空间色散满足双曲线关系(红色曲线)。根据相位匹配原则,在异向介质的表面将会激发反向波矢,但是群速度的方向与波矢的方向并不相同,因此透射波的实际传播方向依然与入射波波矢分居法线的两侧,从而不具有负折射效应。

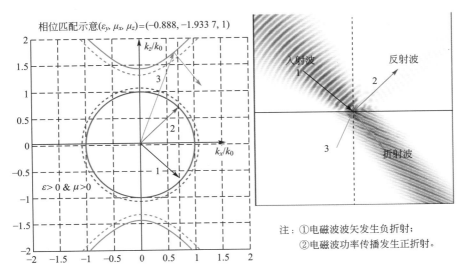

图 2-41　电磁波在负折射率双曲线媒质表面发生正折射现象

（3）相速度为正折射、群速度为负折射。运用各向异性异向介质，也可以产生相速度正折射、群速度负折射现象，如图 2-42 所示。在图中，异向介质具有的空间色散为双曲线型，与图中所示的双曲线型空间色散不同的是，这里的异向介质具有正的频率色散，即频率越高折射率越大（如双曲虚线所示）。从而，电磁波在此异向介质的表面上将会发生与之前截然不同的折射现象。根据能量守恒原理，当且仅当透射波的波矢落在双曲线的下半支时才符合因果性。从而，在此双曲型异向介质表面依然可以观察到负折射现象。

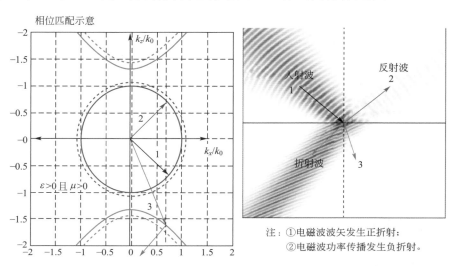

注：①电磁波波矢发生正折射；
②电磁波功率传播发生负折射。

图 2-42　电磁波在正折射率双曲线媒质表面发生负折射现象

除此之外，T. Grzegorczyk 等深入研究表明，即便折射率为正，各向异性媒质的表面上依然可发生负斯涅耳折射，如图 2-43 所示。然而，与前述的负参量异向介质不同的是，这种负折射现象依赖于媒质交界面的选择，因而具有较大的应用局限性。

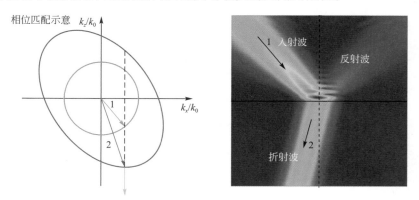

图 2-43　电磁波在正折射率各向异性媒质表面发生负折射现象

综上所述，运用人工异向介质的构造方法可以构造出具有多种特性的等效媒质。更进一步，人工异向介质的构造理论，提供了一种原则上可以实现任意电磁本构量的、有效的、灵活的方案。而多种应用场合(如完美成像、远距离亚波长成像、隐身等)对电磁媒质的电磁本构关系有着不同的要求,并且这些电磁本构参量一般不能从天然材料中获取,因此异向介质提供了实现这些电磁本构参量的理想方案。

2.3.2.6　超薄异向介质——光学超构表面

随着异向介质研究的深入,人们发现,异向介质构造机理可以更广泛地用于实现多种类"基元"的小型化、平面化器件。光学超构表面就是这样一类特殊的光学材料,如图 2-44 所示。

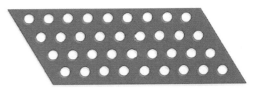

图 2-44　光学超构表面

光学超构表面是指一类具有单层(往往是超薄的)结构的人工电磁材料,其对来自平面法向的电磁波能够具有灵活的波阵面(wavefront)操控特性。由于光学超构表面在波的传播方向上只有单层构造,因而难以通过宏观的电磁本构参量加以描述,周期能带理论也不适合。对于超构表面,其基本的构造和理解思路是异向介质的"基元"极化操控思想。例如,在图 2-45 中,超构表面可以在宏观上被视为一种超薄的等效薄膜,因而可以操控电磁波。

超材料薄膜　　　　　　　　　　等效介质

图 2-45　单层超表面的等效模型

然而,由于超构表面往往在电磁波传播方向上不具有多层结构,因而又不能通过等效的介电常数和磁导率来模拟。通过与经典电磁理论比较,可以通过给超构表面定义宏观电极化率/磁极化率张量的方式来理解:

$$\hat{z} \times \boldsymbol{H} \mid_{z=0^-}^{0^+} = -\mathrm{j}\omega \bar{\bar{\chi}}_{\mathrm{ES}} \cdot E_{\mathrm{t,av}} \mid_{z=0} -\hat{z} \times \nabla_t \left[\chi_{\mathrm{MS}}^{zz} H_{z,\mathrm{av}} \right]_{z=0},$$

$$\boldsymbol{E} \mid_{z=0^-}^{0^+} \times \hat{z} = -\mathrm{j}\omega \bar{\bar{\chi}}_{\mathrm{MS}} \cdot H_{\mathrm{t,av}} \mid_{z=0} +\hat{z} \times \nabla_t \left[\chi_{\mathrm{MS}}^{zz} E_{z,\mathrm{av}} \right]_{z=0} \tag{2-42}$$

式中,$\bar{\bar{\chi}}_{\mathrm{ES}}$ 和 $\bar{\bar{\chi}}_{\mathrm{MS}}$ 分别代表了超构表面的宏观电导率与磁导率张量。

原则上通过设计超构表面的构成单元结构,可以调整其电导率与磁导率张量。如图 2-46 所示的一种由介质球构成的超构表面,其等效的电导率与磁导率张量可以具有类似异向介质的谐振特性。由此可以看出,超构表面尽管仅仅拥有超薄尺寸,其强谐振特性将允许电磁波在极小的范围内受到有效调控,从而实现电磁波的波阵面调控。由于超构表面的极化和磁化特性对于不同的应用场合具有不同的设计思路和不同的宏观属性,这里不再一一赘述。

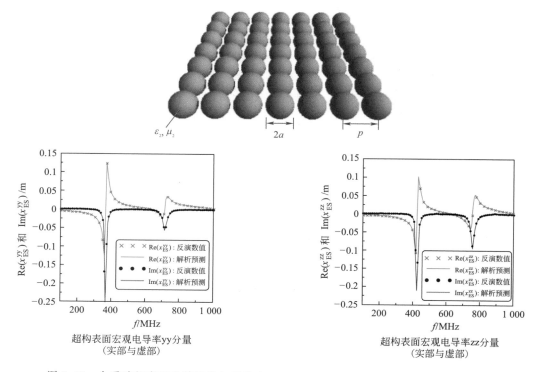

图 2-46　介质球超表面及其极化与磁化率($a=10$ mm，$p=25.59$ mm，$\varepsilon_r=2$，$\mu_r=900$)

2.3.3　光学超材料的应用

科学工作者通过设计"原子/分子"来调控异向介质的本构参数，控制电磁波在异向介质中传播的模式和路径，进而产生出多种奇异特性。这些天然介质所不具备的独特优势，使得异向介质能够被用于设计和实现多种新型电磁器件。本节就异向介质在电磁学、光学中的典型应用进行简要介绍。

2.3.3.1　基于异向介质的完美隐身体

自古以来，隐身是人类的一大梦想。从古希腊神话到当代的科幻小说，隐身都被赋予一种神奇的功能和色彩。在军事方面，隐形技术有着极其重要的应用价值。如 F117、B2 等隐身兵器彻底改变了战争哲学，使当代军事对抗进入了注重非对称优势的崭新时代。然而，传统的隐身技术多数依赖目标物体对电磁波的吸收性，如光学迷彩和吸波涂料，其仅可降低某些空间方位上被观察到的可能性，存在着多种不足。如何实现完美隐身，使得物体在任意空间角度均可免于被观察和感知，是长期存在的一个重大科学问题。异向介质，特别是其灵活的人为操控特性，为人们提供了操控电磁波的媒质思路，进而实现完美隐身体。

基于异向介质的电磁参量可调控特性，科学家们提出了以变换光学（transformation optics）为代表的全方向隐身设计理论[233,234]。该方法由英国帝国理工学院 Pendry 教授率先提出,其核心原理在于利用麦克斯韦方程组的协变性,构建出一组相互对应的空间,如图 2-47 所示。如果变换前的"虚空间"是自由空间,那么在"实空间"中,电磁波可以光滑地绕过经坐标变换得到的"洞",而不会受到任何影响。由于两个空间中的坐标——对应,因此与之关联的本构方程(constitutive relation)同样也是——对应的。此种情况下,本构参数(constitutive parameters)从自由空间中各向同性的常量,变换为各向异性的张量,调控空间介质的本构参数,进而控制电磁波在空间中的传播,这正是变换光学隐身技术的根本理论思路。

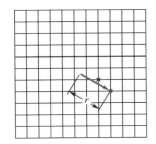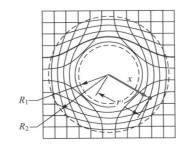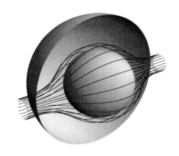

图 2-47　Pendry 教授等人提出的变换光学设计方法[233,234]

　　变换光学隐身器件的实现往往需要特殊的材料:相对介电常数和相对磁导率都必须是各向异性的,而且在数值上随空间连续变化。虽然自然界中并不存在满足上述要求的天然材料,但是异向介质的出现为隐身器件的实现带来了可能性。2006 年,英国伦敦帝国理工学院与美国杜克大学组成的联合课题组率先实现了基于异向介质的隐身器件[见图 2-48 (a)][235]。与过去的隐身技术相比,该电磁波隐身器件能够压缩平面内各方向的散射分量,实现二维平面内的全方向电磁隐身。这是科学家们对异向介质在电磁波和光学隐身方面应用的第一次尝试。然而,在自由空间中,基于变换光学的独立式隐身器件通常需要相对介电常数和相对磁导率都小于 1 的异向介质,且伴随着一定的损耗。这样的材料特性影响了隐身器件的带宽和隐身效果。因此,科学家又提出了一种地毯式形态的隐身壳体结构,其可工作在较宽频带,且材料的本构参量相对简单,具有低损易加工的优点[236-240]。

　　除了变换光学方法,散射相消[241]、保角映射[242]等设计方法也能用于异向介质隐身器件的设计。这几种电磁隐身技术与异向介质在操控本构关系、调节本构参数上保持了一致的思想,即均需要设计特定的异向介质,用于隐身器件的实现。如图 2-49 所示,科学家们使用等离子体异向介质,实现了基于散射相消方法的电磁隐身器件[243-245]。图 2-50 中,科学家们将微波介质陶瓷粉末填入特定基板中,调控异向介质介电常数的二维分布,进而控制电磁波在平面内的传播路径,达到隐身的目的[246]。目前,异向介质也能够用于微波、红外和可见光等不同频段地毯式隐身器件的实现。由于可见光频段电磁波的波长极小,肉眼难以准确观测电磁波的相位,因此设计过程中可以降低对相位的要求,主要关注光路的调控。例如,可以通过调控介质的光学介电常数分布、光轴的方向来完成可见光隐身器件的设计[238,247]。

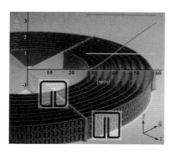

(a) 自由空间微波隐身器件[69, 235]

(b) 无磁化参数的圆柱隐身器件[236]

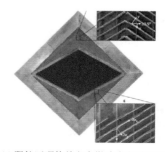

(c) 阻抗匹配的单方向微波隐身器件[237]

(d) 各向异性参数的多边形
光学隐身器件[238]

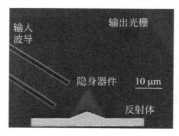

(e) 地毯式光学隐身器件[239]

(f) 各向异性晶体的光学地毯式
隐身器件[240]

图 2-48　基于变换光学方法的异向介质隐身器件[235-240]

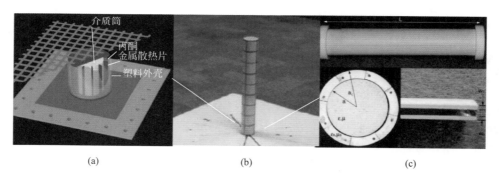

(a)　　　　　　　　　　(b)　　　　　　　　　　(c)

图 2-49　基于散射相消方法的异向介质隐身器件[243-245]

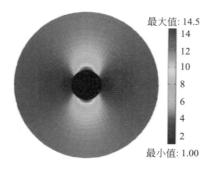

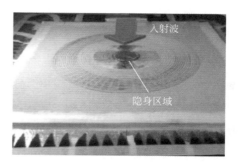

图 2-50　基于保角映射方法的二维异向介质隐身器件[246]

上述方法中,科学家们通过调控异向介质的本构参数来进行隐身器件的设计,在电磁波传播方向上需要一定的厚度。2010 年以来,超构表面隐身技术逐渐兴起[248-251]。如图 2-51所示,区别于上述异向介质隐身技术,超构表面隐身技术调控表面上的相位响应,这极大程度地缩小了异向介质隐身器件的厚度。但是,因为现有的电磁超构表面对电磁波的入射角度和工作频率非常敏感,所以目前的电磁超构表面在入射角度和工作带宽等技术指标方面仍然具有一定的局限性。

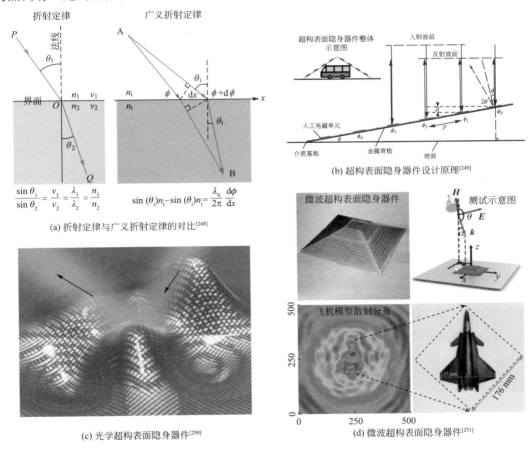

图 2-51　超构表面隐身技术的举例

2.3.3.2　异向介质完美透镜

在 2.3.3.1 节中介绍的异向介质隐身技术是使得物体完美隐身,然而,异向介质的神奇不仅如此,异向介质也能让我们"看得"更加清楚。在异向介质出现以前,人们通常利用透镜等光学元器件来进行物体的成像。一般而言,光学成像器件由玻璃、光刻胶、蓝宝石等光学材料构成。人们基于几何光学,选择合适的加工技术,雕刻光学材料的几何结构,控制其折射率分布,实现成像功能。这类传统的几何光学器件受到衍射极限的限制,在自由空间中难以实现小于 1/2 波长的分辨率。其本质在于携带深亚波长图像信息的电磁波在自由空间中发生隐失,难以传递到远处。

为了复原隐失波携带的信息,成像器件的材料必须支持隐失电磁波的传播。因此,调控材料的本构参数是实现深亚波长成像器件的必需途径。2000 年,J. Pendry 等人提出了完美透镜的概念[252]。如图 2-52 所示,完美透镜由相对介电常数和相对磁导率都等于-1 的平板介质组成。该异向介质一方面可以恢复行波相位,完成聚焦;另一方面具有放大隐失波、还原物体亚波长信息的功能。两方面结合在一起,达到突破衍射极限的目的。然而,自然界并不存在介电常数和磁导率同时为负的材料,因此,人工实现的双负异向介质促进了深亚波长成像器件的实现与发展。

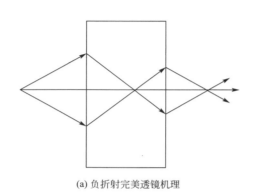

(a) 负折射完美透镜机理

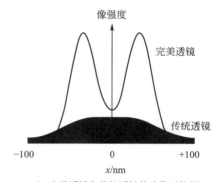

(b) 完美透镜和传统透镜的成像对比[252]

图 2-52　基于负折射异向介质的完美透镜原理[252]

基于完美透镜的概念,科学家们经过研究,实现了不同类型的亚波长成像器件。例如,多伦多大学 Eleftheriade 课题组和加州大学伯克利分校 Xiang Zhang 课题组分别利用不同异向介质,构造了微波和光频段的超构透镜(superlens)(见图 2-53),分辨率各自达到 1/5 和 1/6 波长,均突破了自由空间中的衍射极限[253,254]。另一种异向介质成像器件——双曲透镜(hyperlens)则能够直接在成像中将亚波长信息耦合到行波分量,保持成像的质量和分辨率。如图 2-54 所示,双曲透镜的名字来源于其所用材料的电磁特性,即材料的色散曲线,一般满足双曲线的形状[255,256]。

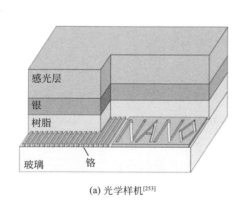

(a) 光学样机[253]

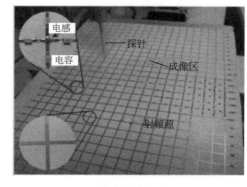

(b) 微波频段样机[254]

图 2-53　超构透镜

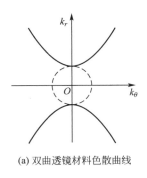

(a) 双曲透镜材料色散曲线　　　　　　　　　(b) 光学双曲透镜结构图[256]

图 2-54　双曲透镜

除了具有负折射现象和具有双曲线色散模型的异向介质,科学家们还使用金属线或金属薄片构造异向介质,其电各向异性程度非常高,色散方程在一定程度上可以被近似为一对平行线。电磁波在该类异向介质中,可以形成定向传输效应,又称渠化效应(canalization effect)。如图 2-55 所示,一系列的研究表明这种具有渠化效应的异向介质也能够实现深亚波长成像的功能[257-259]。渠化效应不仅可以在单负参数异向介质中实现,只要材料满足"某介质具有各向异性的介电常数/磁导率,且其在某一方向上的分量趋近于无穷或等于 0"的条件,那么电磁波和光波也能在该介质中实现亚波长尺度的定向辐射。

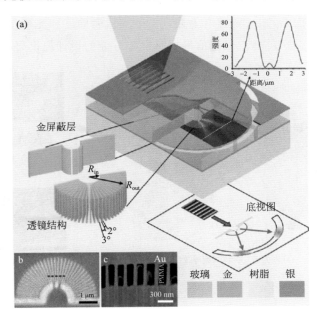

图 2-55　基于隧道效应的异向介质亚波长成像器件[258]

2.3.3.3　紧凑型导波转弯器件

相比自由空间电磁波,光波作为信息载体,拥有更宽的带宽,同时更利于通信、计算与信号处理等系统的片上集成,具有潜在的重要应用。现有技术往往利用各向同性材料构造导波器件,如光纤、光波导等,以承载光波信号。然而,光波(空间导波与表面导波)在遇到不规则波导表面或者尖锐弯角时,光波会发生反射损耗,难以实现信号的完整传递。传统的解决办法是在各向同性导波器件中避免尖锐弯角,因此转弯半径必须与波长可比拟,甚至远大于波长。这种情况下,转弯器件尺寸较大,和当前超大规模集成电路紧凑化、小型化的设计思路背道而驰。

为了解决这一问题,最初的方法是利用光子晶体构造导波器件[260]。然而,光子晶体材料无法在宽频带内满足转弯器件所需的本构参数,因此只能在极窄的频段内满足设计需求。为了能够在宽频带内解决转弯半径过大这一问题,研究人员利用异向介质,巧妙设计弯角附近异向介质的本构参数,从物理上实现光与表面波的完美动量转换,提出了导波器件无散射、小尺寸转弯的解决方案[261-263]。异向介质可以由两种不同的电介质材料组成,并以深亚波长尺度的周期进行层状堆叠,展现出电各向异性的特征,其色散曲线呈椭圆状。如果椭圆色散曲线长轴和短轴的比值非常大,电磁波就会倾向于朝着特定的方向传播。类似地,双曲色散异向介质也能展现出同样的现象。此外,另一种解决思路是变换光学。通过调控异向介质介电常数和磁导率的数值,电磁表面波可以在异向介质中如流水一般绕过障碍物[264]。

基于上述方法,科学家们实现了多种紧凑转弯器件(见图 2-56),如宽带表面波 180°转弯波导[264]、地毯式导波器件[261]、矩形波导转弯器[262]、分路器[263]等等。以上紧凑型器件设计方法和制备方面的探索,在一定程度上迎合了下一代表面波和光通信设备小型化、紧凑化的设计趋势,还为降低插入损耗、保证信号完整性等方面的设计提供了新的解决思路。

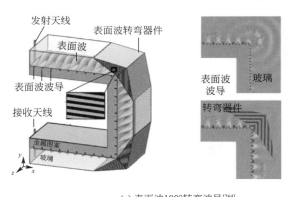
(a) 表面波180°转弯波导[264]

(b) 地毯式导波器[261]

图 2-56　各种紧凑型转弯器件

2.3.3.4　新型异向介质天线

基于异向介质的新型天线取得了较大的技术突破。一般来说,传统天线设计理论中,天线的特征辐射长度正比于工作波长。因此,在满足工作指标的同时,如何缩小天线的尺寸,降低天线占用的空间,一直以来是天线领域的一大研究方向。借助于异向介质的帮助,可以

显著缩小天线尺寸,从而实现天线小型化、扁平化等优势特质。当前,异向介质在天线领域的应用基本可以分为以下几类:

第一,基于高阻抗表面(high impedance surface)或人工理想磁芯(artificial perfect magnetic conductor)异向介质的低剖面天线。通过设计单元结构,能够实现天然材料不具有的高磁导率,模拟完美磁导体材料,从而实现同向反射特性,降低天线辐射所需高度,实现低剖面天线[265](见图 2-57)。

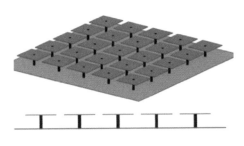

(a) 高阻抗表面天线[265]　　　　　　　(b) 低剖面天线[266]

图 2-57　高阻抗表面天线及低剖面天线

第二,基于异向介质薄膜的相位调控平面天线[266]。利用异向介质薄膜,能够调整天线罩或天线单元自身的等效本构参数,从而实现高效的相位调控功能,当前广泛用于平面透镜天线和超薄相控阵天线的设计与开发。如果我们将视野拓展到可见光频段,异向介质薄膜帮助科研工作者实现了包括平面聚焦透镜、半波片、极化转换器在内的多种紧凑型光学器件,大幅度地缩小了光学元件的体积,提高了光学系统的集成度。

第三,基于三维异向介质的终端多进多出天线。三维异向介质可以改变天线的辐射方向图,从而一方面提升透镜天线的增益,另一方面改善相邻天线单元之间的隔离度,提高多进多出天线的整体系统吞吐性能,在当前 5G 通信的硬件系统中起到重要作用[267]。

2.3.3.5　基于异向介质的低剖面吸波材料

异向介质的另一大应用是吸波材料。如图 2-58 所示,科学家们已经制备实现了多种微波/光学吸波材料[268-272]。为了实现吸波的功能,异向介质的单元一般需要在特定频率实现电谐振和磁谐振。当异向介质与空气阻抗匹配时,异向介质能够大幅度地减少后向反射;同时,等效本构参数的虚部会带来大量能量损耗,将电磁波的能量转化为热能等其他形式的能量,从而降

图 2-58　各种性质的异向介质吸波材料[268-272]

低电磁波的透射,达到吸波的目的。与常规角锥吸波材料相比,异向介质吸波材料具有厚度薄和吸收效率高等特点,尤其适合于设备小型化、扁平化的当代集成器件设计需求。目前,异向介质吸波材料的研究朝着太赫兹及其更高频段发展。在这些频段,因为金属材料存在较大的色散和损耗,所以谐振效果较低频段不甚显著。这种情况下,全介的异向介质是一种潜在的高频替代方案。全介质超构吸波材料可以由周期排列的介质颗粒组成。一方面,介质单元内部可以构成谐振模式;另一方面,相邻的介质颗粒也可以组成异向介质微结构簇(meta cluster),形成新的谐振模式。通过调节介质颗粒的几何结构,全介质异向介质能够实现多频或宽频等不同的吸波效果。

2.3.4 异向介质领域的挑战与未来展望

随着有关研究和技术的演进,异向介质领域取得了长足的发展,在理论和应用上取得了丰富的成果。然而,异向介质领域发展到当今阶段,也面临性能、制备和应用等多方面的技术挑战。

2.3.4.1 损耗

损耗是评估异向介质性能的重要参数之一。异向介质中的损耗分为介质损耗和谐振损耗。介质损耗是指组成异向介质的天然材料的电损耗或磁损耗,也包括金属材料的欧姆损耗;另一方面,实现负折射、零折射等新奇电磁特性时,异向介质单元构成谐振回路,谐振损耗难以避免。损耗,尤其对利用三维异向介质构造的隐身器件、双曲透镜等新型电磁器件的性能影响颇大。如何降低异向介质的损耗,一直以来都是异向介质设计和应用过程中的一大挑战。

选择低损耗的介质材料,或高导电性能的金属材料来构造单元结构,在一定程度上可以降低异向介质的介质损耗。这一解决思路在微波频段较为有效;然而,当工作频率提高到红外以上频段时,较为合适的解决办法是使用高介电常数的介质材料,通过 Mie 模型、Dark mode 模型以及 Toroidal mode 模型来构造谐振模式,用位移电流来替代金属中的传导电流,调控本构参数,完成异向介质的设计。

另一种方法是在异向介质中掺杂非线性或增益材料,来补偿异向介质的能量损耗。已有研究显示,在兆赫兹和吉赫兹的频率范围内,功率放大器等有源器件可以弥补材料损耗导致的异向介质性能劣化。在太赫兹以上频段,可以在异向介质的制备过程中加入一定的受激辐射材料,从而提高异向介质工作频率的电磁响应。

2.3.4.2 带宽与色散

异向介质的有效工作带宽与其实际应用前景息息相关。一般来说,除了少数应用场景(比如:单频激光器),现实中绝大多数电磁/光学器件都需要满足一定的工作带宽。以负折射异向介质为例,其负折射的有效带宽由小于零的等效介电常数和小于零的等效磁导率的重叠区域决定。另一方面,异向介质的负折射频段内,其等效介电常数和等效磁导率并不是一个定值,而是随着频率而色散的。在有效工作带宽和材料参数色散的共同制约之下,能满足器件需求的频带更为狭窄。这种本构参数和目标功能的匹配,在隐身器件、光学透镜、天线系统等领域尤其重要。因此,如何拓展异向介质的有效频段、确保色散的本构参数与应用需求相匹配,是实际工业应用对异向介质设计的根本要求,也是异向介质朝着实际工业应用前进的最大障碍。

2.3.4.3　加工技术

如第 1 章所述,异向介质在微波频段的大规模制备技术已经较为成熟,且时间成本和原料成本并不昂贵。这给异向介质在微波频段的应用带来了一定的实现基础。然而,现有的高频段微结构制备技术,如激光直写技术、电子束曝光和电子束刻蚀,在一定程度上能够满足当前异向介质在学术研究方面的需求,然而在大规模工业应用上还存在着一定的困难和瓶颈。这种瓶颈主要体现在加工时间、尺度规模以及可制备原料范围这三个方面。举例来说,在加工时间和尺度规模方面,如果我们利用激光加工技术加工 Su-8 光刻胶或蓝宝石等介质材料,微米尺度的单层结构耗时尚可接受;然而,如果需要加工毫米级乃至更大规模的微结构阵列,所需时间将成倍增加。这对高频异向介质的大尺度应用和大规模制备形成了极大的挑战。在可制备原料方面,目前比较成熟的主要是光刻胶、氧化钛、二氧化硅以及蓝宝石等少数材料;而且在可见光频段,目前所能加工的材料折射率也颇为有限。因此,利用哪种原材料在可见光频段构造显著的谐振模式或磁响应,也是光学异向介质目前面临的一大挑战。

2.3.4.4　未来展望

由于异向介质具有完全不同于天然材料的独特电磁特性,异向介质拥有广阔的发展和应用前景。尽管当前异向介质的实际应用面临众多挑战和制约,比如损耗较高、光频制备难度大等,但是其能够为解决现有难题提供多方思路,也极大地扩展和丰富了电磁理论,拓宽了新的研究方向,从而具有长远的学习和研究意义。在有限的未来中,我们可以预见,异向介质将朝着以下几个方向不断前行:

在理论层面,异向介质的新设计理论将不断涌现。短短 20 年的发展时光,从电路模型到布洛赫波-晶格模型,再到特征模设计理论,异向介质的基础理论不断发展。新的设计理论,将持续改进异向介质的性能,拓展异向介质的概念范围,实现更多“不寻常”的电磁材料特性,从而寻找解决异向介质现存的带宽窄、色散和散射严重的方法。

在设计层面,研究人员有了理论模型的支持,一方面可以继续开展新一代异向介质的研究工作,另一方面新型电磁/光学器件的设计需求也会推动异向介质的应用与发展。过去十年间,变换光学等基础研究催生了隐身器件、深亚波长成像器件、超构光学透镜、平面透镜天线等新型器件的诞生。新型器件的研制,必然需要特定异向介质的支持。因此,新颖的器件设计方法将从应用的角度促使异向介质新技术的发展。这是异向介质在设计方面的发展动力。

在实现层次，为了解决光学异向介质在制备时间、制备规模的瓶颈，新的制备工艺还有待开发。大规模、廉价、快速——这三项特征是光学异向介质工业化应用的先决条件。能够满足上述工业要求的新工艺将对异向介质在工业界的发展起到推动作用。

综上所述，异向介质的未来，将建立在新物理模型、新器件应用和新制备工艺的基础上，结合二维平面材料和三维体材料同步发展，以满足宽带和低损耗等关键性能为衡量指标，支撑新型电磁和光学器件的研制，逐渐具备大规模、廉价、快速的工业生产标准，填补现有器件的性能空缺，为实现更美好的未来生活创造无穷的可能性。

参考文献

[1] SHELBY R A, SMITH D R, SCHULTZ S. Experimental verification of a negative index of refraction [J]. Science, 2001, 292(5514): 77-79.

[2] PENDRY J B, HOLDEN A J, STEWART W J, et al. Extremely low frequency plasmons in metallic mesostructures[J]. Physical Review Letters, 2001, 87(11): 4773-4776.

[3] SMITH D R, PADILLA W J, VIER D C, et al. Composite medium with simultaneously negative permeability and permittivity[J]. Physical Review Letters, 2000, 84(18): 4184-4187.

[4] MARQUES R, MARTIN F, SOROLLA M. Metamaterials with negative parameters: theory, design and microwave applications[M]. New Jersey: John Wiley&Sons, Inc., 2008.

[5] MARQUES R, MEDINA F, RAFII-EL-IDRISSI R. Role of bianisotropy in negative permeability and left-handed metamaterials[J]. Physical Review B, 2002, 65(14): 4440-4442.

[6] MARQUES R, MESA F, MARTEL J, et al. Comparative analysis of edge-and broadside-coupled split ring resonators for metamaterial design-theory and experiments[J]. IEEE Transactions on Antennas and Propagation, 2003, 51(10): 2572-2581.

[7] MARQUES R, BAENA J D, MARTEL J, et al. Novel small resonant electromagnetic particles for metamaterial and filter design[C]. Torino: Proc. ICEAA, 2003.

[8] BAENA J D, MARQU S R, MEDINA F, et al. Artificial magnetic metamaterial design by using spiral resonators[J]. Physical Review B, 2004, 20(1): 1985-1988.

[9] GRZEGORCRYK T M, MOSS C D, LU J, et al. Properties of left-handed metamaterials: transmission, backward phase, negative refraction, and focusing[J]. IEEE Transactions on Microwave Theory and Techniques, 2005, 53(9): 2956-2967.

[10] HUANGFU J, RAN L, CHEN H, et al. Experimental confirmation of negative refractive index of a metamaterial composed of Ω-like metallic patterns[J]. Applied Physics Letters, 2004, 84(9): 1537-1539.

[11] CHEN H, RAN L, HUANGFU J, et al. Left-handed materials composed of only-shaped resonators [J]. Physical Review E Statistical Nonlinear & Soft Matter Physics, 2004, 70(2): 057605.

[12] SCHURIG D, MOCK J J, SMITH D R. Electric-field-coupled resonators for negative permittivity

metamaterials[J]. Applied Physics Letters, 2006, 88(4): 041109.

[13]　PADILLA W J, ARONSSON M T, HIGHSTRETE C, et al. Electrically resonant terahertz metamaterials: theoretical and experimental investigations[J]. Physical Review B, 2007, 75(4): 041102.

[14]　LIU R, DEGIRON A, MOCK J J, et al. Negative index material composed of electric and magnetic resonators[J]. Applied Physics Letters, 2007, 90(26): 509-513.

[15]　KWON D H, WERNER D H, KILDISHEV A V, et al. Near-infrared metamaterials with dual-band negative-index characteristics[J]. Optics Express, 2007, 15(4): 1647-1652.

[16]　SABAH C. Novel, dual-band, single and double negative metamaterials: nonconcentric deltaloop resonators[J]. PIER B, 2010(25): 225-239.

[17]　HUANG C, ZHAO Z, FENG Q, et al. Metamaterial composed of wire pairs exhibiting dual band negative refraction[J]. Applied Physics B, 2010, 98(2/3): 365-370.

[18]　GUNDOGDU T F, GUVEN K, GOKKAVAS M, et al. A planar metamaterial with dual-band double-negative response at EHF[J]. IEEE Journal of Selected Topics in Quantum Electronics, 2010, 16(2): 376-379.

[19]　ZHU W, ZHAO X, NING J. Double bands of negative refractive index in the left-handed metamaterials with asymmetric defects[J]. Applied Physics Letters, 2007, 90(1): 011911.

[20]　BINGHAM C, SMITH D R, NAN M J, et al. Dual-band planar electric metamaterial in the terahertz regime[J]. Optics Express, 2008(16): 9746-9752.

[21]　YU Y, BINGHAM C, TYLER T, et al. A dual-resonant terahertz metamaterial based on single-particle electric-field-coupled resonators[J]. Applied Physics Letters, 2008, 93(19): 77-79.

[22]　LI M, WEN Z, FU J, et al. Composite metamaterials with dual-band magnetic resonances in the terahertz frequency regime[J]. Journal of Physics D-applied Physics, 2009, 42(11): 115420.

[23]　EKMEKCI E, TURHAN-SAYAN G. Single loop resonator: dual-band magnetic metamaterial structure[J]. Electronics Letters, 2010, 46(5): 324-325.

[24]　ZHU W, ZHAO X, GUO J. Multibands of negative refractive indexes in the left-handed metamaterials with multiple dednritic structure[J]. Applied Physics Letters, 2008, 92(24): 77-80.

[25]　EKMEKCI E, TOPALLI K, AKIN T, et al. A tunable multi-band metamaterial design using micro-split SRR structures. [J]. Optics Express, 2009, 17(18): 16046-16058.

[26]　ZHU C, MA J J, LI L, et al. Multiresonant metamaterial based on asymmetric triangular electromagnetic resonators[J]. IEEE Antennas & Wireless Propagation Letters, 2010, 9(1): 99-102.

[27]　YURDUSEVEN O, YILMAZ A E, TURHAN-SAYAN G. Triangular-shaped single-loop resonator: a triple-band metamaterial with MNG and ENG regions in S/C bands[J]. IEEE Antennas & Wireless Propagation Letters, 2011, 10(1): 701-704.

[28]　YURDUSEVEN O, YILMAZ A E, TURHAN-SAYAN G. Hybrid-shaped single-loop resonator: a four-band metamaterial structure[J]. Electronics Letters, 2011, 47(25): 1381-1382.

[29]　MINOVICH A, NESHEV D N, POWELL D A, et al. Tunable fishnet metamaterials infiltrated by liquid crystals[J]. Applied Physics Letters, 2010, 96(19): 41-70.

[30]　ZHAO Q, KANG L, DU B, et al. Electrically tunable negative permeability metamaterials based on nematic liquid crystals[J]. Applied Physics Letters, 2007, 90(1): 011112.

[31]　ZHANG F, ZHAO Q, KANG L, et al. Magnetic control of negative permeability metamaterials

based on liquid crystals[J]. Applied Physics Letters, 2008, 92(19): 509-513.

[32] LIPPENS D, ZHANG F, ZHOU J, et al. Magnetically tunable left handed metamaterials by liquid crystal orientation[J]. Optics Express, 2009, 17(6): 4360-4366.

[33] DEWAR G. Minimization of losses in a structure having a negative index of refraction[J]. New Journal of Physics, 2005, 7(1): 161-171.

[34] CAO Y J, WEN G J, WU K M, et al. A novel approach to design microwave medium of negative refractive index and simulation verification[J]. Chinese Science Bulletin, 2007, 52(4): 433-439.

[35] HE Y, HE P, DAE Y S, et al. Tunable negative index metamaterial using yttrium iron garnet[J]. Journal of Magnetism & Magnetic Materials, 2007, 313(1): 187-191.

[36] ZHAO H, ZHOU J, ZHAO Q, et al. Magnetotunable left-handed material consisting of yttrium iron garnet slab and metallic wires[J]. Applied Physics Letters, 2007, 91(13): 509-512.

[37] KANG L, ZHAO Q, ZHAO H, et al. Magnetically tunable negative permeability metamaterial composed by split ring resonators and ferrite rods[J]. Optics Express, 2008, 16(12): 8825-8834.

[38] GIL I, BONACHE J, GARCIA-GARCIA J, et al. Tunable metamaterial transmission lines based on varactor-loaded split-ring resonators[J]. IEEE Transactions on Microwave Theory & Techniques, 2006, 54(6): 2665-2674.

[39] WANG D, RAN L, CHEN H, et al. Active left-handed material collaborated with microwave varactors[J]. Applied Physics Letters, 2007, 91(16): 77-80.

[40] AYDIN K, OZBAY E. Capacitor-loaded split ring resonators as tunable metamaterial components [J]. Journal of Applied Physics, 2007, 101(2): 2075-2079.

[41] HAND T H, CUMMER S A. Frequency tunable electromagnetic metamaterial using ferroelectric loaded split rings[J]. Journal of Applied Physics, 2008, 103(6): 066105.

[42] RICCI M C, XU H, PROZOROV R, et al. Tunability of superconducting metamaterials[J]. IEEE Transactions on Applied Superconductivity, 2012, 17(2): 918-921.

[43] TAO H, STRIKWERDA A C, FAN K, et al. MEMS based structurally tunable metamaterials at terahertz frequencies[J]. Journal of Infrared Millimeter & Terahertz Waves, 2011, 32(5): 580-595.

[44] LAPINE M, POWELL D, GORKUNOV M, et al. Structural tunability in metamaterials[J]. Applied Physics Letters, 2009, 95(8): 084105.

[45] ELEFTHERIADES G V, IYER A K, KREMER P C. Planar negative refractive index media using periodically L-C loaded transmission lines[J]. IEEE Transactions on Microwave Theory & Techniques, 2002, 50(12): 2702-2712.

[46] IYER A K, ELEFTHERIADES G V. A multilayer negative-refractive-index transmission-line (NRI-TL) metamaterial free-space lens at X-band[J]. IEEE Transactions on Antennas & Propagation, 2007, 55(10): 2746-2753.

[47] ELEFTHERIADES G V. A generalized negative-refractive-index transmission-line (NRI-TL) metamaterial for dual-band and quad-band applications[J]. IEEE Microwave & Wireless Components Letters, 2007, 17(6): 415-417.

[48] GRBIC A, ELEFTHERIADES G V. An isotropic three-dimensional negative-refractive-index transmission-line metamaterial[J]. Journal of Applied Physics, 2005, 98(4): 509-516.

[49] SHI Z C, FAN R H, ZHANG Z D, et al. Experimental/Theoretical investigation on the high fre-

quency dielectric properties of Ag/Al₂O₃ composites [J]. Applied Physics Letters, 2011, 99 (3): 137401.

[50] SHELBY R A, SMITH D R, SCHULTZ S. Experimental verification of a negative index of refraction[J]. Science, 2001, 292(5514): 77-79.

[51] GAO M, SHI Z C, FAN R H, et al. High-frequency negative permittivity from Fe/Al₂O₃ composites with high metal contents[J]. Journal of the American Ceramic Society, 2012, 95(1): 67-70.

[52] MIN C, MENG G, FENG D, et al. Tunable negative permittivity and permeability in FeNiMo/ Al₂O₃ composites prepared by hot-pressing sintering[J]. Ceramics International, 2016, 42(5): 6444-6449.

[53] ZHANG Z, SUN K, LIU Y, et al. The negative permittivity behavior and magnetic property of FeNi/Al₂O₃ composites in radio frequency region [J]. Ceramics International, 2016 (42): 19063-19065.

[54] SUN K, FAN R H, ZHANG Z D, et al. The tunable negative permittivity and negative permeability of percolative Fe/Al₂O₃ composites in radio frequency range[J]. Applied Physics Letters, 2015, 106 (17): 193104.

[55] ZHANG Z, FAN R, SHI Z, et al. Tunable negative permittivity behavior and conductor-insulator transition in dual composites prepared by selective reduction reaction[J]. Journal of Materials Chemistry C, 2013, 1(1): 79-85.

[56] SHI Z, FAN R, ZHANG Z, et al. Random composites of nickel networks supported by porous alumina toward double negative materials[J]. Advanced Materials, 2012, 24(17): 2349-2352.

[57] SHI Z C, FAN R H, YAN K L, et al. Preparation of iron networks hosted in porous alumina with tunable negative permittivity and permeability[J]. Advanced Functional Materials, 2013, 23(33): 4123-4132.

[58] WANG X A, SHI Z C, CHEN M, et al. Tunable electromagnetic properties in Co/Al₂O₃ cermets prepared by wet chemical method[J]. Journal of the American Ceramic Society, 2015, 97(10): 3223-3229.

[59] CHENG C, FAN R, REN Y, et al. Radio frequency negative permittivity in random carbon nanotubes/alumina nanocomposites[J]. Nanoscale, 2017, 9(18): 5779-5787.

[60] CHENG C, FAN R, WANG Z, et al. Radio-frequency negative permittivity in the graphene/silicon nitride composites prepared by spark plasma sintering[J]. Journal of the American Ceramic Society, 2017, 101(6): 15283.

[61] CHEN M, WANG X, ZHANG Z, et al. Negative permittivity behavior and magnetic properties of C/YIG composites at radio frequency[J]. Materials & Design, 2016(97): 454-458.

[62] CHENG C, FAN R, WANG Z, et al. Tunable and weakly negative permittivity in carbon/silicon nitride composites with different carbonizing temperatures[J]. Carbon, 2017(125): 103-112.

[63] CHENG C, YAN K, FAN R, et al. Negative permittivity behavior in the carbon/silicon nitride composites prepared by impregnation-carbonization approach[J]. Carbon, 2016(96): 678-684.

[64] XIE P, SUN K, WANG Z, et al. Negative permittivity adjusted by SiO₂-coated metallic particles in percolative composites[J]. Journal of Alloys & Compounds, 2017(725): 1259-1263.

[65] XIE P, WANG Z, SUN K, et al. Regulation mechanism of negative permittivity in percolating com-

posites via building blocks[J]. Applied Physics Letters，2017，111(11)：112903.

[66] HOU Q，YAN K L，FAN R H，et al. Experimental realization of tunable negative permittivity in percolative $Fe_{78}Si_9B_{13}$/epoxy composites[J]. Rsc Advances，2015，5(13)：9472-9475.

[67] SUN K，XIE P，WANG Z，et al. Flexible polydimethylsiloxane/multi-walled carbon nanotubes membranous metacomposites with negative permittivity[J]. Polymer，2017(125)：50-57.

[68] 殷之文. 电介质物理学[M]. 北京：科学出版社，2003.

[69] KITTEL C. Introduction to solid state physics[J]. Physics Today，2005，25(8)：18-19.

[70] PENDRY J B，HOLDEN A，ROBBINS D，et al. Low frequency plasmons in thin-wire structures [J]. Journal of Physics：Condensed Matter，1998，10(22)：4785-4809.

[71] SMITH D R，PADILLA W J，VIER D C，et al. Composite medium with simultaneously negative permeability and permittivity[J]. Physical Review Letters，2000，84(18)：4184-4187.

[72] TSUTAOKA T，KASAGI T，YAMAMOTO S，et al. Low frequency plasmonic state and negative permittivity spectra of coagulated Cu granular composite materials in the percolation threshold[J]. Applied Physics Letters，2013，102(18)：509-566.

[73] TSUTAOKA T，FUKUYAMA K，KINOSHITA H，et al. Negative permittivity and permeability spectra of Cu/yttrium iron garnet hybrid granular composite materials in the microwave frequency range[J]. Applied Physics Letters，2013，103(26)：77-81.

[74] MASSANGO H，TSUTAOKA T，KASAGI T，et al. Coexistence of gyromagnetic resonance and low frequency plasmonic state in the submicron Ni granular composite materials[J]. Journal of Applied Physics，2017，121(10)：103902.

[75] SHI Z C，FAN R H，YAN K L，et al. Preparation of iron networks hosted in porous alumina with tunable negative permittivity and permeability[J]. Advanced Functional Materials，2013，23(33)：4123-4132.

[76] SHI Z C，FAN R H，ZHANG Z D，et al. Experimental and theoretical investigation on the high frequency dielectric properties of Ag/Al_2O_3 composites[J]. Applied Physics Letters，2011，99(3)：137401.

[77] KAI S，FAN R，YIN Y，et al. Tunable negative permittivity with fano-like resonance and magnetic property in percolative silver/yittrium iron garnet nanocomposites[J]. Journal of Physical Chemistry C，2017，121(13)：7564-7571.

[78] SUN K，XIE P，WANG Z，et al. Flexible polydimethylsiloxane/multi-walled carbon nanotubes membranous metacomposites with negative permittivity[J]. Polymer，2017(125)：50-57.

[79] YAN K L，FAN R H，MIN C，et al. Perovskite (La，Sr)MnO_3 with tunable electrical properties by the Sr-doping effect[J]. Journal of Alloys & Compounds，2015(628)：429-432.

[80] FAN G H，XIE P T，WANG Z Y，et al. Tailorable radio-frequency negative permittivity of titanium nitride sintered with different oxidation pretreatments[J]. Ceramics International，2017，43(18)：16980-16985.

[81] SHI Z C，FAN R H，WANG X A，et al. Radio-frequency permeability and permittivity spectra of copper/yttrium iron garnet cermet prepared at low temperatures[J]. Journal of the European Ceramic Society，2015，35(4)：1219-1225.

[82] TSUTAOKA T，MASSANGO H，KASAGI T，et al. Double negative electromagnetic properties of

percolated Fe 53 Ni 47/Cu granular composites [J]. Applied Physics Letters, 2016, 108 (19): 191904.

[83] CHENG C, FAN R, WANG Z, et al. Tunable and weakly negative permittivity in carbon/silicon nitride composites with different carbonizing temperatures[J]. Carbon, 2017(125): 103–112.

[84] RHIM Y R, ZHANG D, FAIRBROTHER D H, et al. Changes in electrical and microstructural properties of microcrystalline cellulose as function of carbonization temperature[J]. Carbon, 2010, 48(4): 1012–1024.

[85] KERCHER A K, NAGLE D C. Microstructural evolution during charcoal carbonization by X-ray diffraction analysis[J]. Carbon, 2003, 41(1): 15–27.

[86] SUGIMOTO H, NORIMOTO M. Dielectric relaxation due to interfacial polarization for heat-treated wood[J]. Carbon, 2004, 42(1): 211–218.

[87] ENOCH S, TAYEB G, SABOUROUX P, et al. A metamaterial for directive emission[J]. Physical Review Letters, 2002, 89(21): 213902.

[88] ZHOU H, PEI Z, QU S, et al. A novel high-directivity microstrip patch antenna based on zero-index metamaterial[J]. IEEE Antennas & Wireless Propagation Letters, 2009, 8(4): 538–541.

[89] LIU Y, GUO X, GU S, et al. Zero index metamaterial for designing high-gain patch antenna[J]. International Journal of Antennas and Propagation, 2013(25): 1098–1101.

[90] ZHOU H, QU S, PEI Z, et al. A high-directive patch antenna based on all-dielectric near-zero-index metamaterial superstrates[J]. Journal of Electromagnetic Waves & Applications, 2010, 24(10): 1387–1396.

[91] LI Y, KITA S, MUNOZ P, et al. On-chip zero-index metamaterials[J]. Nature Photonics, 2015, 9 (11): 738–742.

[92] FENG S. Loss-induced omnidirectional bending to the normal in ε-near-zero metamaterials[J]. Physical Review Letters, 2012, 108(19): 193904.

[93] ZHONG S, HE S. Ultrathin and lightweight microwave absorbers made of mu-near-zero metamaterials[J]. Scientific Reports, 2013, 3(3): 2083–2088.

[94] BADSHA M A, JUN Y C, CHANG K H. Admittance matching analysis of perfect absorption in unpatterned thin films[J]. Optics Communications, 2014, 332(4): 206–213.

[95] YOON J, ZHOU M, BADSHA M A, et al. Broadband epsilon-near-zero perfect absorption in the near-infrared[J]. Scientific Reports, 2015(5): 12788.

[96] BOLTASSEVA A, ATWATER H A. Low-loss plasmonic metamaterials[J]. Science, 2011, 331 (6015): 290–291.

[97] SUN K, FAN R H, ZHANG Z D, et al. The tunable negative permittivity and negative permeability of percolative Fe/Al$_2$O$_3$ composites in radio frequency range[J]. Applied Physics Letters, 2015, 106 (17): 172902.

[98] QIAN L, LU L, FAN R. Tunable negative permittivity based on phenolic resin and multi-walled carbon nanotubes[J]. RSC Advances, 2015, 5(22): 16618–16621.

[99] WANG J, SHI Z, MAO F, et al. Bilayer polymer metacomposites containing negative permittivity layer for new high-k materials[J]. ACS Applied Materials Interfaces, 2017, 9(2): 1793–1800.

[100] SHI Z, WANG J, MAO F, et al. Significantly improved dielectric performances of sandwich-struc-

tured polymer composites induced by alternating positive-k and negative-k layers[J]. Journal of Materials Chemistry A, 2017, 5(28): 14575-14582.

[101] YAN K L, FAN R H, SHI Z C, et al. Negative permittivity behavior and magnetic performance of perovskite $La_{1-x}Sr_xMnO_3$ at high-frequency[J]. Journal of Materials Chemistry C, 2014, 2(6): 1028-1033.

[102] ZHAO B, PARK C B. Tunable electromagnetic shielding properties of conductive poly(vinylidene fluoride)/Ni chain composite films with negative permittivity[J]. Journal of Materials Chemistry C, 2017, 5(28): 6954-6961.

[103] KAI S, FAN R, ZHANG X, et al. An overview of metamaterials and their achievements in wireless power transfer[J]. Journal of Materials Chemistry C, 2018, 6(12): 2925-2943.

[104] SHI Z C, FAN R H, ZHANG Z D, et al. Experimental realization of simultaneous negative permittivity and permeability in $Ag/Y_3Fe_5O_{12}$ random composites[J]. Journal of Materials Chemistry C, 2013, 1(8): 1633-1637.

[105] TSUTAOKA T, KASAGI T, YAMAMOTO S, et al. Double negative electromagnetic property of granular composite materials in the microwave range[J]. Journal of Magnetism and Magnetic Materials, 2015(383): 139-143.

[106] TSUTAOKA T, KASAGI T, HATAKEYAMA K. Permeability spectra of yttrium iron garnet and its granular composite materials under dc magnetic field[J]. Journal of Applied Physics, 2011, 110 (5): 2075-2081.

[107] KOU X, YAO X, QIU J. Carbon nanofibers/polypyrrole nano metacomposites[J]. Journal of Polymer Science Part B Polymer Physics, 2017, 55(23): 1724-1729.

[108] KOU X, YAO X, QIU J. Negative permittivity and negative permeability of multi-walled carbon nanotubes/polypyrrole nanocomposites[J]. Organic Electronics, 2016(38): 42-47.

[109] YAO X, KOU X, QIU J. Multi-walled carbon nanotubes/polyaniline composites with negative permittivity and negative permeability[J]. Carbon, 2016(107): 261-267.

[110] MCCALL M W, LAKHTAKIA A, WEIGLHOFER W S. The negative index of refraction demystified[J]. Earopean Journal of Physics, 2002, 23(3): 353-359.

[111] DEPINE R A, LAKHTAKIA A. A new condition to identify isotropic dielectric-magnetic materials displaying negative phase velocity[J]. Microwave & Optical Technology Letters, 2010, 41(4): 315-316.

[112] CHEN X, GRZEGORCZYK T M, WU B I, et al. Robust method to retrieve the constitutive effective parameters of metamaterials[J]. Physical Review E Statistical Nonlinear & Soft Matter Physics, 2004, 70(2): 016608.

[113] YANG Y, BOOM R, IRION B, et al. Recycling of composite materials[J]. Chemical Engineering and Processing: Process Intensification, 2012(51): 53-68.

[114] MA P C, SIDDIQUI N A, MAROM G, et al. Dispersion and functionalization of carbon nanotubes for polymer-based nanocomposites: a review[J]. Composites Part A, 2010, 41(10): 1345-1367.

[115] BREUER O, SUNDARARAJ U. Big returns from small fibers: a review of polymer/carbon nanotube composites[J]. Polymer Composites, 2004, 25(6): 630-645.

[116] THOSTENSON E T, REN Z, CHOU T W. Advances in the science and technology of carbon

nanotubes and their composites: a review[J]. Composites Science and Technology, 2001, 61(13): 1899-1912.

[117] IIJIMA S. Helical microtubules of graphitic carbon[J]. Nature, 1991, 354(6348): 56-58.

[118] GUO J, XU Y, WANG C. Sulfur-impregnated disordered carbon nanotubes cathode for lithium-sulfur batteries[J]. Nano Letters, 2011, 11(10): 4288-4294.

[119] BIANCO A, KOSTARELOS K, PRATO M. Applications of carbon nanotubes in drug delivery[J]. Current Opinion in Chemical Biology, 2005, 9(6): 674-679.

[120] HARRISON B S, ATALA A. Carbon nanotube applications for tissue engineering[J]. Biomaterials, 2007, 28(2): 344-353.

[121] CHE J, CAGIN T, GODDARD W A. Thermal conductivity of carbon nanotubes[J]. Nanotechnology, 2000, 11(2): 65-69.

[122] LINDEN S, ENKRICH C, WEGENER M, et al. Magnetic response of metamaterials at 100 terahertz[J]. Science, 2004, 306(5700): 1351-1353.

[123] SHALAEV V M, CAI W, CHETTIAR U K, et al. Negative index of refraction in optical metamaterials[J]. Optics Letters, 2005, 30(24): 3356-3358.

[124] QIN F, PENG H X. Ferromagnetic microwires enabled multifunctional composite materials[J]. Progress in Materials Science, 2013, 58(2): 183-259.

[125] PENDRY J, HOLDEN A, STEWART W, et al. Extremely low frequency plasmons in metallic mesostructures[J]. Physical Review Letters, 1996, 76(25): 4773-4776.

[126] ZHU J, WEI S, ZHANG L, et al. Conductive polypyrrole/tungsten oxide metacomposites with negative permittivity[J]. The Journal of Physical Chemistry C, 2010, 114(39): 16335-16342.

[127] GUO J, GU H, WEI H, et al. Magnetite-polypyrrole metacomposites: dielectric properties and magnetoresistance behavior[J]. The Journal of Physical Chemistry C, 2013, 117(19): 10191-10202.

[128] ZHU J, WEI S, ZHANG L, et al. Polyaniline-tungsten oxide metacomposites with tunable electronic properties[J]. Journal of Materials Chemistry, 2011, 21(2): 342-348.

[129] LIU C D, LEE S N, HO C H, et al. Electrical properties of well-dispersed nanopolyaniline/epoxy hybrids prepared using an absorption-transferring process[J]. The Journal of Physical Chemistry C, 2008, 112(41): 15956-15960.

[130] LI B, SUI G, ZHONG W H. Single negative metamaterials in unstructured polymer nanocomposites toward selectable and controllable negative permittivity[J]. Advanced Materials, 2009, 21(41): 4176-4180.

[131] ZHU J, WEI S, RYU J, et al. Strain-sensing elastomer/carbon nanofiber "metacomposites"[J]. The Journal of Physical Chemistry C, 2011, 115(27): 13215-13222.

[132] ZHU J, GU H, LUO Z, et al. Carbon nanostructure-derived polyaniline metacomposites: electrical, dielectric, and giant magnetoresistive properties[J]. Langmuir, 2012, 28(27): 10246-10255.

[133] GU H, GUO J, HE Q, et al. Magnetoresistive polyaniline/multi-walled carbon nanotube nanocomposites with negative permittivity[J]. Nanoscale, 2014, 6(1): 181-189.

[134] ZHU J H, ZHANG X, HALDOLAARACHCHIGE N, et al. Polypyrrole metacomposites with different carbon nanostructures[J]. Journal of Materials Chemistry, 2012, 22(11): 4996-5005.

[135] ZHAO Q, KANG L, DU B, et al. Experimental demonstration of isotropic negative permeability in a three-dimensional dielectric composite[J]. Physical Review Letters, 2008, 101(2): 027402.

[136] SMITH D R, PADILLA W J, VIER D, et al. Composite medium with simultaneously negative permeability and permittivity[J]. Physical Review Letters, 2000, 84(18): 4184-4187.

[137] LINDEN S, ENKRICH C, WEGENER M, et al. Magnetic response of metamaterials at 100 terahertz[J]. Science, 2004, 306(5700): 1351-1353.

[138] VALENTINE J, ZHANG S, ZENTGRAF T, et al. Three-dimensional optical metamaterial with a negative refractive index[J]. Nature, 2008, 455(7211): 376-379.

[139] SHALAEV V M, CAI W, CHETTIAR U K, et al. Negative index of refraction in optical metamaterials[J]. Optics Letters, 2005, 30(24): 3356-3358.

[140] BUSH G G. The complex permeability of a high purity yttrium iron garnet (YIG) sputtered thin film[J]. Journal of Applied Physics, 1993, 73(10): 6310-6311.

[141] HE Y, HE P, YOON S D, et al. Tunable negative index metamaterial using yttrium iron garnet [J]. Journal of Magnetism and Magnetic Materials, 2007, 313(1): 187-191.

[142] TSUTAOKA T, KASAGI T, HATAKEYAMA K. Permeability spectra of yttrium iron garnet and its granular composite materials under dc magnetic field[J]. Journal of Applied Physics, 2011, 110 (5): 2075-2081.

[143] KASAGI T, TSUTAOKA T, HATAKEYAMA K. Negative permeability spectra in permalloy granular composite materials[J]. Applied Physics Letters, 2006, 88(17): 509-512.

[144] XU F, BAI Y, QIAO L, et al. Realization of negative permittivity of $Co_2 Z$ hexagonal ferrite and left-handed property of ferrite composite material[J]. Journal of Physics D-Applied Physics, 2009, 42(2): 025403.

[145] SHI Z, FAN R, ZHANG Z, et al. Random composites of nickel networks supported by porous alumina toward double negative materials[J]. Advanced Materials, 2012, 24(17): 2349-2352.

[146] PHAN M H, PENG H X. Giant magnetoimpedance materials: fundamentals and applications[J]. Progress in Materials Science, 2008, 53(2): 323-420.

[147] VAZQUEZ M, ZHUKOV A. Magnetic properties of glass-coated amorphous and nanocrystalline microwires[J]. Journal of Magnetism and Magnetic Materials, 1996(160): 223-228.

[148] QIN F, PENG H X. Ferromagnetic microwires enabled multifunctional composite materials[J]. Progress in Materials Science, 2013, 58(2): 183-259.

[149] CARBONELL J, GARCIA-MIQUEL H, SANCHEZ-DEHESA J. Double negative metamaterials based on ferromagnetic microwires[J]. Physical Review B, 2010, 81(2): 024401.

[150] LUO Y, PENG H, QIN F, et al. Fe-based ferromagnetic microwires enabled meta-composites[J]. Applied Physics Letters, 2013,103(25): 251902.

[151] LUO Y, PENG H X, QIN F X, et al. Metacomposite characteristics and their influential factors of polymer composites containing orthogonal ferromagnetic microwire arrays[J]. Journal of Applied Physics, 2014, 115(17): 4773-4777.

[152] GARCIA-MIQUEL H, CARBONELL J, BORIA V E, et al. Experimental evidence of left handed transmission through arrays of ferromagnetic microwires[J]. Applied Physics Letters, 2009, 94 (5): 77-79.

[153] GARCIA-MIQUEL H, CARBONELL J, SANCHEZ-DEHESA J. Left handed material based on amorphous ferromagnetic microwires tunable by dc current[J]. Applied Physics Letters, 2010, 97 (9): 094102.

[154] LIU L, KONG L, LIN G, et al. Microwave permeability of ferromagnetic microwires composites/metamaterials and potential applications[J]. IEEE Transactions on Magnetics, 2008, 44(11): 3119-3122.

[155] LIU P, YANG S, JAIN A, et al. Tunable meta-atom using liquid metal embedded in stretchable polymer[J]. Journal of Applied Physics, 2015, 118(1): 507-512.

[156] DOLLING G, ENKRICH C, WEGENER M, et al. Simultaneous negative phase and group velocity of light in a metamaterial[J]. Science, 2006,312(5775): 892-894.

[157] LUO Y. Microwave phenomena of structural composites containing ferromagnetic microwires[D]. Bristol: University of Bristol, 2016.

[158] LUO Y, QIN F, SCARPA F, et al. Microwires enabled metacomposites towards microwave applications[J]. Journal of Magnetism and Magnetic Materials, 2016(416): 299-308.

[159] KITTEL C. On the theory of ferromagnetic resonance absorption[J]. Physical Review, 1948,73 (2): 155-162.

[160] ESTEVEZ D, QIN F, QUAN L, et al. Complementary design of nano-carbon/magnetic microwire hybrid fibers for tunable microwave absorption[J]. Carbon, 2018(132): 486-494.

[161] LANDY N I, SAJUYIGBE S, MOCK J J, et al. Perfect metamaterial absorber[J]. Physical Review Letters, 2008, 100(20): 207402.

[162] WANG B, KOSCHNY T, SOUKOULIS C M. Wide-angle and polarization-independent chiral metamaterial absorber[J]. Physical Review B, 2009, 80(3): 033108.

[163] LANDY N I, BINGHAM C M, TYLER T, et al. Design, theory, and measurement of a polarization insensitive absorber for terahertz imaging[J]. Physical Review B Condensed Matter & Materials Physics, 2008, 79(12): 125104.

[164] DAYAL G, RAMAKRISHNA S A. Flexible metamaterial absorbers with multi-band infrared response[J]. Journal of Physics D Applied Physics, 2014, 48(3): 035105.

[165] TITTL A, MAI P, TAUBERT R, et al. Palladium-based plasmonic perfect absorber in the visible wavelength range and its application to hydrogen sensing [J]. Nano Letter, 2011, 11 (10): 4366-4369.

[166] COUTTS T J. An overview of thermophotovoltaic generation of electricity[J]. Solar Energy Materials and Solar Cells, 2001, 66(1): 443-452.

[167] FANO U. The theory of anomalous diffraction gratings and of quasi-stationary waves on metallic surfaces (sommerfeld's waves) [J]. Journal of the Optical Society of America, 1941, 31 (3): 213-222.

[168] CUI Y, HE Y, JIN Y, et al. Plasmonic and metamaterial structures as electromagnetic absorbers [J]. Laser & Photonics Reviews, 2014, 8(4): 495-520.

[169] HAO J, JING W, LIU X, et al. High performance optical absorber based on a plasmonic metamaterial[J]. Applied Physics Letters, 2010, 96(25): 251104.

[170] LEE H M , WU J C. A wide-angle dual-band infrared perfect absorber based on metal-dielectric-

metal split square-ring and square array[J]. Journal of Physics D Applied Physics, 2012, 45(20): 2202-2208.

[171] ZHI H J, QI W, WANG X, et al. Flexible wide-angle polarization-insensitive mid-infrared metamaterial absorbers[C]// IEEE Antennas & Propagation Society International Symposium, 2010.

[172] ZHU W, ZHAO X. Metamaterial absorber with dendritic cells at infrared frequencies[J]. Journal of the Optical Society of America B, 2009, 26(12): 2382-2385.

[173] ZHANG B, ZHAO Y, HAO Q, et al. Polarization-independent dual-band infrared perfect absorber based on a metal-dielectric-metal elliptical nanodisk array[J]. Optics Express, 2011, 19(16): 15211-15228.

[174] FENG R, DING W, LIU L, et al. Dual-band infrared perfect absorber based on asymmetric T-shaped plasmonic array[J]. Optics Express, 2014, 22(102): 335-343.

[175] ZHANG B, HENDRICKSON J, GUO J. Multispectral near-perfect metamaterial absorbers using spatially multiplexed plasmon resonance metal square structures[J]. Journal of the Optical Society of America B, 2013, 30(3): 656-662.

[176] CHENG D, XIE J, ZHANG H, et al. Pantoscopic and polarization-insensitive perfect absorbers in the middle infrared spectrum[J]. Journal of the Optical Society of America B, 2012, 29(6): 1503-1510.

[177] HENDRICKSON J, GUO J, ZHANG B, et al. Wideband perfect light absorber at midwave infrared using multiplexed metal structures[J]. Optics Letters, 2012, 37(3): 371-373.

[178] CHENG C, ABBAS M N, CHIU C W, et al. Wide-angle polarization independent infrared broadband absorbers based on metallic multi-sized disk arrays[J]. Optics Express, 2012, 20(9): 10376-10381.

[179] CUI Y, FUNG K H, XU J, et al. Ultrabroadband light absorption by a sawtooth anisotropic metamaterial slab[J]. Nano Letter, 2012, 12(3): 1443-1447.

[180] FENG Q, PU M, HU C, et al. Engineering the dispersion of metamaterial surface for broadband infrared absorption[J]. Optics Letters, 2012, 37(11): 2133-2135.

[181] ALICI K B, BILOTTI F, VEGNI L, et al. Experimental verification of metamaterial based subwavelength microwave absorbers[J]. Journal of Applied Physics, 2010, 108(8): 083113.

[182] LI L, YANG Y, LIANG C, et al. A wide-angle polarization-insensitive ultra-thin metamaterial absorber with three resonant modes[J]. Journal of Applied Physics, 2011, 110(6): 063702.

[183] HUANG L, CHOWDHURY D R, RAMANI S, et al. Impact of resonator geometry and its coupling with ground plane on ultrathin metamaterial perfect absorbers[J]. Applied Physics Letters, 2012, 101(10): 2059-2064.

[184] HUANG R, LING B K, MATITSINE S. Bandwidth limit of an ultrathin metamaterial screen[J]. Journal of Applied Physics, 2009, 106(7): 143904.

[185] HUANG R, LI Z, KONG L, et al. Analysis and design of an ultra-thin metamaterial absorber[J]. Progress in Electromagnetics Research B, 2009(14): 407-429.

[186] COSTA F, MONORCHIO A, MANARA G. Analysis and design of ultra thin electromagnetic absorbers comprising resistively loaded high impedance surfaces[J]. IEEE Transactions on Antennas and Propagation, 2010, 58(5): 1551-1558.

[187]　KOTSUKA Y，MURANO K，AMANO M，et al. Novel right-handed metamaterial based on the concept of "autonomous control system of living cells" and its absorber applications[J]. IEEE Transactions on Electromagnetic Compatibility，2010，52(3)：556-565.

[188]　CHOI H S，AHN J S，JUNG J H，et al. Mid-infrared properties of a VO_2 film near the metal-insulator transition[J]. Physical Review B Condensed Matter，1996，54(7)：4621-4628.

[189]　DICKEN M J，AYDIN K，PRYCE I M，et al. Frequency tunable near-infrared metamaterials based on VO_2 phase transition[J]. Optics Express，2009，17(20)：18330-18339.

[190]　YAN J L，HAO Q，SMALLEY J S T，et al. A frequency-addressed plasmonic switch based on dual-frequency liquid crystals[J]. Applied Physics Letters，2010，97(9)：091101.

[191]　TUONG P V，PARK J W，RHEE J Y，et al. Polarization-insensitive and polarization-controlled dual-band absorption in metamaterials[J]. Applied Physics Letters，2013，102(8)：41-47.

[192]　ZHANG N，ZHOU P，WANG S，et al. Broadband absorption in mid-infrared metamaterial absorbers with multiple dielectric layers[J]. Optics Communications，2015(338)：388-392.

[193]　PENG Y，ZANG X F，ZHU Y M，et al. Ultra-broadband terahertz perfect absorber by exciting multi-order diffractions in a double-layered grating structure[J]. Optics Express，2015，23(3)：2032-2039.

[194]　ZANG X F，SSHI C，CHEN L，et al. Ultra-broadband terahertz absorption by exciting the orthogonal diffraction in dumbbell-shaped gratings[J]. Scientific Reports，2015(5)：8901.

[195]　KE S，WANG B，HUANG H，et al. Plasmonic absorption enhancement in periodic cross-shaped graphene arrays[J]. Optics Express，2015，23(7)：8888-8900.

[196]　MOREAU A，CIRAC C，MOCK J J，et al. Controlled-reflectance surfaces with film-coupled colloidal nanoantennas[J]. Nature，2012，492(7427)：86-89.

[197]　CHEN X，GONG H，DAI S，et al. Near-infrared broadband absorber with film-coupled multilayer nanorods[J]. Optics Letter，2012，38(13)：2247-2249.

[198]　GREFFET J J，NIETO-VESPERINAS M. Field theory for generalized bidirectional reflectivity：derivation of helmholtz's reciprocity principle and kirchhoff's law[J]. Journal of the Optical Society of America A，1998，15(10)：2735-2744.

[199]　陈雪，宣益民. 热光伏技术基本原理与研究进展[J].半导体光电，2006，27(4)：353-358.

[200]　REPHAELI E，FAN S. Absorber and emitter for solar thermo-photovoltaic systems to achieve efficiency exceeding the shockley-queisser limit[J]. Optics Express，2009，17(17)：15145-15159.

[201]　LIU X，STARR T，STARR A F，et al. Infrared spatial and frequency selective metamaterial with near-unity absorbance[J]. Physical Review Letters，2010，104(20)：207403.

[202]　CAPPER P，ELLIOTT C T. Infrared detectors and emitters：materials and devices[M]. Norwell：KluwerAcademic Publishers，2001.

[203]　WATTS C M，LIU X，PADILLA W J. Metamaterial electromagnetic wave absorbers[J]. Advanced Materials，2012，24(23)：98-120.

[204]　LEHMAN J，THEOCHAROUS E，EPPELDAUER G，et al. Gold-black coatings for freestanding pyroelectric detectors[J]. Measurement Science and Technology，2003，14(7)：916-922.

[205]　LEHMAN J，ENGTRAKUL C，GENNETT T，et al. Single-wall carbon nanotube coating on a pyroelectric detector[J]. Optica Applicata，2005，44(4)：483-488.

[206] COLE B E. Microstructure design for high IR sensitivity：US 5286976[P]. 1994-02-15.

[207] SKIDMORE G D, HOWARD C G. Pixel structure having an umbrella type absorber with one or more recesses or channels sized to increase radiation absorption：US 7622717[P]. 2009-11-14.

[208] GRITZ M A, METZLER M, MALOCHA D, et al. Wavelength tuning of an antenna-coupled infrared microbolometer[J]. Journal of Vacuum Science and Technology, 2004, 22(6)：3133-3136.

[209] HAN S, KIM J W, SOHN Y S, et al. Design of infrared wavelength-selective microbolometers using planar multimode detectors[J]. Electronics Letters, 2004, 40(22)：1410-1411.

[210] GARWARIKAR A S, SHEA R P, MEHDAOUI A, et al. Radiation heat transfer dominated microbolometers[C]. Optical MEMS and Nanophotonics, IEEE/LEOS International Conference, 2008：178-179.

[211] MAIER T, BRUCKL H. Wavelength-tunable microbolometers with metamaterial absorbers[J]. Optics Letter, 2009, 34(19)：3012-3014.

[212] MAIER T, BRUCKL H. Multispectral microbolometers for the midinfrared[J]. Optics. Letter, 2010, 35(22)：3766-3768.

[213] LIU N, MESCH M, WEISS T, et al. Infrared perfect absorber and its application as plasmonic sensor[J]. Nano Letter, 2010, 10(7)：2342-2348.

[214] BECKER J, TRUGLER A, JAKAB A, et al. The optimal aspect ratio of gold nanorods for plasmonic bio-sensing[J]. Plasmonics, 2010, 5(2)：161-167.

[215] 王力民,张蕊,林一楠,等. 红外探测技术在军事上的应用[J]. 红外与激光工程,2008(37)：570-574.

[216] 艾利. 国外红外探测器的发展及其在制导武器中的应用[J]. 红外技术,1996, 3(18)：5-11.

[217] 刘丹华,黄道君. 红外探测技术的军事应用[J]. 红外技术,2003, 2(25)：1-3.

[218] 胡传炘. 隐身涂层技术[M]. 北京：化学工业出版社,2004.

[219] JIANG Z, YUN S, TOOR F, et al. Conformal dual-band near-perfectly absorbing mid-infrared metamaterial coating[J]. ACS Nano, 2011, 5(6)：4641-4647.

[220] CATTONI A, GHENUCHE P, HAGHIRI-GOSNET A M, et al. λ3/1000 plasmonic nanocavities for biosensing fabricated by soft UV nanoimprint lithography[J]. Nano Letter, 2011, 11(9)：3557-3563.

[221] GONG Y, LI Z, FU J, et al. Highly flexible all-optical metamaterial absorption switching assisted by kerr-nonlinear effect[J]. Optics Express, 2011, 19(11)：10193-10198.

[222] SENANAYAKE P, HUNG C, SHAPIRO J, et al. Surface plasmon-enhanced nanopillar photodetectors[J]. Nano Letter, 2011, 11(12)：5279-5283.

[223] ATWATER H A, POLMAN A. Plasmonics for improved photovoltaic devices[J]. Nature Materials, 2010, 9(3)：205-213.

[224] ZIOLKOWSKI R W, HEYMAN E. Wave propagation in media having negative permittivity and permeability[J]. Physical Review E Statistical Nonlinear & Soft Matter Physics, 2001, 64(2)：056625.

[225] ZIOLKOWSKI R W. Pulsed and CW Gaussian beam interactions with double negative metamaterial slabs[J]. Optics Express, 2003, 11(7)：662-681.

[226] MCCALL M W, LAKHTAKIA A, WEIGLHOFER W S. The negative index of refraction demys-

tified[J]. European Physical Journal,2002，23(2)：353-359.

[227]　LAKHTAKIA A. Reversed circular dichroism of isotropic chiral mediums with negative permeability and permittivity[J]. Microwave and Optical Technology Letters，2002，33(2)：96-97.

[228]　LINDELL I V. Image theory for VED above a half-space of veselago medium[J]. Microwave and Optical Technology Letters，2004,44(2)：185-190.

[229]　PENDRY J B, HOLDEN A J, ROBBINS D J, et al. Magnetism from conductors and enhanced nonlinear phenomena[J]. IEEE Transactions on Microwave Theory Techniques，1999，47(11)：2075-2084.

[230]　SMITH D R, SCHULTZ S, MARKOS P, et al. Determination of effective permittivity and permeability of metamaterials from reflection and transmission coefficients[J]. Physical Review B，2001，65(19)：195104.

[231]　CHEN X. Robust method to retrieve the constitutive effective parameters of metamaterials[J]. Physical Review E Statistical Nonlinear & Soft Matter Physics，2004，70(2)：016608.

[232]　GRZEGORCZYK T M, NIKKU M, CHEN X, et al. Refraction laws for anisotropic media and their application to left-handed metamaterials[J]. IEEE Transactions on Microwave Theory & Techniques，2005，53(4)：1443-1450.

[233]　PENDRY J B, SCHURIG D, SMITH D R. Controlling electromagnetic fields[J]. Science，2006，312(5781)：1780-1782.

[234]　SCHURIG D, SMITH D R, PENDRY J B. Calculation of material properties and ray tracing in transformation media[J]. Optics Express，2006，14(21)：9794-9804.

[235]　KUNDTZ N, GAULTNEY D, SMITH D R. Scattering cross-section of a transformation optics-based metamaterial cloak[J]. New Journal of Physics，2010，12(4)：043039.

[236]　KANTE B, GERMAIN D, LUSTRAC A. Experimental demonstration of a nonmagnetic metamaterial cloak at microwave frequencies[J]. Physical Review B，2009，80(20)：201104.

[237]　LANDY N, SMITH D R. A full-parameter unidirectional metamaterial cloak for microwaves[J]. Nature Materials，2013，12(1)：25-28.

[238]　CHEN H, ZHENG B. Broadband polygonal invisibility cloak for visible light[J]. Scientific Reports，2012，2(2)：255-258.

[239]　ZHANG J, LIU L, MORTENSEN N A. Homogeneous optical cloak constructed with uniform layered structures[J]. Optics Express，2011，19(9)：8625-8631.

[240]　ZHANG B, CHAN T, WU B I. Lateral shift makes a ground-plane cloak detectable[J]. Physical Review Letters，2010，104(23)：233903.

[241]　ALU A, ENGHETA N. Erratum：Achieving transparency with plasmonic and metamaterial coatings[J]. Physical Review E Statistical Physics Plasmas Fluids & Related Interdisciplinary Topics，2006，73(1)：019906.

[242]　LEONHARDT U. Optical conformal mapping[J]. Science，2006，312(5781)：1777-1780.

[243]　EDWARDS B, ALU A, SILVEIRINHA M G, et al. Experimental verification of plasmonic cloaking at microwave frequencies with metamaterials[J]. Physical Review Letters，2009，103(15)：153901.

[244]　SORIC J C, CHEN P Y, KERKHOFF A, et al. Demonstration of an ultralow profile cloak for

scattering suppression of a finite–length rod in free space[J]. New Journal of Physics, 2013, 15(3): 033037.

[245] RAINWATER D, KERKHOFF A, MELIN K, et al. Experimental verification of three–dimensional plasmonic cloaking in free–space[J]. New Journal of Physics, 2012, 14(1): 013054.

[246] MA Y, LIU Y, LAN L, et al. First experimental demonstration of an isotropic electromagnetic cloak with strict conformal mapping[J]. Scientific Reports, 2013, 3(2): 2182–2188.

[247] CHEN H, ZHENG B, SHEN L, et al. Ray–optics cloaking devices for large objects in incoherent natural light[J]. Nature Communications, 2013, 4(10): 2652–2656.

[248] YU N, GENEVET P, KATS M A, et al. Light propagation with phase discontinuities: generalized laws of reflection and refraction[J]. Science, 2011, 334(6054): 333–337.

[249] JING Z, ZHONG L M, WAN R Z, et al. An ultrathin directional carpet cloak based on generalized Snell's law[J]. Applied Physics Letters, 2013, 103(15): 151115.

[250] WONG Z J, NI X, MREJEN M, et al. An ultrathin invisibility skin cloak for visible light[J]. Science, 2015, 349(6254): 1310–1314.

[251] YANG Y, JING L, ZHENG B, et al. Full–polarization 3D metasurface cloak with preserved amplitude and phase[J]. Advanced Materials, 2016, 28(32): 6866–6871.

[252] PENDRY J B. Negative refraction makes a perfect lens[J]. Physical Review Letters, 2000, 85(18): 3966–3969.

[253] FANG N, LEE H, SUN C, et al. Sub–diffraction–limited optical imaging with a silver superlens [J]. Science, 2005, 308(5721):534–537.

[254] GRBIC A, ELEFTHERIADES G V. Overcoming the diffraction limit with a planar left–handed transmission–line lens[J]. Physical Review Letters, 2004, 92(11): 117403.

[255] LEE H, LIU Z, XIONG Y, et al. Development of optical hyperlens for imaging below the diffraction limit[J]. Optics Express, 2007(15): 15886–15891.

[256] RHO J, YE Z, XIONG Y, et al. Spherical hyperlens for two–dimensional sub–diffractional imaging at visible frequencies[J]. Nature Communications, 2010, 143(1): 1–5.

[257] XU S, JIANG Y, XU H, et al. Realization of deep subwavelength resolution with singular media [J]. Scientific Reports, 2014, 4(6): 5212–5220.

[258] SUN J, SHALAEV M I, LITCHINITSER N M. Experimental demonstration of a non–resonant hyperlens in the visible spectral range[J]. Nature Communications, 2015(6): 7201–7212.

[259] CASSE B D, LU W T, HUANG Y, et al. Beating the diffraction limit using a 3–D nanowires metamaterials nanolens[J]. Proceedings of SPIE–The International Society for Optical Engineering, 2011, 8034(16): 1486–1491.

[260] LIN S. Experimental demonstration of guiding and bending of electromagnetic waves in a photonic crystal[J]. Science, 1998, 282(5387): 274–276.

[261] CATRYSSE P, FAN S. Routing of deep–subwavelength optical beams and images without reflection and diffraction using infinitely anisotropic metamaterials [J]. Advanced Materials, 2013 (25): 194–198.

[262] SHAO Z, YANG Y, WANG Z, et al. Manipulating surface plasmon polaritons with infinitely anisotropic metamaterials[J]. Optics Express, 2017, 25(9): 10515–10526.

[263] ZHANG Y，ZHEN G，FEI G，et al. Experimental demonstration of broadband reflectionless diffraction-free electromagnetic wave routing[J]. Physical Review B，2016，94(22)：220304.

[264] ZHANG Y，ZHANG B. Bending，splitting，compressing and expanding of electromagnetic waves in infinitely anisotropic media[J]. Journal of Optics，2018，20(1)：014001.

[265] XU S，XU H，GAO H，et al. Broadband surface-wave transformation cloak[J]. Proceedings of the National Academy of Sciences of the United States of America，2015，112(25)：7635-7638.

[266] ROTHWELL E，OUEDRAOGO R. Antenna miniaturization：definitions，concepts，and a review with emphasis on metamaterials[J]. Journal of Electromagnetic Waves and Applications，2014(28)：2089-2123.

[267] ZHU H，LIU X，CHEUNG S. Frequency-reconfigurable antenna using metasurface，IEEE Trans [J]. International Journal of Antennas and Propagation，2014(62)：80-85.

[268] XU S，ZHANG M，WEN H，et al. Deep-subwavelength decoupling for MIMO antennas in mobile handsets with singular medium[J]. Scientific Reports，2017，7(1)：12162.

[269] BINGHAM C M，TAO H，LANDY N I，et al. A metamaterial absorber for the terahertz regime：design，fabrication and characterization[J]. Optics Express，2008，16(10)：7181-7188.

[270] ZHI H J，YUN S，TOOR F，et al. Conformal dual-band near-perfectly absorbing mid-infrared metamaterial coating[J]. ACS Nano，2011，5(6)：4641-4647.

[271] TAO H，STRIKWERDA A C，FAN K，et al. Terahertz metamaterials on free-standing highly-flexible polyimide substrates[J]. Journal of Physics D Applied Physics，2008，41(23)：232004.

第3章 电磁超材料的典型应用

超材料因其具备超常的物理性质和灵活操控的特点,自21世纪初进入研究人员的视线以来,便得到密切关注,被迅速应用于军工、通信等领域,并得到了迅速发展。下面论述关于超材料的几个典型应用。

3.1 电磁吸波材料应用研究

3.1.1 电磁超介质吸波材料

自2008年开始,Landy等人首次提出基于电磁超材料的电磁吸波材料(称为电磁超介质吸波材料)后[1],种类繁多的可工作在微波到光频的结构设计相继被报道,其基本实现方法是基于前面所总结的各种不同结构的电磁超材料单元,下面就电磁超介质吸波材料的最新研究进展做简要总结。首先,Landy等人提出的具有近理想吸波性能的电磁超介质吸波材料如图3-1(a)所示[1]。这种结构由三层构成(两层金属层和中间的介质层),其中前面一层金属层由电谐振单元阵列构成,在入射电磁波作用下将产生电谐振特性;背面的短路金属线与前面的谐振环结构共同作用(存在反平行电流)产生磁谐振特性。通过调节电谐振单元的尺寸以及中间介质层的厚度,可同时有效地控制电谐振和磁谐振特性,从而使得材料具备相近介电常数和磁导率(用于阻抗匹配)及较大的虚部(用于吸收入射电磁波能量)。紧接着,有学者设计出了可工作在太赫兹频段的类似电磁超介质吸波材料结构[2]以及一种改进型的电磁超介质吸波材料[3,4][采用全尺寸的金属背板代替短路金属线,以防止任何的透射电磁波泄漏,如图3-1(b)所示]。这种平面电磁超介质吸波材料的主要实现方法为:在介质基板一面刻蚀出电磁超介质金属谐振单元,另一面完全覆上金属。其吸波原理为:采用电谐振结构单负电磁超材料实现电谐振特性,基于电谐振结构与介质层另一面的金属平板之间的耦合作用,将在金属平板上产生反向的表面电流,从而在金属谐振环与金属平板之间形成磁谐振。调节优化超介质的结构参数,使得其等效阻抗与自由空间波阻抗匹配以及在匹配工作频段内具有高损耗特性(包括金属的欧姆损耗和介质的介电损耗),最终达到完美吸波特性。随后,众多结构的电磁超介质吸波材料相继被报道[5-7],其基本设计原理与上述原始设计方法基本一致。

另一方面,最初的电磁超介质吸波材料由于仅能在某种极化方式和法向入射条件下才具有近完美的吸波性能,其在斜入射角情况下的吸波性能会快速变差。同时,这种吸波材料近理想的吸波带宽较窄且固定,因此限制了电磁超介质吸波材料的广泛应用。学者们随即提出了不同的实现途径,从而设计出的电磁超介质吸波材料具有极化不敏感特性和能在宽入射角情况下保持良好的吸波性能。同时,通过多频电磁超材料单元实现多频、宽带电磁超介质吸波材料,还可通过存源加载技术实现频率可调谐的电磁超介质吸波材料。下面做一简单介绍。

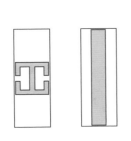 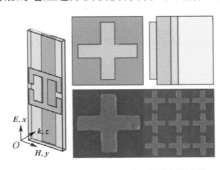

(a) 金属电谐振环加短路金属线结构[1]　　　(b) 金属谐振单元加全尺寸金属背板结构[4]

图 3-1　电磁超介质吸波材料原始设计思路

　　首先,宽入射角极化不敏感电磁超介质吸波材料必须采用一种高度对称的电磁超材料单元(见图 3-2)[8,9]以使得电磁波在不同的极化角以及较宽的入射角情况下均能保持良好的吸波性能。其次,为了扩展电磁超介质吸波材料的带宽,众研究学者提出了诸如双频、多频,甚至宽频的新型结构[10-14],其基本思想是采用多个具有不同尺寸的电磁超材料单元相组合的方式达到频带展宽的目的,如图 3-3 所示。最后,通过有源加载技术,可有效地实视电磁超介质吸波材料的工作频段的按需控制调节。例如,在常规电磁超介质吸波材料的基础上,加载二极管、液晶流体、石墨烯、相位可变材料、铁电薄膜、铁氧体以及位置可变的覆盖层,均能实现吸波工作频率的可控制调谐,如图 3-4 所示[14-20]。

图 3-2　宽入射角极化不敏感十字形吸波超材料

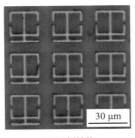 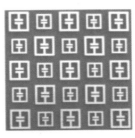 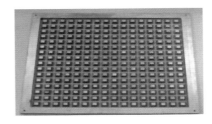

(a) 双频结构　　　　　　　(b) 多频结构　　　　　　　　(c) 宽频结构

图 3-3　电磁超介质吸波材料频带扩展设计思路

3.1.2　可调谐型电磁超介质吸波材料

近几年来,基于其他新型电磁超介质的吸波材料,如光频的等离子结构和纳米粒子结构吸波材料[21,22]、类光学黑洞结构[23]、非线性介质加载[24]等新型结构亦相继被提出,极大地丰富了电磁超介质吸波材料的设计思路。同时,研究者们还从不同的理论角度出发,分析了电磁超材料的吸波机理和控制途径,包括传输线法[25]、干涉原理法[26,27]、等效电路法[28]等,为电磁超介质吸波材料的设计和实现提供了有效的理论支撑。

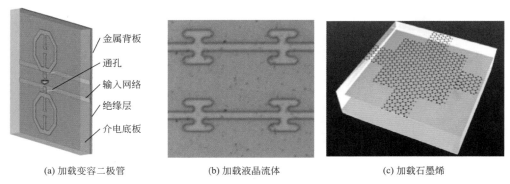

金属背板
通孔
输入网络
绝缘层
介电底板

　(a) 加载变容二极管　　　　　　(b) 加载液晶流体　　　　　　(c) 加载石墨烯

图 3-4　可调谐型电磁超介质吸波材料设计思路

3.2　电磁超材料天线应用研究

基于电磁超材料的天线应用在电磁超材料实现不久就被研究者们所提出,并进行了初步的尝试[29,30]。随着电磁超材料研究的不断深入以及不同种类的电磁超材料相继被提出,其在天线领域的应用也逐渐丰富起来,如为了提高天线定向性/增益的新型介质覆盖天线[31]、定向增强型天线[32]、电磁超材料填充喇叭天线[33]、棱镜天线[34]等;为了增加工作带宽的新型电小天线[35]、漏波天线[36]、微带天线[37]等,以及为了减小天线尺寸的腔体天线[38]、偶极子天线[39]、环天线[40]等。值得注意的是,基于电磁超材料的新型天线不仅能改善其某一个指标,同时还能提高多个指标,如基于电磁超材料的高增益宽带天线[41]、小型化高辐射效率的平面天线[42]等。有关基于电磁超材料的各种天线的详细进展可参考众多综述性参考文献[43-48]。本节将重点介绍单极子天线和超宽带天线。

3.2.1　单极子天线

由于单极子天线具有尺寸小、馈电方便及与偶极子天线类似的辐射方向图特性而受到广泛关注。特别地,基于电磁超材料的单极子天线进一步地丰富了其设计思路和提升了天线性能。例如,Xiao 等提出的一种基于金属开口谐振环结构的小型化低剖面单极子天线[49][见图 3-5(a)],其尺寸远小于工作在相同频率的常规天线,且同时保持了良好的辐射性能。

加拿大多伦多大学则在常规共面波导单极子天线的辐射贴片上通过刻蚀电磁超材料基本单元的方法，实现了小型化的双频和三频段天线设计[50,51][见图 3-5(b)]，实验测试显示这种多频天线设计同样具有良好的辐射性能和紧凑的结构尺寸。

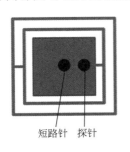
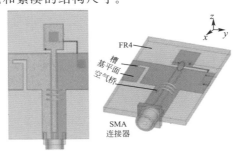

(a) SRR加载的小型化天线[49]　　(b) 电磁超材料加载共面波导馈电多频天线[50, 51]

图 3-5　基于电磁超材料单元的新型单极子天线

Werner 等在常规单极子天线的周围添加了一层由电磁超材料构成的超薄介质层，从而实现了宽带的单极子天线设计[52]，这种天线在宽阻抗匹配带宽内均能保持良好的辐射方向图特性。随后，众多研究者基于类似的思想，设计出了可工作在不同频段范围的、基于不同电磁超材料单元结构的新型多频单极子天线[53-55]。

3.2.2　超宽带天线

传统的共面波导/微带线馈电超宽带单极子天线已得到长足的发展，但是其与现有的部分无线通信模式/频率重叠，如 WLAN、WiMax 等，因此需要在常规超宽带天线工作频段内滤掉与 WLAN、WiMax 等无线通信重叠的频率。因此，利用单负电磁超材料的带阻特性，可以很容易地实现具有滤波效果的超宽带天线设计。例如电子科技大学设计的具有三频带阻特性的超宽带天线[56][见图 3-6(a)]，通过控制单个圆形互补谐振环的尺寸，可以方便地滤掉 WLAN 和 WiMax 所在的工作频率。远场辐射增益和冲击波测试结果均显示这种天线在上述带阻频段处体现了良好的阻断作用。ZioHcowski 等则在常规超宽带天线的辐射贴片上刻蚀电磁超材料单元以及在馈线部分加载金属开口谐振环结构，实现了多种具有单频、双频、多频带阻特性的超宽带天线设计[见图 3-6(b)][57]，其阻抗匹配特性和增益测试结果证明了在预定的频段范围内出现了良好的阻断效果。国内外研究者相继设计出了不同结构的/改进型的具有带阻特性的超宽带单极子天线，如图 3-6(c)、(d)所示[58,59]。

其次，研究者们还提出了基于电磁超材料的可调谐型天线。例如，对于常规的漏波天线，其波束扫描均是基于不同的工作频率而实现的。通过加载左右手传输线结构电磁超材料，并在电磁超材料单元中集成二极管，既能实现基于左右手传输线电磁超材料的全向波束扫描天线，又能同时通过控制二极管的偏置电压，实现在固定的工作频率处的全向波束扫描。Itoh 等设计实现了这种具有波束可控的漏波天线，并用实验验证了其设计的正确性[60]。随后，Damm

等人采用相似的设计方法,研究了液晶浇灌电磁超材料加载基片集成波导漏波天线,并获得了类似的实验结果[61]。Eleftheriades 等在常规天线阵中加载左手结构电磁超材料传输线构成的相移器,并与常规传输线结构相结合,可设计出小型化的天线阵;同时,在左右手传输线结构中加载由 CMOS 工艺制成的有源电感或者变容二极管,并通过控制外置偏置电压的方法来控制左右手传输线结构相位,从而实现波束可控的定向天线阵,如图 3-7 所示[62]。另外,有研究者也提出了由变容二极管加载及 MEMS 加载的可调谐电磁超材料结构的零阶谐振天线[63,64]。

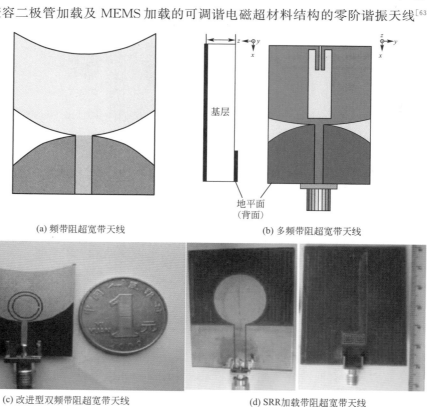

(a) 频带阻超宽带天线   (b) 多频带阻超宽带天线

(c) 改进型双频带阻超宽带天线   (d) SRR加载带阻超宽带天线

图 3-6　基于电磁超材料单元的具有带阻效果的超宽带天线

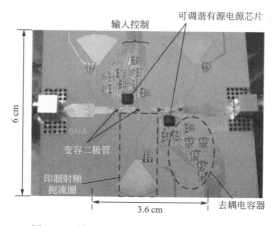

图 3-7　基于电磁超材料的可调谐型天线

3.3　电磁超材料在隐身上的应用

2006 年，Pendry[65]首次将转换光学理论应用于设计隐身器件，给出了设计三维隐身器件所需要的电磁参数。Schurig[66]用射线追踪理论验证了该隐身器件的完美隐身特性，Chen[67]等人基于 Mie 散射理论给出了该隐身器件的解析解，进一步证明其完美的隐身特性。Cummer[68]等人利用转换光学理论给出了二维隐身器件的电磁参数，又提出了简化的二维隐身器件。紧接着，Schurig[69]等人实现了第一个微波段二维隐身器件，但只能减小隐藏目标的散射截面，不能实现完美隐身效果。随后 Cai 等人[70]给出了光波段二维简化隐身器件的设计方法，其结构单元是内含纳米金属球的电介质。

在对隐身器件进行实验研究的同时，大量的理论研究也不断涌现出来：隐身器件的性能研究[71]、隐身器件的色散研究[72]、隐身器件的参数简化[73]、隐身器件的宽带化研究[74,75]、等离子隐身器件研究[76]、声波隐身器件研究[77]、弹性波隐身器件研究[78]、物质波隐身器件研究[79]等等。由于全向隐身器件[64-67]的电磁参数比较复杂，而简化后的隐身器件[68,69]性能大打折扣。2008 年，Li 和 Pendry 基于准保角变换法提出了一个新的隐形方法，即用梯度折射率材料来实现隐形地毯，该地毯可以对地面上的目标进行隐形[80]。2009 年，Liu[81]利用工字形结构单元实现了第一个微波频段的隐形地毯；同年，Zhang[82]利用纳米加工技术实现了光波段的隐形地毯。2010 年，Ergin[83]实现了光频段的三维隐形地毯，但严格意义上讲只是准三维，因为它只对锥形角度内的入射光有效，且锥形的顶角小于 60°；同年，Cui 等[84]利用打孔结构在微波频段开发出了真正的三维隐形地毯。

3.3.1　超材料隐身衣

近年来，超材料隐身衣向着柔性的方向发展，皮肤隐身衣逐渐进入科学家的视野。需要指出的是，基于变换光学理论设计的三维电磁隐形装置，需要复杂的电磁参数[85]。对超薄隐形地毯使用准保角变换设计，可以大幅度降低材料的复杂性，但外壳厚度较大[86]，而人工电磁超表面的出现则为设计超薄隐形地毯提供了可能。2013 年提出的超薄隐形地毯如图 3-8 所示[87]。其工作原理是，利用人工电磁表面搭建一个帐篷结构，当电磁波从头顶方向入射时，保证反射波沿原路返回，就像电磁波照射在一个平板上的效果一样。实现这一目的需要调节表面上人工电磁单元的反射相位，为了补偿相邻单元对应电磁波束的光程差，需要对相邻单元的相位进行补偿。有学者利用 H 结构单元，成功实现了二维的超薄隐形地毯，并在微波频段进行实验测量。仿真和测量结果都验证了设计的正确性[87]。基于波前重构的思想，Alù 等[88]也完成了类似的二维、三维隐形地毯的设计。当隐形地毯形状任意时，美国 UCSD 的 Kanté 等[89]计算得到了所需的相位分布，他们同时给出了一种基于介质谐振单元的实现方式,可以让器件工作在更高的频段上。2015 年,美国加利福尼亚大学伯克利分校 Zhang 的研究团队给出了光波频段的三维皮肤隐形衣。他们运用纳米天线阵列对不规则物体表面相位进行调控,调控后的反射现象与镜面反射类似,从而实现隐形。图 3-9 给出了三维皮肤隐形衣的测试结果[90]。

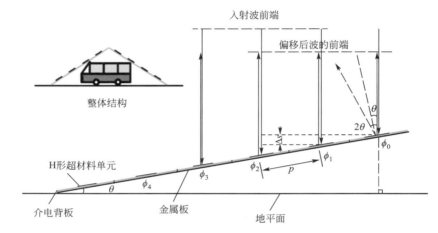

图 3-8 超薄隐形地毯示意图

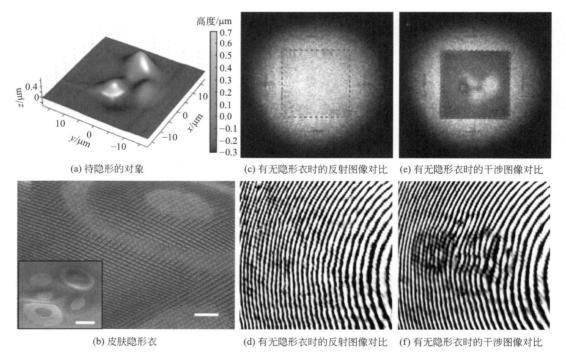

图 3-9 三维皮肤隐形衣的测试效果

皮肤隐形衣的突出优点是超薄特性,最大的缺点是定向性,即只能对特定入射方向的电磁波实现电磁隐形。当入射方向发生变化时,隐形效果显著下降。但随着动态可控电磁单元的发展,能够根据入射方向动态调整相位分布的新型皮肤隐形衣,也并非可望而不可即。

3.3.2　电磁隐身装置

与变换光学理论相似,基于散射相消理论也可以设计电磁隐形装置[91]。众所周知,当电磁波照射到目标上时,由于极化(磁化)的存在,目标会产生一个二次场,从而干扰入射电磁波的原始场分布,目标也就被发现了。散射相消的核心思想是在目标外部覆盖一个等离子材料套层,其材料的电磁参数小于 1。这样,当目标被极化或磁化时,套层也会被同时极化,由于产生的极化强度与目标正好反向,从而抵消二次散射场的效果,实现目标隐形。从这个角度上看,基于石墨烯的超薄电磁隐形装置有类似的作用。当入射电磁波照射到石墨烯薄层时,会感应出电流来;如果通过合适的方式调整该电流的大小和分布,也能抵消目标所产生的散射场,从而达到隐形的目的。在这种情况下,电流的调控是通过控制石墨烯的表面阻抗来实现的,而对表面阻抗的控制,归根结底是通过其电导率的控制来进行的。图 3-9 给出了太赫兹频段下该超薄电磁隐形装置的散射宽度[92]。可以看出,在设计的频点及其附近,石墨烯可以大幅度减小散射从而实现隐形。与散射相消原理相似,基于石墨烯的超薄电磁隐形装置,不能工作在大的尺寸下。如果设计多层隐形结构,或者使用各向异性的表面阻抗,则该隐形装置还可以获得更好的隐形效果。

3.4　电磁超材料在微波和光学器件上的应用

3.4.1　电磁超材料在微波器件上的应用

基于电磁超材料单元结构的微波小型化高性能无源器件得到了快速发展,例如基于双负电磁超材料的小型化滤波器、双工器、多工器、耦合器、功分器等应用。在常规传输线结构中通过加载串联电容和并联电感的方式,能构成具有左手传输特性的传输线结构电路超材料。Eleftheriades 和 Caloz 等人几乎在同一时间分别以不同的方式提出了这种左手传输线结构电磁超材料[93,94],但是其等效电路模型基本一致。这种新型传输线结构具有传统传输线结构所不具备的一些特性。例如,在低频段表现出左手传输特性,其相速度和群速度的传播方向相反,且具有相位提前(forward propagation)的特性。因此,这种传输线结构可以实现传统传输线结构所不易实现的一些独特的微波、毫米波元件和系统。此后,众多研究者基于这种电磁超材料结构,提出了各种新型的微波、毫米波元件和系统应用方案。例如,Fouad 等人在典型左手传输线结构的基础上,提出了改进型的 p-T 型拓扑结构的传输线结构电磁超材料[95],这种传输线结构具有三个左手传输通带。在此基础上,他们设计出了具有三个传输通带的共面波导结构小型化带通滤波器,如图 3-10(a)所示。Yang 等人提出了一种具有复合左右手传输特性的小型化谐振单元,并利用这种新型谐振单元设计研制了小型化的微带带通双工器和三工器,如图 3-10(b)、(c)所示[96]。另外,Ryan 等人在常规传输线错合结构中加载左手结构电磁超材料单元,设计出了具有双通带特性的定向耦合器[97]。Bemani 则采用相似的方法,在常规传输线中加载左手单元,设计研制出一种微带线结构小型化多路功分器;并在此基础上,将设计出的多路功分器用于单极子天线阵的馈电网络[98]。

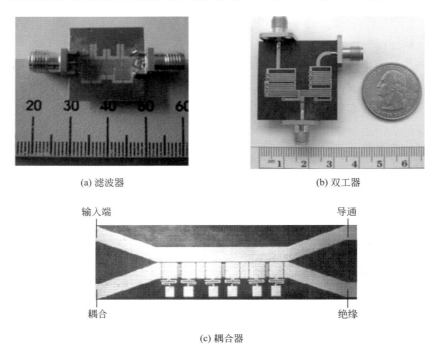

(a) 滤波器　　　　　　　　　　　　　　　(b) 双工器

(c) 耦合器

图 3-10　基于双负电磁超材料的新型微波、毫米波无源器件

与在天线中的应用类似,单负电磁超材料还可以实现具有带阻特性的带阻滤波器、带阻超宽带滤波器等。利用单负电磁超材料的禁止电磁波传播的特性,或者利用单负电磁超材料谐振单元在谐振频率处的强谐振特性(阻抗趋向于无限大),可以简单地实现带阻滤波器。例如,A. Vdez 等人在共面波导结构传输线中引入一个或多个金属开口谐振环,实现具有带阻特性的传输线滤波器;并在谐振环上加载一个变容二极管,通过调节变容二极管的偏置电压,改变金属开口谐振环中的等效电容值,从而控制谐振环的谐振频率,最后达到带阻滤波器滤波频率可调的目的,如图 3-11 所示[99]。普通超宽带滤波器的工作频段为 3.1~10.6 GHz,由于其覆盖了 WLAN、WiMax 等的工作频率而容易引起超宽带通信系统与 WLAN、WiMax 等通信系统的串扰。为了滤掉超宽带滤波器中

图 3-11　基于单负电磁超材料的新型微波、毫米波带阻滤波器[99]

WLAN、WiMax 等通信系统所在工作频率,可以在常规超宽带滤波器中加载电磁超材料单元。由于电磁超材料单元的谐振频率可通过调节单元结构的尺寸等简单控制,因此已广泛应用于具有带阻特性的超宽带滤波器应用。例如,Sarkar 等人首先利用阶跃阻抗谐振单元构造出超宽带滤波器,然后再加载一个开口谐振环,即可实现具有带阻特性的超宽带滤波器[100]。

3.4.2　电磁超材料在光学器件上的应用

超材料对光学器件的开发也有重要意义。现阶段超材料光学器件的研究主要聚焦于获得可调控、可开关、非线性、多功能的特性[101]。实现可调控的光学器件主要是依靠改变组成超材料结构单元的形状和大小或者是通过操控其近场的耦合效应,其中后者主要通过外加场(电场、热场、磁场等)来实现。例如,2009 年的一项研究结果表明,通过改变两层周期性排列的 2D 圆环结构的相对位置,能实现对于双负效应的定量调控[102];同年的另一项结果也证明温度能控制超材料效应的开关,这主要是通过材料的热感机械效应来实现的[103]。光电器件也是超材料的应用热点之一。Chen 等发现在半导体底板上排列金的超材料阵列能在太赫兹波段通过电信号实现对光信号的实时控制,这主要是由于阵列和底板之间形成了一个肖特基二极管(Schottky diode),从而能通过对电载体的引入或者排除来控制材料的介电性能[104]。Chan 等开发出了一个电压控制的 4×4 多像素的太赫兹调制器,发现此器件具有低损耗、高灵敏度和低信号干扰等优势。石墨烯也成为实现超材料微器件的热门材料,特别在红外和可见光波段,原因是其具有优异的光电性能,能在较小的外加电压下表现出灵敏和可调的电磁响应[105]。Ju 等报道了采用人工平行排列的石墨烯微米带能在室温下产生显著的光学吸收峰,表明了其可以实现双负效应,更特别的是,这种器件能在较宽的波段内通过改变电压来调控,主要是通过静电掺杂改变石墨烯的能带结构来实现的[106]。与传统光电器件比起来,超材料主要有两点优势:一是只需要采用较低的电压就能实现较大的调控响应;二是传统器件是块状而且应用成本很高,用超材料器件则可以利用仅有亚波长的厚度来实现对于电磁波信号的控制。在光电器件领域,非线性响应也极大丰富了超材料的应用前景。光学器件的非线性效应一般是指在外加响应变化较小下,能获得远大于外加场大小的响应等属性[107]。通常情况下,将超材料结构浸入液晶后利用液晶在不同取向上对外加电压或者电场的不同开关响应,将造成超材料效应在对应的波段形成可逆性偏移。这个想法早在2007 年在微波频段就已经实现,结果发现用传统 SRRs 加液晶的组合最多能实现 210 MHz 的隐身带可逆性偏移[108]。但是在近红外和可见光区域的非线性超材料在 2012 年才得到证实,采用金属-介电层的三明治纳米结构并渗入液晶,外加电压后改变材料取向能实现光透过率 30% 的差异[109]。液晶科技已经广泛应用于日常生活,采用液晶来实现可控、非线性的超材料器件主要适用于在温度不高、器件反应时间没有要求的环境下,因为液晶材料普遍的电磁波反应弛豫时间都在毫秒级。另外,非线性超材料器件也可以采用周期性集成的可调电容来实现,依靠外加适当电压能使得材料的响应立即从不透明变成半透明或者全透明[110,111]。这与用液晶实现相比，显然具有更快的反应速度。事实上，追求更高的反应速度一直是高速光器件的永恒的主题之一，与传统的微机电系统（MEMS）构成的光器件相比，利用金属-介电层构建的超材料层将对高速的光学信号产生更迅速的开关响应和电场可调控性。Nikolaenko 等发现采用碳纳米管制备的超材料能在小于 500 fs（飞秒 fs＝10^{-15} s）的反应弛豫时间内产生 10％的光学性能的变化[112]。这使得超材料在大数据（光学）处理（all-optical data）、超快速光学限流器（ultrafast optical limiter）、可饱和的激光吸收体（laser saturable absorber）等领域有广阔的应用前景[113]。如前所述，为了实现更大的器件灵敏度，一方面可以通过合适的超材料组成单元的排列结构来实现，另一方面也可以通过选用损耗更低的材料来实现。超导材料由于已经应用在磁悬浮科技等方向，自然被列为候选者之一，特别是在现代科技中，低温超导甚至是常温超导都不再是令人困扰的因素。超导材料在保证近乎零损耗的同时也能对热、电、磁、光、力等外场产生极高的灵敏度。当前，已经有用 Nb[114] 或者钇钡铜氧化物（YBCO）[115] 等材料制备光量子器件的报道。总体来说，利用超材料制备的光器件无论从灵敏度、反应速度还是可控性都远远大于当前市场上已经得到应用的大体积半导体或者金属器件。这使得未来超材料不仅能应用在大规模电信通信系统，也能被植入高集成的现代通信设备上，比如智能手机、iPad 等等。当然超材料作为光器件的组件也有其自身的局限性，比如成本高、集成难等，这些都亟待我们来解决。

3.5 电磁超材料在其他领域的应用

3.5.1 超材料电磁关卡

电磁关卡（gateway），通俗来讲就是一个具有特殊功能的电磁通道[116]（见图 3-12），其关卡作用是针对某个频段的电磁波而言的。利用电磁关卡，人员、物体等可以自由进出，但电磁波的传播受限。因此在涉密场合具有潜在应用。电磁关卡最早由 Luo 等[117] 提出，Chen 等[118] 在后面又对其进行了改进。由于需要左手材料，此设备一直没有得到实验验证。2010 年，Li 等[119] 利用传输线型材料对电磁关卡进行了实验验证。Lin 等[120] 则利用谐振的方法，提出了一种简化的电磁关卡设备，并在波导中进行了验证。如前所述，SRR-Wire 谐振结构在 X 波段的等效磁导率和介电常数能够同时取负值（对于特定极化方向），如图 3-12（b）所示。此时，单元结构工作在谐振点附近，对电磁波具有强烈的吸收作用。基于此原理，2015 年 10 月，Bai 等[116] 借助超材料在微波频段实现了宽带的电磁关卡。与基于左手材料的电磁关卡相比，基于谐振原理时，人工材料无须使用交叉结构（用于实现各向同性的参数），只要保证单元工作于谐振点附近即可，因此大大降低了实现的复杂性，而且具有较宽的带宽（不需要严格保证电磁参数为-1，只要求在谐振点附近）。与单纯 PEC（perfect electric conductor，理想电导体）构成的通道相比，使用人工超材料的电磁关卡可以显著阻挡电磁波的通过。图 3-12 所示的实验结果也充分验证了电磁关卡的有效性和正确性。

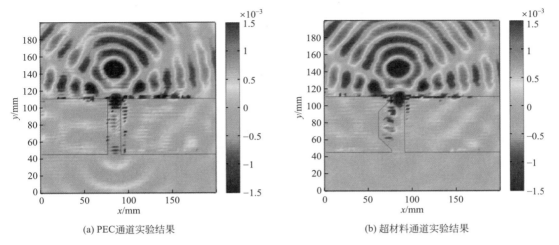

(a) PEC通道实验结果　　　　　　　　　　(b) 超材料通道实验结果

图 3-12　电磁关卡实验结果

3.5.2　共形表面等离激元

表面等离激元(surface plasmon polaritons，SPPs)是束缚在材料(如贵金属)和介质交界面上的自由电子和光子相互作用而激发的表面波,它能够突破衍射极限,并具有表面受限、局域场增强的特点,可实现微纳尺度的光信息传输与处理,被广泛应用于生物传感、光存储、亚波长光刻、太阳能电池、生物传感、超高分辨率成像、增强表面拉曼散射、发光器件等领域[121]。表面等离激元的历史可以追溯到 20 世纪 50 年代,Ritchie 从理论上推导了金属薄膜表面的等离激元的色散方程并被实验所证实[122],从此拉开了表面等离激元的研究序幕。随着表面等离激元技术研究的跟进,人们发现使用特殊几何结构设计的金属条带,可以在微波频段内产生类似于光波段表面等离激元的现象,并称之为伪表面等离激元[123](spoof surface plasmons，SSPs),其色散和场限制特性可通过几何结构参数灵活操控。2012 年,Cui 等[124]对表面等离激元做了进一步的研究,发现在微波频段,齿状超薄柔韧的金属薄膜上可以激发并长距离传播伪表面等离激元。不仅如此,实验证明这种结构还能够引导表面波转弯,且工作频带较宽,从微波到中红外波段皆适用,这些都是传统表面等离激元难以企及的。为了区别于传统的表面等离激元,将之命名为共形表面等离激元(conformal surface plasmons，CSPs)。实验研究时采用的齿状金属结构如图 3-13(a)所示[124],通过仿真得到了该结构不同几何尺寸情况下的色散曲线。可以看出,电磁波在该结构上传播的波矢均大于在真空中传播的波矢,波长更短,属于慢波,与表面等离激元的产生条件相符。图 3-13(b)、(c)展示了齿状金属结构缠绕在柱状物体上,在电磁波的激发下,电场分布的全波仿真和实验测量结果,该结果很好地诠释了 CSPs 的共形特征。CSPs 作为 SPPs 的升级“版本”,具备了包括近场受限、局域增强等表面波的基本特征。除此之外,还能够实现表面波的共形传输,为表面波的研究和应用提供了新方向和新思路。

一大批相关的新型电磁功能器件的研发也在逐步完善,如新型电磁滤波器、超高灵敏度的表面等离子体共振生物传感器、超高分辨率成像的透镜、微纳 SPPs 波导、光开关、定向耦合器、分路器、干涉仪等,并得到广泛应用[125,126]。

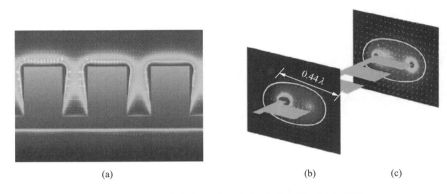

(a)　　　　　　　　　　　　(b)　　　　　(c)

图 3-13　用于激发等离激元的锯齿状金属示意图[124]

3.5.3　完美透镜

完美透镜是 Pendry 教授等人在 2000 年通过理论分析与推导提出的一种全新的成像概念[127]。由于超材料具有负折射率和隐失波放大特性,电磁波源发出的隐失波傅里叶分量由传统媒质进入人工媒质后不仅相位会得到纠正,而且其幅度也会得到有效放大。这使得物体的信息在像点处得到完美恢复,突破了衍射极限对传统透镜分辨率的限制,实现了超分辨率(次波长)聚焦电磁波的目的。自此以后,各国科学家都先后投入相关领域的实验与应用研究。同时,科学家们还发现基于金等金属的表面等离子体效应也可以实现光波段的高分辨率成像。前期报道的完美透镜大部分是基于开口环谐振器(SRRs)的磁响应和金属线的电响应来提供左手负折射特性。由于谐振特性限制了透镜的工作带宽,增加了损耗,最终影响了透镜的分辨率。随后一些研究人员提出基于传输线来设计三维人工电磁透镜,极大地拓展了带宽并减小了损耗。

利用集总元件可以在有限的空间内随意调控传输线的电感和电容值,但基于该传输线设计的透镜只能低频工作,同时大量的集总元件和焊接会给设计带来误差和高昂的制作成本。而利用三维分布式传输线可以有效克服以上问题,但是这种传输线透镜是利用层叠超材料平板间的弱空间耦合来同时实现电响应和磁响应的,单元结构的电尺寸较大,不能类似于 SRRs 结构发生亚波长谐振。较大的单元尺寸增加了入射电磁波的衍射效应,使得出射电磁波波前不平整,信号起伏,不连续性较大。同时,基于等效媒质理论设计的单元结构电磁特性与最终设计的人工媒质电磁特性有较大偏差,如何在任意频段内实现透镜的宽带工作和高分辨率成像,同时又能保证其廉价、简易的制作是设计高性能透镜和加速其实际应用必须解决的问题。国内外学者围绕这一问题，开展了一些有意义的工作，哈佛大学 Capasso 团队利用高度约为 600 nm 的二氧化钛"纳米砖"块堆出了一块完全平面，并且纤薄如纸的聚光镜片。这块超材料镜片的有效放大倍数高达 170 倍，并且放大后的图像分辨率能完全媲美常规的玻璃镜（见图 3-14）[128]。Cui 等基于分形几何的概念来设计分布式传输线并最终设计和制作高性能透镜，并采用自由空间测量的办法，有效地消除了超材料透镜适用波段窄、成像分辨率低的问题[129]。

图 3-14　基于超材料开发的一块光波段完美透镜[128]

参考文献

[1] LANDY N I, SAJUYIGBE S, MOCK J J, et al. Perfect metamaterial absorber[J]. Physical Review Letters, 2008, 100(20): 207402.

[2] TAO H, LANDY N I, BINGHAM C M, et al. A metamaterial absorber for the terahertz regime: design, fabrication and characterization[J]. Optics Express, 2008, 16(10): 7181-7188.

[3] TAO H, BINGHAM C M, STRIKWERDA A C, et al. Highly flexible wide angle of incidence terahertz metamaterial absorber: design, fabrication, and characterization[J]. Physical Review B, 2008, 78(24): 241103.

[4] LIU X, STAIR T, STAN A F, et al. Infrared spatial and frequency selective metamaterial with near-unity absorbance[J]. Physical Review Letters, 2010, 104(20): 207403.

[5] HU C G, LI X, FENG Q, et al. Investigation on the rote of the dielectric loss in metamaterial absorber[J]. Optics Express, 2010(18): 6598-6603.

[6] CHENG Y, YANG H, CHENG Z, et al. Perfect metamaterial absorber based on a split-ring-cross resonator[J]. Journal of Applied Physics A, 2011(102): 99-103.

[7] PANG Y, CHENG H, ZHOU Y, et al. Analysis and design of wire-based metamaterial absorbers using equivalent circuit approach[J]. Journal of Applied Physics, 2013, 113(11): 114902.

[8] ZHU W R, ZHAO X P, BAO S, et al. Highly symmetric planar metamaterial absorbers based on annular and circular patches[J]. Chinese Physics Letters, 2010, 27(1): 014204.

[9] GRANT J, MA Y, SAHA S, et al. Polarization insensitive terahertz metamaterial absorber[J]. Op-

tics Letters，2011，36(8)：1524-1526.

[10] ZHU B，WANG Z B，YU Z Z，et al. Planar metamaterial microwave absorber for all wave polarizations[J]. Chinese Physics Letters，2009，26(11)：114102.

[11] TAO H，BINGHAM C M，PILON D，et al. A dual band terahertz metamaterial absorber[J]. Journal of Physics D：Applied Physics，2010，43(22)：225102.

[12] LI H，YUAN L H，ZHOU B，et al. Ultrathin multiband gigahertz metamaterial absorbers[J]. Journal of Applied Physics，2011，110(1)：014909.

[13] DING F，CUI Y，GE X，et al. Ultra-broadband microwave metamaterial absorber[J]. Applied Physics Letters，2012，100(10)：103506.

[14] ZHAO J，CHENG Q，CHEN J，et al. A tunable metamaterial absorber using varactor diodes[J]. New Journal of Physics，2013，15(4)：043049.

[15] SHREKENHAMER D，CHEN W C，PADILLA W J. Liquid crystal tunable metamaterial absorber [J]. Physical Review Letters，2013，110(17)：177403.

[16] ANDRYIEUSKI A，LAVRINENKO A V. Graphene metamaterials based tunable terahertz absorber：effective surface conductivity approach[J]. Optics Express，2013，21(7)：9144-9155.

[17] CAO T，ZHANG L，SIMPSON R E，et al. Mid-infrared tunable polarization-independent perfect absorber using a phase-change metamaterial[J]. JOSA B，2013，30(6)：1580-1585.

[18] WEN Q Y，ZHANG H W，YANG Q H，et al. A tunable hybrid metamaterial absorber based on vanadium oxide films[J]. Journal of Physics D：Applied Physics，2012，45(23)：235106.

[19] ZHU W，HUANG Y，RUKHLENKO I D，et al. Configurable metamaterial absorber with pseudo wideband spectrum[J]. Optics Express，2012，20(6)：6616-6621.

[20] HUANG Y，WEN G，ZHU W，et al. Experimental demonstration of a magnetically tunable ferrite based metamaterial absorber[J]. Optics Express，2014，22(13)：16408-16417.

[21] WU C，BURTON N，JOHN J，et al. Large-area，wide-angle，spectrally selective plasmonic absorber[J]. Physical Review B Condensed Matter，2011，84(7)：173-177.

[22] HUANG C，HU C，WANG M，et al. Truncated spherical voids for nearly omnidirectional optical absorption[J]. Optics Express，2011，19(21)：20642-20649.

[23] KILDISHEV A V，PROKOPEVA L J，NARIMANOV E E. Cylinder light concentrator and absorber：theoretical description[J]. Optics Express，2010，18(16)：16646-16662.

[24] GONG Y，LI Z，FU J，et al. Highly flexible all-optical metamaterial absorption switching assisted by Kerr-nonlinear effect[J]. Optics Express，2011，19(11)：10193-10198.

[25] WEN Q Y，XIE Y S，ZHANG H W，et al. Transmission line model and fields analysis of metamaterial absorber in the terahertz band[J]. Optics Express，2009，17(22)：20256-20265.

[26] CHEN H T. Interference theory of metamaterial perfect absorbers[J]. Optics Express，2012，20(7)：7165-7172.

[27] WANGHUANG T，CHEN W，HUANG Y，et al. Analysis of metamaterial absorber in normal and oblique incidence by using interference theory[J]. AIP Advances，2013，3(10)：102118.

[28] PANG Y，CHENG H，ZHOU Y，et al. Analysis and design of wire-based metamaterial absorbers using equivalent circuit approach[J]. Journal of Applied Physics，2013，113(11)：207402.

[29] KILDAL P S. Comments on application of double negative materials to increase the power radiated by

electrically small antennas[J]. Antennas&Propagation IEEE Transactions on Antennas and Propagation, 2003, 51(10): 2626-2640.

[30]　QURESHI F, ANTONIADES M A, ELEFTHERIADES G V. A compact and low-profile metamaterial ring antenna with vertical polarization[J]. IEEE Antennas&Wireless Propagation Letters, 2005, 4(1): 333-336.

[31]　WU W W, HUANG J, YUAN N. A novel Ku band left-handed media antenna radome[J]. Microwave & Optical Technology Letters, 2010, 51(4): 1043-1046.

[32]　WU B I, WANG W, PACHECO J, et al. A study of using metamaterials as antenna substrate to enhance gain[J]. Progress in Electromagnetics Research, 2005(51): 295-328.

[33]　MA H F, CHEN X, XU H S, et al. Experiments on high-performance beam-scanning antennas made of gradient-index metamaterials[J]. Applied Physics Letters, 2009, 95(9): 094107.

[34]　MA H F, CHEN X, YANG X M, et al. A broadband metamaterial cylindrical lens antenna[J]. Chinese Science Bulletin, 2010, 55(19): 2066-2070.

[35]　JIN P, ZIOLKOWSKI R W. Broadband, efficient, electrically small metamaterial-inspired antennas facilitated by active near-field resonant parasitic elements[J]. IEEE Transactions on Antennas and Propagation, 2010, 58(2): 318-327.

[36]　MIYAMA Y, UDA S, LIN L C, et al. A novel broadband leaky-wave antenna fed with composite right/left handed transmission line[C]//IEEE Antennas&Propagation Society International Symposium, 2007.

[37]　LI L W, LI Y N, YEO T S, et al. A broadband and high-gain metamaterial microstrip antenna[J]. Applied Physics Letters, 2010, 96(16): 164101.

[38]　MENG F Y, WU Q, FU J H. Miniaturized rectangular cavity resonator based on anisotropic metamaterials bilayer[J]. Microwave&Optical Technology Letters, 2010, 50(8): 2016-2020.

[39]　BOOKET M R, JAFARGHOLI A, ATLASBAF Z, et al. Miniaturized dual-band dipole antenna loaded with metamaterial based structure[C]//IEEE 19th Iranian Conference on Electrical Engineering(ICEE), 2011.

[40]　ELDEK A. Miniaturized microstrip-fed self-resonant rectangular split-ring resonator antenna[J]. Microwave & Optical Technology Letters, 2011, 53(9): 2048-2052.

[41]　SELVANAYAKI K, VULAPALLI R. Metamaterial radome to enhance the gain and bandwidth of antenna[C]//Applied Electromagnetics Conference. 2009.

[42]　DUAN Z, WU B I, KONG J A, et al. Enhancement of radiation properties of a compact planar antenna using transformation media as substrates[J]. Progress in Electromagnetics Research, 2008(83): 375-384.

[43]　ELEFTHERIADES G V, ANTONIADES M A, QURESHI F. Antenna applications of negative-refractive-index transmission-line structures[J]. IET Microwaves, Antennas & Propagation, 2007, 1(1): 12-22.

[44]　CALOZ C, ITOH T, RENNINGS A. CRLH metamaterial leaky-wave and resonant antennas[J]. IEEE Antennas and Propagation magazine, 2008, 50(5): 25-39.

[45]　ZIOLKOWSKI R W, JIN P, LIN C C. Metamaterial-inspired engineering of antennas[J]. Proceedings of the IEEE, 2011(99): 1720-1731.

[46] VOLAKIS J L, SERTEL K. Narrowband and wideband metamaterial antennas based on degenerate band edge and magnetic photonic crystals[J]. Proceedings of the IEEE, 2011, 99(10): 1732-1745.

[47] LIEN E. Review of soft and hard horn antennas, including metamaterial-based hybrid-mode horns [J]. IEEE Antennas and Propagation Magazine, 2010, 52(2): 31-39.

[48] LEE C J, HUANG W, GUMMALLA A, et al. Small antennas based on CRLH structures: concept, design, and applications[J]. IEEE Antennas and Propagation Magazine, 2011, 53(2): 10-25.

[49] XIAO S, JIANG L, MA K. Size reduction of monopole antenna using complementary split loop resonator[J]. Microwave and Optical Technology Letters, 2009, SI(4): 930-932.

[50] ZHU J, ELEFTHERIADES G V. Dual-band metamaterial-inspired small monopole antenna for WiFi applications[J]. Electronics Letters, 2009, 45(22): 1104-1106.

[51] ZHU J, ANTONIADES M A, ELEFTHERIADES G V. A compact tri-band monopole antenna with single-cell metamaterial loading[J]. IEEE Transactions on Antennas and Propagation, 2010, 58(4): 1031-1038.

[52] JIANG Z H, GREGORY M D, WERNER D H. A broadband monopole antenna enabled by an ultrathin anisotropic metamaterial coating[J]. IEEE Antennas and Wireless Propagation Letters, 2011 (10): 1543-1546.

[53] HEMAIZ-MARTINEZ F J, ZAMORA G, PAREDES F, et al. Multiband printed monopole antennas loaded with OCSRRs for PANS and WLANs[J]. IEEE Antennas and Wireless Propagation Letters, 2011(10): 1528-1531.

[54] DU G H, TANG X, XIAO F. Tri-band metamaterial-inspired monopole antenna with modified S-shaped resonator[J]. Progress In Electromagnetics Research Letters, 2011(23): 39-48.

[55] SI L M, ZHU W, SUN H J. A compact, planar, and CPW-fed metamaterial-inspired dual-band antenna[J]. IEEE Antennas and Wireless Propagation Letters, 2013(12): 305-308.

[56] TANG M C, XIAO S, DENG T, et al. Compact UWB antenna with multiple band-notches for WiMAX and WLAN [J]. IEEE Transactions on Antennas and Propagation, 2011, 59 (4): 1372-1376.

[57] LIN C C, JIN P, ZIOLKOWSKI R W. Single, dual and tri-band-notched ultrawideband (UWB) antennas using capacitively loaded loop (CLL) resonators[J]. IEEE Transactions on Antennas and Propagation, 2012, 60(1): 102-109.

[58] JIANG D, XU Y, XU R, et al. Compact dual-band-notched UWB planar monopole antenna with modified CSRR[J]. Electronics Letters, 2012, 48(20): 1250-1252.

[59] SIDDIQUI J Y, SAHA C, ANTAR Y M M. Compact SRR loaded UWB circular monopole antenna with frequency notch characteristics[J]. IEEE Transactions on Antennas & Propagation, 2014, 62 (8): 4015-4020.

[60] LIM S, CALOZ C, ITOH T. Metamaterial-based electronically controlled transmission-line structure as a novel leaky-wave antenna with tunable radiation angle and beamwidth[J]. IEEE Transactions on Microwave Theory and Techniques, 2005, 53(1): 161-173.

[61] DAMM C, MAASCH M, GONZALO R, et al. Tunable composite right/left-handed leaky wave antenna based on a rectangular waveguide using liquid crystals[C]. Microwave Symposium Digest (MTT), 2010 IEEE MTT-S International. IEEE, 2010.

[62] ABDALLAM A Y, PHANG K, ELEFTHERIADES G V. A planar electronically steerable patch array using tunable PRI/NRI phase shifters[J]. IEEE Transactions on Microwave Theory and Techniques, 2009, 57(3): 531-541.

[63] KIM J, KIM G, SEONG W, et al. A tunable internal antenna with an epsilon negative wroth order resonator for DVB-H service[J]. IEEE Transactions on Antennas and Propagation, 2009, 57(12): 4014-4017.

[64] JANG Y, CHOI J, LIM S. Frequency tunable wroth-order resonant antenna by using RF MEMS on slotted ground plane[C]// Microwave Conference, 2010.

[65] PENDRY J B, SCHURIG D, SMITH D R. Controlling electromagnetic fields[J]. Science, 2006 (312): 1780-1782.

[66] SCHURIG D, PENDRY J B, SMITH D R. Calculation of material properties and ray tracing in transformation media[J]. Optics Express, 2006, 14(21): 9794-9804.

[67] CHEN H, WU B I, ZHANG B, et al. Electromagnetic wave interactions with a metamaterial cloak [J]. Physical Review Letters, 2007, 99(6): 063903.

[68] CUMMER S A, POPA B I, SCHURIG D, et al. Full-wave simulations of electromagnetic cloaking structures [J]. Physical Review E Statistical Nonlinear & Soft Matter Physics, 2006, 74 (2): 036621.

[69] SCHURIG D, MOCK J J, JUSTICE B J, et al. Metamaterial electromagnetic cloak at microwave frequencies[J]. Science, 2006, 314(5801): 977-980.

[70] CAI W, CHETTIAR U K, KILDISHEV A, et al. Optical cloaking with metamaterials[J]. Nature Photonics, 2007, 1(4): 224-227.

[71] RUAN Z, YAN M, NEFF C W, et al. Ideal cylindrical cloak: perfect but sensitive to tiny perturbations[J]. Physical Review Letters, 2007, 99(11): 113903.

[72] LIANG Z, YAO P, SUN X, et al. The physical picture and the essential elements of the dynamical process for dispersive cloaking structures[J]. Applied Physics Letters, 2008, 92(13): 131118.

[73] YAN W, YAN M, QIU M. Non-magnetic simplified cylindrical cloak with suppressed zeroth order scattering[J]. Applied Physics Letters, 2008, 93(2): 021909.

[74] KILDISHEV A V, CAI W, CHETTIAR U K, et al. Transformation optics: approaching broadband electromagnetic cloaking[J]. New Journal of Physics, 2008, 10(11): 115029.

[75] CHEN H, LIANG Z, YAO P, et al. Extending the bandwidth of electromagnetic cloaks[J]. Physical Review B, 2007, 76(24): 241104.

[76] ALU A, ENGHETA N. Cloaked near-field scanning optical microscope tip for noninvasive near-field imaging[J]. Physical Review Letters, 2010, 105(26): 263906.

[77] CHEN H, CHAN C T. Acoustic cloaking in three dimensions using acoustic metamaterials[J]. Applied Physics Letters, 2007, 91(18): 183518.

[78] FARHAT M, GUENNEAU S, ENOCH S. Ultrabroadband elastic cloaking in thin plates[J]. Physical Review Letters, 2009, 103(2): 024301.

[79] ZHANG S, GENOV D A, SUN C, et al. Cloaking of matter waves[J]. Physical Review Letters, 2008, 100(12): 123002.

[80] LI J, PENDRY J B. Hiding under the carpet: a new strategy for cloaking[J]. Physical Review Let-

ters, 2008, 101(20): 203901.

[81] LIU R, JI C, MOCK J J, et al. Broadband ground-plane cloak[J]. Science, 2009, 323(5912): 366-369.

[82] VALENTINE J, LI J, ZENTGRAF T, et al. An optical cloak made of dielectrics[J]. Nature Materials, 2009, 8(7): 568-571.

[83] ERGIN T, STENGER N, BRENNER P, et al. Three-dimensional invisibility cloak at optical wavelengths[J]. Science, 2010, 328(5976): 337-339.

[84] MA H F, CUI T J. Three-dimensional broadband ground-plane cloak made of metamaterials[J]. Nature Communications, 2010, 1: 21.

[85] PENDRY J B, SCHURIG D, SMITH D R. Controlling electromagnetic fields[J]. Science, 2006, 312(5781): 1780-1782.

[86] ZHANG B L, LUO Y, LIU X G, et al. Macroscopic invisibility cloak for visible light[J]. Physical Review Letters, 2010, 106(3): 426-432.

[87] ZHANG J, MEI Z L, ZHANG W R, et al. An ultrathin directional carpet cloak based on generalized Snell's law[J]. Applied Physics Letters, 2013, 103(15): 151115.

[88] ESTAKHRI N M, ALU A. Ultra-thin unidirectional carpet cloak and wavefront reconstruction with graded metasurfaces[J]. IEEE Antennas & Wireless Propagation Letters, 2014(13): 1775-1778.

[89] HSU L Y, LEPETIT T. Carpet cloak with graded dielectric metasurface (presentation recording) [C]// Spie Nanoscience + Engineering, 2015.

[90] NI X J, WONG Z J, MREJEN M, et al. An ultrathin invisibility skin cloak for visible light[J]. Science, 2015, 349(6254): 1310-1314.

[91] ALU A, ENGHETA N. Achieving transparency with plasmonic and metamaterial coatings[J]. Physical Review E Statistical Nonlinear & Soft Matter Physics, 2005, 72(1): 016623.

[92] CHEN P Y, ALU A. Atomically thin surface cloak using grapheme monolayers[J]. ACS Nano, 2011, 5(7): 5855-5863.

[93] ELEFTHERIADES G V, SIDDIQUI O, IYER A K. Transmission line models for negative refractive index media and associated implementations without excess resonators[J]. IEEE Microwave & Wireless Components Letters, 2003, 13(2): 51-53.

[94] CALOZ C, ITOH T. Transmission line approach of left-handed (LH) materials and microstrip implementation of an artificial LH transmission line[J]. IEEE Transactions on Antennas and Propagation, 2004, 52(5): 1159-1166.

[95] FOUAD M A, ABDALLA M A. New n-T generalised metamaterial negative refractive index transmission line for a compact coplanar waveguide triple band pass filter applications[J]. IET Microwaves, Antennas & Propagation, 2014, 8(13): 1097-1104.

[96] YANG T, CHI P L, ITOH T. Compact quarter-wave resonator and its applications to miniaturized diplexer and triplexer[J]. IEEE Transactions on Microwave Theory and Techniques, 2011, 59(2): 260-269.

[97] RYAN C G M, ELEFTHERIADES G V. A printed dual-band coupled-line coupler using modified generalized negative-refractive-index transmission lines[C]// Microwave Symposium Digest, 2011.

[98] BEMANI M, NIKMEHR S. Dual-band N-way series power divider using CRLH-TL metamaterials with application in feeding dual-band linear broadside array antenna with reduced beam squinting[J].

IEEE Transactions on Circuits and Systems I: Regular Papers，2013，60(12)：3239-3246.

[99]　VELEZ A，AZNAR F，DURAN-SINDREU M，et al. Tunable coplanar waveguide band-stop and band-pass filters based on open split ring resonators and open complementary split ring resonators [J]. IET Microwaves，Antennas & Propagation，2011,5(3)：277-281.

[100]　SARKAR P，RAKSHIT I，ADHIKARI S，et al. A band notch UWB bandpass filter using dual-stub-loaded multimode resonator with embedded spiral resonator[J]. International Journal of Microwave and Wireless Technologies，2014，6(2)：161-166.

[101]　ZHELUDEV N I，KIVSHAR Y S. From metamaterials to metadevices[J]. Nature Materials，2012，11(11)：917-924.

[102]　POWELL D A，SHADRIVOV I V，KIVSHAR Y S. Nonlinear electric metamaterials[J]. Applied Physics Letters，2009，95(8)：509-514.

[103]　TAO H，STRIKWERDA A C，FAN K，et al. Reconfigurable terahertz metamaterials[J]. Physical Review Letters，2009，103(14)：147401.

[104]　CHEN H T，PADILLA W J，ZIDE J M O，et al. Active terahertz metamaterial devices[J]. Nature，2006，444(7119)：597-600.

[105]　CHAN W L，CHEN H T，TAYLOR A J，et al. A spatial light modulator for terahertz radiation [J]. Applied Physics Letters，2009，94(21)：213511.

[106]　JU L，GENG B，HORNG J，et al. Graphene plasmonics for tunable terahertz metamaterials[J]. Nature Nanotechnology，2011，6(10)：630-634.

[107]　ZHAROV A A，SHADRIVOV I V，KIVSHAR Y S. Nonlinear properties of left-handed metamaterials[J]. Physical Review Letters，2003，91(3)：037401.

[108]　ZHAO Q，KANG L，DU B，et al. Electrically tunable negative permeability metamaterials based on nematic liquid crystals[J]. Applied Physics Letters，2007，90(1)：011112.

[109]　MINOVICH A，FARNELL J，NESHEV D N，et al. Nonlinear fishnet metamaterials based on liquid crystal infiltration[C]// Conference on Lasers & Electro-optics，2012.

[110]　KOZYREV A B，WEIDE D V D，SHADRIVOV I V，et al. Nonlinear magnetic metamaterials[J]. Optics Express，2008，16(25)：20266-20271.

[111]　POWELL D A，SHADRIVOV I V，KIVSHAR Y S. Asymmetric parametric amplification in nonlinear left-handed transmission lines[J]. Applied Physics Letters，2009，94(8)：084105.

[112]　NIKOLAENKO A E，DE A F，BODEN S A，et al. Carbon nanotubes in a photonic metamaterial [J]. Physical Review Letters，2010，104(15)：153902.

[113]　KURTER C，ZHURAVEL A P，ABRAHAMS J，et al. Superconducting RF metamaterials made with magnetically active planar spirals[J]. IEEE Transactions on Applied Superconductivity，2011，21(3)：709-712.

[114]　PIMENOV A，LOIDL A，PRZYSLUPSKI P，et al. Negative refraction in ferromagnet-superconductor super lattices[J]. Physical Review Letters，2005，95(24)：247009.

[115]　LEE S H，PARK C M，YONG M S，et al. Acoustic metamaterial with negative density[J]. Physics Letters A，2009，373(48)：4464-4469.

[116]　BAI G D，YANG F，JIANG W X，et al. Realization of a broadband electromagnetic gateway at microwave frequencies[J]. Applied Physics Letters，2015，107(15)：2075-2083.

[117] LUO X D, YANG T, GU Y W, et al. Conceal an entrance by means of super scatterer[J]. Applied Physics Letters, 2009, 94(22): 223513.

[118] CHEN H Y, CHAN C T, LIU S, et al. A simple route to a tunable electromagnetic gateway[J]. New Journal of Physics, 2009, 11(8): 1–13.

[119] LI C, MENG X K, LIU X, et al. Experimental realization of a circuit based broadband illusion-optics analogue[J]. Physical Review Letters, 2010, 105(23): 3425–3426.

[120] LIN X Q, JIANG Y, JIN J Y, et al. Understand and realize an"invisible gateway" in a classical way [J]. Progress in Electromagnetics Research, 2013(141): 739–749.

[121] HAYASHI S, OKAMOTO T. Plasmonics: visit the past to know the future[J]. Journal of Physics D Applied Physics, 2012, 45(43): 433001–433024.

[122] RITCHIE R H. Plasma losses by fast electrons in thin films[J]. Physical Review, 1957, 106(5): 874–881.

[123] PENDRY J B, MART N-MORENO L, GARCIA-VIDAL F J. Mimicking surface plasmons with structured surfaces[J]. Science, 2004, 305(5685): 847–848.

[124] SHEN X P, CUI T J, MARTIN-CANO D, et al. Conformal surface plasmons propagating on ultrathin and flexible films[J]. Proceedings of the National Academy of Sciences of the United States of America, 2013, 110(1): 40–45.

[125] KUMAR G, PANDEY S, CUI A, et al. Planar plasmonic terahertz waveguides based on periodically corrugated metal films[J]. New Journal of Physics, 2011, 13(11): 1404–1408.

[126] NAVARRO CIA M, BERUETE M, AGRAFIOTIS S, et al. Broadband spoof plasmons and subwavelength electromagnetic energy confinement on ultrathin metafilms[J]. Optics Express, 2009, 17(20): 18184–18195.

[127] PENDRY J B. Negative refraction makes a perfect lens[J]. Physical Review Letters, 2000, 85 (18): 3966–3969.

[128] KHORASANINEJAD M, CHEN W T, DEVLIN R C, et al. Metalenses at visible wavelengths: diffraction-limited focusing and subwavelength resolution imaging[J]. Science, 2016, 352(6290): 1190–1194.

[129] XU H X, WANG G M, MEI Q Q, et al. Three-dimensional super lens composed of fractal left-handed materials[J]. Advanced Optical Materials, 2013, 1(7): 495–502.

第4章 声学超材料的设计及应用

超材料起源于电磁超材料,最初用于电磁波的调控,以实现负折射、完美成像、完美隐身等新颖功能。自从第一块电磁超材料在实验室被制备出来以来,超材料与波作用产生的一系列奇特的反常电磁响应吸引了无数国内外学者的目光,引发了研究超材料的热潮。其实,电磁波只是波的其中一种形式,是由电磁场振动引起的。从广义的角度,可以预计其他类型的波与超材料作用时,也能产生一些有趣的物理现象。近年来,超材料研发的热潮将超材料研究的前沿从单纯的电磁学特征往前推进到力学、声学等跟波相关的各个领域,从而使得超材料的内涵与种类更加丰富。本章及后面两章将论述声学超材料、力学超材料与信息超材料的定义、发展历程、研究现状等,探讨其现阶段应用情况,并对其未来发展方向进行预测。

4.1 声学超材料的设计

4.1.1 声学超材料的定义

波动是物质动态行为的一种普遍表象,物质粒子相互作用的远距离传播,或者局部能量的长程转移,几乎都依赖于波动现象。材料的波动特性取决于传播媒质的物理属性,例如声波和弹性波的传播特性取决于介质的质量密度和模量,这也就意味着人们可以通过改变介质属性实现特殊的波传播控制,这种思想为实现对波的人为调控提供了一种全新的研究思路。超材料波动力学于21世纪初被提出,并逐渐发展成为一个热门的研究领域,其主要研究内容就是如何通过人工设计的介质结构调控波的传播。

超材料是一种人工复合结构,通过对微结构几何及力学性能的精心设计可以得到天然材料不具备的特殊物理属性,如负等效质量、负等效模量以及各向异性质量等。这些特殊物理属性的存在使得超材料拥有强大的波调控能力,因此具有十分广泛的应用前景,如用于声学隐身斗篷的实现、负折射实现以及低频减振等。那么这种人工复合结构为何可以称为一种"材料"?又该如何定义其等效材料参数?对于这一问题,可以从自然界常规材料的定义中寻求答案。天然材料的微观尺度在原子结构量级,对于机械波(声波或弹性波),原子结构特征尺寸通常远小于波长,因而材料可视为连续体,并用宏观均质化参数(模量和惯性质量)表征。依此类比,对于声波或弹性波超材料,微结构胞元的特征尺寸远小于工作波长,波在超材料中传播时并不能分辨其微结构,因此超材料可视为具有宏观等效参数的连续材料,如图 4-1 所示。

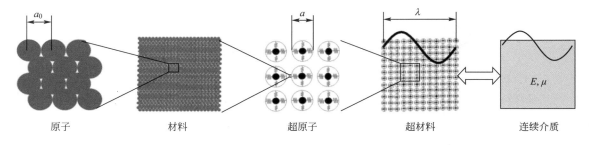

原子　　　　材料　　　　超原子　　　　超材料　　　　连续介质

图 4-1　超材料宏微观尺度模型示意图($a_0 \ll a \ll \lambda$)

超材料的出现,改变了人们对材料的认识,极大地拓宽了材料参数的可实现范围,为实现通过材料对波的任意操控提供了可能。当前,超材料的概念正在进一步延拓,泛指通过对微结构进行精心设计从而获得传统材料很难具备的物理力学属性的各类人工复合材料,如负泊松比材料、折叠型超材料等。

超材料作为一个新兴领域起源于 21 世纪初电磁波左手材料的研究,相关进展曾于 2003 年和 2006 年两次入选《科学》杂志年度十大科学进展。超材料概念后被扩展至声波和弹性波领域,在声波隐身、低频减振降噪、声学超分辨检测等应用领域正在产生颠覆性影响。下面对超材料的设计原理及其波控性能进行论述,并对超材料的应用前景进行展望。

4.1.2　声学超材料的设计原理及计算

材料的惯性和变形效应主要通过质量和模量来刻画,根据质量密度 ρ 和体积模量 K 的取值,声学介质可以分成图 4-2 所示的四大类。对于自然界绝大部分材料,其材料参数通常在准静态下定义,一般为常数且均大于零,位于第 I 象限,声波在其中可以传播;在第 II 和 IV 象限所对应的材料中,质量或模量为单一负值,这时波矢量没有实数解,声波在该类材料中将无法传播;当体积模量和质量密度均为负值时(第 III 象限材料),该类材料被称为声波左手材料[1],这时声波的相速度和群速度反向,会产生负折射现象[2]和逆多普勒效应[3]等,位于第 II、III 和 IV 象限的材料均称为声波超材料。下面将对超材料负质量和负模量的实现机理进行介绍,此外还将介绍一种新型五模超材料的设计原理,该类材料在水声隐身领域具有重要的应用价值。

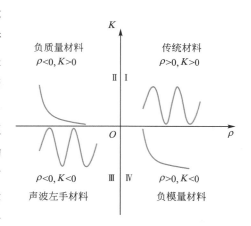

图 4-2　声波超材料的定义

在物理上,质量通常可以由以下两种形式来定义:一种是由牛顿第二定律定义的惯性质量;另一种则是由万有引力定律定义的引力质量。对于传统材料,其质量密度通常是在准静态下定义的,一般为常数,与材料的响应无关。而在超材料的设计中可以通过人为引入动态谐振来实现宏观"负质量"属性。Liu 等人[4]首次设计出具有负等效质量的弹性超材料(见图 4-3),其微结构胞元为橡胶包裹的铅颗粒放于环氧树脂基体中,该胞元组分具有硬-软-硬的特点,其中软橡胶可以认为是弹簧 G,密度很大的铅颗粒可以认为是刚性质量块 m_1,其等效的质量弹簧模型如图 4-4 所示,在共振频率附近,铅块振动幅值急剧增大且和基体振动方向相反,从宏观上来看复合结构的响应加速度方向与载荷方向相反,呈现出宏观负质量效应[5,6]。基于以上原理,Yang 等人[7,8]提出了轻质的薄膜形式声波超材料,在一个张紧的薄膜中心放置一质量块,声波入射时会引起质量块的振动,膜的预应力对质量块起到一种弹簧力的作用,因此薄膜的张力和质量块就构成了谐振单元,其共振振动改变了薄膜周围液体的惯性运动,从而实现了负等效质量。进一步研究发现[9],在不存在中心质量的情况下,仅张紧的橡胶膜本身就可以实现负等效质量,并且等效质量在某截止频率以下均为负值,那么这是否意味着即使系统内不存在质量弹簧谐振也可以实现负等效质量? 带着对这一问题的思考,Yao 等人通过理论实验揭示了薄膜结构中实现负质量效应的关键因素是薄膜外边界的固定条件,其质量弹簧模型相当于图 4-4 中内质量块 m_1 被固定的情况,且基于此原理提出了一种边界固支的均匀薄板型声波超材料,并证明薄板的弯曲振动使得施加在周围液体的外载力总与其加速度反向,形成了宽频的负等效质量[10]。尽管"负质量"与常识不符,但它实际上是一个动态等效的概念,是通过复合结构的动态响应定义的,与静态引力质量无关。

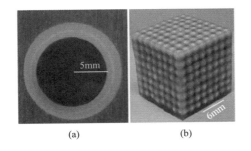

图 4-3　铅/橡胶/环氧树脂构成的负质量超材料

图 4-4　负等效质量的质量弹簧模型

声波超材料所获得的等效质量描述了材料的惯性运动规律,是惯性质量或动态质量,因此等效质量是一个二阶张量,可以表现出各向异性。例如,由液体和均匀薄板交替摆放形成的一维周期结构,沿垂直和平行薄板界面方向的等效质量分别服从串联($\rho_{\text{eff}} = c_i \rho_i$)和并联($1/\rho_{\text{eff}} = c_i / \rho_i$)模型[11]。基于此原理,通过对不同构型薄板结构的规律摆放,可以实现地毯式声隐形斗篷[12];将边界固支的柔性薄膜呈正交周期摆放,可以实现具有各向同性和负等效质量的声波超材料,实验上验证了超材料的表面波共振效应[13];在周期叠层刚性薄板的缝隙中规则摆放柔性薄板,利用薄板的谐振可以实现零等效质量,并用于声波近场超分辨成像[14]。

　　描述材料变形的模量一般可以从力变形关系中得到,自然界中的材料模量均为正,即给定压缩力时材料体积收缩,反之相反。由上文可知,通过超材料引入动态谐振可以实现宏观的等效"负质量"参数,那么又该如何通过谐振的方式设计复合结构力变形关系,从而实现等效"负模量"参数呢?2006 年,Fang 等[15] 提出了侧面周期连接 Helmholtz 共振腔的充水刚性管结构(见图 4-5),并通过实验证实了管道中的水具有负动态体积模量。当声波在管道中传播时声压变化通过共振腔的颈部传递到腔体内,腔体内液体的压缩和膨胀可视为弹簧效应,充满颈部的液体相当于质量块,并在该"弹簧"的作用下往复振动(见图 4-6),最终影响管道中的声场。在质量块和"弹簧"的谐振频率附近,这种影响会导致一种"反向"效果,使管道内液体的等效体积模量呈现负值。除此之外,Liu 等[16, 17]设计出一种手性弹性超材料,指出旋转效应也可以使复合结构产生等效负模量。在这里需要注意的是,这种"负模量"也是一种动态的等效参数,在准静态下是无法得到的。香港科技大学 P Sheng 教授课题组[18]提出了包含四个谐振质量块的四极子双负介质模型[见图 4-7(a)],通过四质量块的平动谐振产生负质量,通过四质量块向心或离心运动的谐振产生负模量。受到该模型的启发,Zhou 等人[19]从材料制备和损耗控制角度提出了简化模型[见图 4-7(b)],所设计的周期胞元为四个铜柱对称放于铝泡沫中,并在胞元中心设计一个圆柱空腔,用以增强中心区域的体积变形。

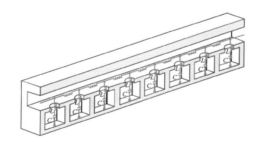

图 4-5　由 Helmholtz 共振腔构成的负模量超材料

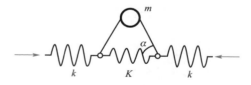

图 4-6　负动态模量的质量弹簧模型

(a)四极子双负介质模型

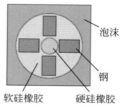

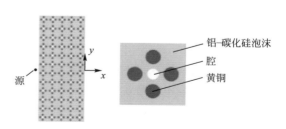

(b)简化模型

图 4-7　具有负模量的固体超材料模型

作为指导声波超材料设计的更一般性思想,人们发现超材料负等效参数的形成与微结构的谐振模态有对应关系,从而借助球形夹杂-涂层-基体型超材料揭示出了负动态材料参数的一般性形成原理[20]。对于球形夹杂的微观结构形式,模态中的前三阶振型,即零阶、一阶和二阶模态,分别对应位移场的单极、偶极和四极形式,并进一步对应微观结构的体积变形、平移运动和纯剪变形。研究发现(见图 4-8):负体积模量源于微观结构单极谐振,此时涂层为压缩变形而夹杂为反向的拉伸变形,并且由于夹杂变形效应更强,导致宏观应力为拉应力,造成微观结构在拉应力作用下,体积却在缩小的动态现象;负动态质量源于微观结构偶极谐振,此时涂层向左做平移运动而夹杂,由于谐振产生反向的向右平移运动,并且当夹杂的动量更大时宏观总动量方向向右,造成微观结构向左运动而宏观总动量为右向的动态现象;负剪切模量源于微观结构四极谐振,此时涂层外边界竖直受拉、水平受压,而由于谐振效应夹杂的变形方式正好相反,即竖直受压、水平受拉,当夹杂的反向效应占主导时,微观结构宏观上在竖直方向受压而水平方向受拉,与正常材料的受力变形效果正好相反。

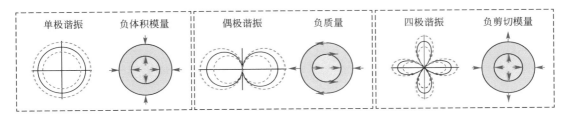

图 4-8　超材料负动态材料参数形成机理示意图

声波超材料的成功设计依赖于其等效参数的精确表征。针对不规则形状的微结构胞元,目前所采用的表征方法主要有动态平均场方法和反射透射系数反演法。动态平均场方法[2, 18, 20, 21]通过确定微观结构各组分相的平均位移和应力场得到局部化关系,再依据均匀化原理得到宏观等效参数,这种方法的优点是可以深刻揭示谐振微结构形成负等效参数的物理机制,可以为声波超材料的设计提供指导。反射透射系数反演法[22-24]利用声波入射超材料获得透射和反射系数,通过与声波入射均匀介质的情况进行比拟来反推超材料的等效参数,这种方法可以给出超材料等效参数的精确预测。

传统流体声学介质的密度和体积模量总是各向同性的,而超材料理论技术的发展极大地扩展了材料性质的可选择空间。现在各向异性密度声学介质已经可以实现,相对应地,各向异性模量的声学介质代表就是五模材料,这两类材料为实现基于变换理论的波动控制提供了基础。

五模材料最早由 Milton 等人[25]于 1995 年提出,定义为弹性矩阵六个特征值中仅有一个不为零的弹性材料。弹性材料的六个特征值对应六个特征向量,每个特征向量对应于一种变形模式。如果某个特征值退化为零,则称其变形模式为易变形模式,这种易变形模式对应的特殊应变状态不会引起应力,因此五模材料有五种易变形模式,仅能承受一种应变状态。传统流体只能承受静水应力,不能承受剪切应力,就是一种理想的五模式结构反胀力学超材料(简称

"五模材料")。但五模材料由固体基质构成,形象地讲,理想五模材料就是一种"固体水"。

以二维五模材料为例,理想二维五模材料仅有两个独立的弹性常数 k_x 和 k_y,由于主方向声速 $c_x=(k_x/\rho)^{1/2}$、$c_y=(k_y/\rho)^{1/2}$ 与流体声速表达式相近,k_x、k_y 又被称为五模材料 x、y 方向的"体积模量"。在材料主轴坐标系下,理想五模材料的弹性矩阵如图 4-9(a) 所示。

$$C=\begin{pmatrix} k_x & \sqrt{k_x k_y} & 0 \\ \sqrt{k_x k_y} & k_y & 0 \\ 0 & 0 & 0 \end{pmatrix} \qquad C=\begin{pmatrix} k_x & k_{xy} & 0 \\ k_{xy} & k_y & 0 \\ 0 & 0 & G_{xy} \end{pmatrix}$$

$$\text{(a)} \qquad\qquad\qquad \text{(b)}$$

图 4-9　理想五模材料的弹性矩阵

从弹性矩阵可以看出,材料的剪切模量严格为零,不能承受任何剪应力。在非主轴坐标系下,只要存在相应的正应力约束,五模材料则允许剪应力存在。值得注意的是,由于固体结构稳定性的需要,实际的五模材料微结构的剪切模量不可能严格为零,弹性矩阵如图 4-9(b) 所示。为了刻画实际设计的微观结构五模材料与理想五模材料之间的差距,可以定义两个无量纲特征参数 $\pi=|k_{xy}|/\sqrt{k_x k_y}$ 和 $\mu=G_{xy}/\sqrt{k_x k_y}$。理想五模材料的特征参数为 $\pi=1$、$\mu=0$,要保证材料的五模特性,就要使 π 和 μ 分别接近 1 和 0。一般情况下,π 和 μ 分别满足 $\pi \geqslant 0.99$、$\mu \leqslant 0.01$ 时,可认为设计的微结构具有较好的五模特性,能够适用于基于五模材料变换理论设计的声波调控器件[26, 27]。

Milton 等给出了五模材料微观结构设计的基本思路,如图 4-10 所示的二维蜂窝形结构和三维双锥形结构。在此基础上对微观结构的几何参数进行调节,就能实现模量各向异性。2011 年,Norris 提出,金属的相对密度较大,若采用空隙空间较大的规则泡沫形式的金属微观结构,在保证剪切刚度较小的情形下,则能模拟水的密度和体积模量[28]。随后,Hladky-Hennion 等[29] 设计制备了一种由金属铝基和空气两相构成的蜂窝形结构二维五模材料,其剪切模量只有 0.065 GPa,且与水的声学属性非常接近,验证了 Norris 的设想,被形象地称为"金属水"(见图 4-11)。三维方面,Kadic 等对双锥形五模材料微观结构进行了调节,研究了微观结构几何参数对有效弹性性质的影响和可能达到的各向异性程度,并进行了制备和实验测试[30, 31]。

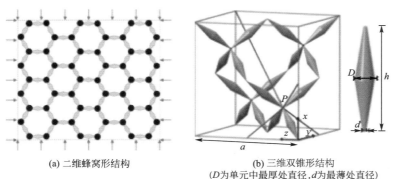

(a) 二维蜂窝形结构　　　　　　(b) 三维双锥形结构
（D 为单元中最厚处直径,d 为最薄处直径）

图 4-10　五模材料微观结构

图 4-11　金属水

4.2 声学超材料的制备及性能研究

4.2.1 五模材料声学隐身斗篷

隐身斗篷的核心思想是通过材料设计将波的传播方向进行引导,使其绕过被隐身的区域后再恢复到其原来的传播方向,而实现这个目标的理论基础就是变换理论。变换理论最初是在电磁学和光学领域提出的[32,33],通过借鉴电磁学的变换方法,变换理论也成功地推广到了声学领域。其基本思想是将虚拟区域的波动方程映射到真实的物理区域,建立空间变换与材料分布间的等价关系,用材料空间重新分布解释空间弯曲效应。变换理论对材料属性的要求较高,例如各向异性和空间梯度变化,由于超材料可以极大扩展材料性质的可选择空间,从而为实现基于变换理论的波动控制提供了材料基础。

2008 年,美国罗格斯大学 Norris 教授提出了基于五模材料的变换声学理论[34],为五模材料在波动控制方面的应用提供了新的技术途径。从声波控制的原理来看,五模材料在变换过程中避免了斗篷内边界密度奇异,使得整体斗篷质量可控,各向异性模量可以通过微观结构几何参数调节实现,具有宽频有效性。当前已经有很多将五模材料应用于声隐身斗篷的研究,其中球形、圆柱形斗篷的设计较有代表性。下面以圆柱形五模材料声学隐身斗篷为例,论述其当前的研究现状。

考虑如图 4-12 所示的环形变换情形,将圆形虚拟空间映射到一个环形的真实物理空间,从而得到映射后的环形区域的材料参数分布情况[图 4-12 中,r 表示真实空间的坐标,R 表示虚拟空间的坐标,a 和 b 分别表示斗篷的内径和外径,δ 为初始孔径,$f^{-1}(R)$ 为映射函数]。由于斗篷形状的对称性,这里可以采取径向映射的方式,也就是说斗篷的材料参数仅随径向位置的变化而变化,与周向无关。为了得到更简单、更易实现的材料参数,实际中通常

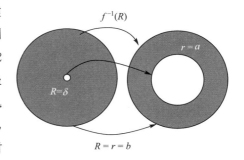

图 4-12　环形变换示意图

会选取较为特殊的映射函数以保证得到特殊的材料参数分布。例如,常密度线性映射、常模量线性映射、线性映射等[35],如图 4-13 所示。

五模声学变换得到的连续变化的材料参数不但在实际的制备中难以实现,而且求解散射系数也较为困难。为了解决这个问题,可以采用离散化的方法对斗篷进行分层处理[36,37],各层内的材料参数保持不变。如果仅考虑理论上的理想五模材料,可以利用各层间的连续性条件,使用传递矩阵的方法求解出斗篷的散射解[37,38]。为了使分层离散化斗篷的隐身效果更接近于完美隐身的效果,即离散化的材料参数更接近于连续变化,就需要使分

层尽可能薄。事实上,现有的研究表明,通过合适的优化算法,很少的分层也可以得到较好的隐身效果[39]。

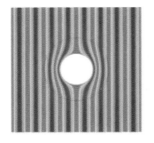
(a) 常密度线性映射

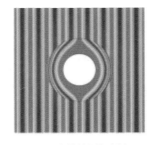
(b) 常模量线性映射

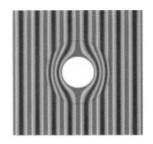
(c) 线性映射

图 4-13　特殊的映射函数

通过五模声学斗篷的声学变换、斗篷参数优化后,就可以得到斗篷每层的宏观等效材料参数,此时需要设计相应的五模材料微观结构来满足斗篷所需的宏观等效性质。这个过程是均匀化方法的逆问题,往往需要借助于优化等手段。为了尽量简化微观结构设计优化的难度,一般会首先确定微观结构的基本构型,从而确定可以调节优化的几何参数如图 4-14(a) 所示,在此基础上建立合适的优化流程。最后,沿径向建立各层微观结构并在环向阵列即可得到微观结构斗篷,完成五模材料微观结构设计与整合,如图 4-14(b) 所示。Chen 等在二维水声波导中完成了五模材料水声斗篷的原理性实验验证,并对其隐身效果进行了定量评估[40]。随着五模变换理论的发展,斗篷的设计已经不再局限于圆柱形和球形,Hu 等人[41] 提出了对称梯度算法,在理论上实现了任意形状的五模材料声波斗篷设计。

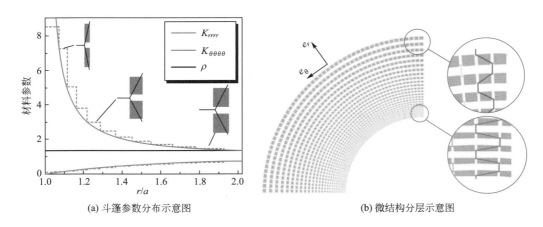
(a) 斗篷参数分布示意图　　　　　(b) 微结构分层示意图

图 4-14　二维水声波导中完成五模材料微结构分层示意图

在制备加工技术方面,按基体可以分为两类:聚合物基和金属基。在金属五模材料的制备方面,法国 IEMN 研究院 Hladky-Hennion 等通过水枪切割技术制备了铝基平板聚焦透镜的实验样件[29]。北京理工大学波动力学课题组 Chen 等人利用 3D 打印技术和慢走丝线切割技术分别制备了钛基"金属水"样件和梯度渐变的环形五模材料斗篷试样,武汉第二船舶设计研究所采用微细铣削技术制备了环形铝基五模材料[42]。在聚合物五模材料的制备方面,德国卡尔斯鲁厄尔大学的 Wegener 课题组利用激光直写技术首次制备了微米级别的三维五模材料[30]。总的来说,五模材料的制备加工技术仍然不成熟,是当前限制其实验和应用的瓶颈之一。

4.2.2 超材料的声波负折射

当波穿过不同介质的界面时,波的传播路线会发生改变,比如光波从空气进入水面时会发生折射,这是由于波在不同介质下的传播速度不同,并且由折射定律可知,波在穿过不同介质的界面时入射波与折射波始终处在界面法线的两侧。折射现象同样也可以在另一种常见的波——声波的传播中被观测到。声波折射在机械、航空以及船舶等工程领域里有着广泛的应用。

前文已经介绍了声学超材料,并解释了如何通过微观结构设计来分别实现两种具有特殊材料属性的声学超材料,即负等效模量和负等效质量。进一步来说,通过更巧妙的结构设计来同时实现负等效质量和负等效模量时,会发现这种"双负"的声学超材料能产生颠覆常识的折射现象,即当声波穿过介质界面时,入射波和折射波处于界面法线方向的同一侧,这种现象称为声波负折射。虽然负折射现象也可以通过声子晶体设计来实现,但由于声子晶体要求周期胞元尺寸与声波波长可比,这就限制了它在许多小型轻质器件中的应用。另外,考虑到工程应用的实际情况,利用声学超材料,特别是由连续介质构成的亚波长微结构实现声波负折射就显得尤为重要。前文所提到的弹簧质量块超材料模型已经可以很好地解释局部共振与材料负等效参数之间的关系,但这种离散的系统并不能满足工程应用中对强度和安全性的要求,因此基于固体介质特别是高强度金属的声学超材料设计得到了更广泛的研究。

"双负"声学超材料需要同时实现单极(负模量)和偶极(负密度)谐振,这本身就给微观结构设计带来了很大的挑战。早期的"双负"微观结构需同时含有流体和固体介质,Li 与 Chen 首先设计了一种流固介质结构,即放置在水中的硅橡胶球模型,他们理论验证了在该声学介质里可以同时实现负的等效模量和负的等效质量[43]。紧接着 Ding 等人发现将橡胶球放入水中并不能实现完全的"双负",即模型并不能实现很强的单极和偶极共振,于是他们设计了一种结合带有橡胶涂层的金球和含有气泡的水球的声学超材料微观结构,并成功实现了很强的单极和偶极共振[44]。利用二维圆柱形流固两相模型,Wu 等人通过四极共振同时实现负等效质量密度和负等效剪切模量,并实现了剪切波负折射[21]。尽管负折射现象在含流固两相介质的超材料中得以实现,但是流固微观结构不仅在制备上困难重重,在工程应用中也有诸多限制。因此,基于工程实际应用的考虑,需要建立纯固体的"双负"超材料。

为了利用固体微观结构实现"双负"，Liu 等人首先提出了三相固体的手性弹性波超材料单元模型，如图 4-15 所示(图中，θ_s 为单元偏离直径方向的角度；t_s 为单元厚度)，该结构单元的中心是铅质量块(同时提供平动与转动惯性)，基体采用环氧树脂(类似于弹簧的作用)，而外部涂层则是低密度的聚乙烯。在该模型中，负等效体积模量可由类比的弹簧质量模型得以理解，其实现机制是中心铅块的旋转运动产生单极共振，并与单元整体动态体积变形产生反向效果，从而产生负的等效体积模量。由于中心对称的微观结构是无法产生旋转共振的，所以设计者才巧妙地利用手性引入不对称结构来放大单极共振的效果。另外，这种精心设计的独特的手性结构，还可以同时实现单极和偶极谐振，从而实现负折射[16]。但是这种三相材料微观结构很难制备，如何利用单一材料手性微观结构实现"双负"成为实验验证弹性波超材料负折射所需要解决的关键问题。

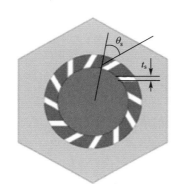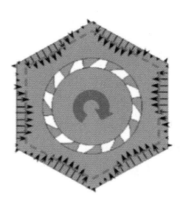

图 4-15　三相固体手性弹性波超材料单元模型[16]

这一难题在 2014 年被 Zhu 等人通过单一材料微观结构设计与精密激光加工制造方法很好地解决了，如图 4-16 所示，该手性超材料可以在不锈钢薄板上直接加工出来。超材料的每个胞元可以通过在六角形区域中进行适当的槽切割，从而形成三根细梁结构用来产生所需要的中心区域的旋转和平移共振，通过设计这三根细梁的几何尺寸可以控制两种共振模式的频率范围，而当负等效密度和负等效体积模量的频率段出现重合时，则可以在"双负"频率段内观察到负折射现象[45]。

在弹性波负折射的实验测量方面，首先运用精密激光切割技术在不锈钢薄板上加工出如图 4-17 所示的棱镜形状的弹性超材料阵列，接着采用压电陶瓷(PTZ)作为激发，利用六个矩形压电陶瓷对称地贴在板的上下表面来产生纵波。排除其他外界因素引起的误差，运用频域和波矢域滤波技术来消除由于压电片排列出现的误差以及薄板轻微振动而引起的面外波。通过实验结果(见图 4-18)可以很明显地看出，在穿过棱镜形的超材料板时弹性波发生了负折射，入射波与折射波在法线的同一侧。

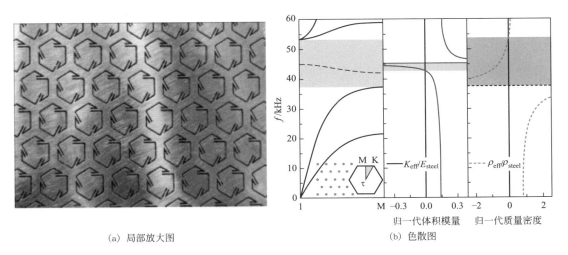

(a) 局部放大图   (b) 色散图

图 4-16 模型局部放大图和有效材料参数与色散图[45]

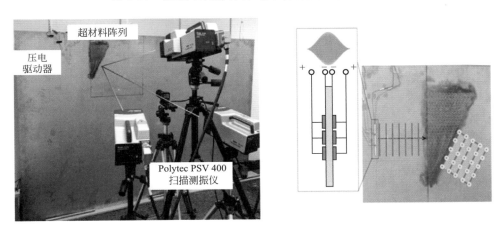

图 4-17 实验仪器和实验测量图[45]

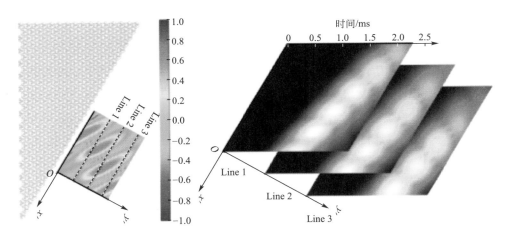

图 4-18 负折射实验结果图[45]

4.2.3 超材料低频减振

机械振动是指物体或质点在其平衡位置附近所做的有规律的往复运动。振动的强弱通常可以用振动体的位移、速度和加速度来衡量。在大多数工程应用中,机械振动常被当作带来负面影响的有害现象而被抑制。它不仅会导致设备结构的疲劳损伤甚至破坏,而且产生的噪声也会危害人类健康,降低人们的生活质量。目前对人们生产、生活影响最大的是低频振动。传统的减振材料拥有一定结构强度,并且可以通过阻尼耗散把机械振动的能量转化为热能消耗掉。但是,传统减振材料并不能满足人们对低频振动抑制的需求,这是由于阻尼材料的能量耗散效果会因低频振动的强穿透性而大幅降低。近几十年来,人工合成的复合材料可以产生常规材料所不具有的动态性能,从而为实现轻质结构在低频区域的振动控制提供了新途径。

弹性波超材料作为一种具有优异动态性质的人造复合材料,可以通过亚波长微结构的局部共振来实现结构整体振动能量在低频段的迅速衰减。然而,基于局部反向共振的隔振方法不可避免地存在工作频带窄的限制。问题的解决办法是通过在超材料中设计多个共振频率不同的微观结构来拓宽减振频带。对于一维杆结构的纵向振动抑制,Pai 等通过建立理论模型证明了利用多种局部谐振子实现宽频减振的可行性[46],如图 4-19 所示。

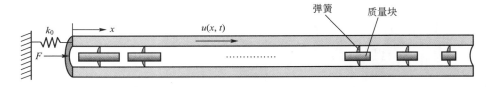

图 4-19 多个不同局部谐振子一维杆结构示意图[46]

基于类似的理论,扩展到二维的梁结构,利用多个阻尼弹簧质量谐振子,超材料梁的横向振动抑制可以在较宽频段得以实现[47]。在实验验证方面,Zhu 等人利用激光切割的方法制备出超材料薄板,虽然这种超材料薄板的设计可以很好地实现低频减振目标,但是在原有结构上进行减材制造的方法对整体结构的静刚度会产生很大的破坏,最终很难达到工程结构对实际承载的要求。为了解决这个问题,Zhu 等人设计了一种嵌入式手性蜂窝超材料梁并用实验验证了其低频减振性能,这种超材料微观结构设计的巧妙之处在于保留原有结构静刚度的同时,把谐振子嵌入蜂窝式的单元中,既不增加多余结构,同时也不影响整体结构的承载能力[48]。之所以选择手性蜂窝结构是由于其优秀的载荷承载能力和易被嵌入性,通过水射流切割技术,手性蜂窝铝梁可以被直接加工出来,如图 4-20 所示。

在振动实验中,加工好的弹性波超材料梁的一端固定,另一端上放置着加速度传感器以测量梁的整体振动响应,激振器被放置在靠近固定端的位置上以给超材料梁施加外界激励,通过加速度计测量的振动响应,可以构造频响函数来判断超材料梁是否达到减振效果,其中频响函数是输出响应和输入激励的比值。当频响函数变小时,代表减振效果很好。从测量结果来看(见图 4-21),随着谐振单元数量的增加,频响曲线上衰减谷的频率范围变大,也就意味着在该频率区间,梁结构的整体振动得到了迅速的衰减。

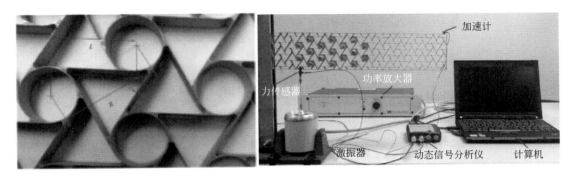

图 4-20　六边形手性晶格的拓扑结构和弹性超材料梁振动实验器材[48]

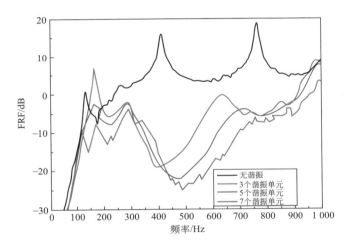

图 4-21　不同谐振单元条件下频响函数与频率关系示意图[48]

4.3　声学超材料的应用前景

　　实现目标物体在声波、电磁波、弹性波的探测下隐身,不仅具有重要的理论价值,而且在工程实践中具有广阔的应用前景。在当前的实际应用中,主要采用吸波的方式来实现隐身。例如,飞机表面的吸波涂层、潜艇表面的消声瓦等。但是,这些手段只对于特定的频率有效,并且由于其吸波的效果,这种隐身方式会在被探测体的后方留下探测阴影区,隐身容易露出破绽。而基于五模材料声学变换为理论基础设计的五模材料隐身斗篷则是更有优势的隐身方法。五模材料作为微结构弹性材料,拥有宽频有效性、固体形态、基体介质选择多样等优点,其在水声环境中的潜在应用,更受到了国内外研究人员的关注。

　　类比负折射在电磁波超材料中的应用,声波负折射可用来实现超分辨声学成像和平板声波聚焦。在激励声源波长一定的情况下，提高设备成像空间的分辨率有着十分重要的意义，但是目前利用声波超材料实现声波超分辨成像更多的是通过模型设计和数值模拟仿真，因此对各向异性的声波超材料开展亚波长尺寸的分辨透镜设计和成像实验是今后的研究方向。

虽然弹性波超材料可以通过多谐振单元来实现较宽频域的振动抑制，可是一旦该超材料被制备出来，其工作频带就无法再改变，这限制了被动式超材料在许多实际环境多变的工程中的应用。因此，人们又将目光投向了主动式超材料的设计与实验研究上[49,50]，如图 4-22 所示，通过机械能和电能之间的相互转换，研究者们可以用简单的控制电路和压电单元来控制超材料的等效弹性模量，从而使得微结构的共振频率以及超材料减振频段可在不改变微结构本身的前提下实现实时可调[51]。

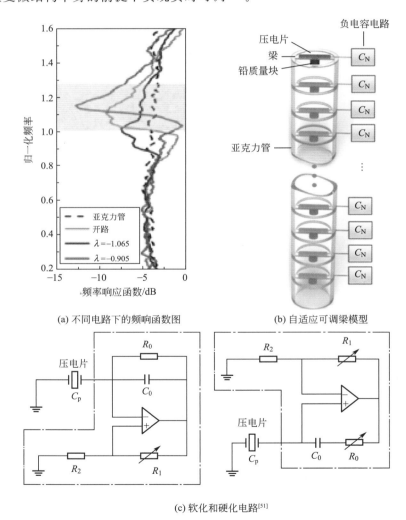

图 4-22　不同单元控制超材料的等效弹性模量

参考文献

[1] LI J, CHAN C. Double-negative acoustic metamaterial[J]. Physical Review E, 2004, 70(5): 055602.

[2] LIU X N, HU G K, HUANG G L, et al. An elastic metamaterial with simultaneously negative mass density and bulk modulus[J]. Applied Physics Letters, 2011, 98(25): 251907.

[3] LEE S H, PARK C M, SEO Y M, et al. Reversed Doppler effect in double negative metamaterials [J]. Physical Review B Condensed Matter, 2010, 81(24): 145-173.

[4] LIU Z, ZHANG X X, MAO Y W, et al. Locally resonant sonic materials[J]. Science, 2000, 289 (5485): 1734-1736.

[5] MILTON G W, WILLIS J R. On modifications of Newton's second law and linear continuum elasto-dynamics[J]. Proceedings of the Royal Society A, 2007, 463(2079): 855-880.

[6] YAO S S, ZHOU X M, HU G K. Experimental study on negative effective mass in a 1D mass-spring system[J]. New Journal of Physics, 2008, 10(4): 043020.

[7] YANG Z, DAI H M, CHAN N H, et al. Acoustic metamaterial panels for sound attenuation in the 50-1000 Hz regime[J]. Applied Physics Letters, 2010, 96(4): 041906.

[8] YANG Z, MEI J, YANG M, et al. Membrane-type acoustic metamaterial with negative dynamic mass[J]. Physical Review Letters, 2010, 101(20): 204301.

[9] LEE S H, PARK C M, YONG M S, et al. Acoustic metamaterial with negative density[J]. Physics Letters A, 2009, 373(48): 4464-4469.

[10] YAO S, ZHOU X, HU G. Investigation of the negative-mass behaviors occurring below a cut-off frequency[J]. New Journal of Physics, 2010, 12(12): 103025.

[11] TORRENT D, SANCHEZ-DEHESA J. Anisotropic mass density by radially periodic fluid structures[J]. Physical Review Letters, 2010, 105(17): 174301.

[12] ZIGONEANU L, POPA B I, CUMMER S A. Three-dimensional broadband omnidirectional acoustic ground cloak[J]. Nature Materials, 2014, 13(4): 352-355.

[13] PARK C M, PARK J J, LEE S H, et al. Amplification of acoustic evanescent waves using metamaterial slabs[J]. Physical Review Letters, 2011, 107(19): 194301.

[14] ZHOU X, HU G. Superlensing effect of an anisotropic metamaterial slab with near-zero dynamic mass[J]. Applied Physics Letters, 2011, 98(26): 3966-3971.

[15] FANG N, XI D, XU J, et al. Ultrasonic metamaterials with negative modulus[J]. Nature Materials, 2006, 5(6): 452-456.

[16] LIU X N, HU G K, HUANG G L, et al. An elastic metamaterial with simultaneously negative mass density and bulk modulus[J]. Applied Physics Letters, 2011, 98(25): 251907.

[17] LIU X N, HU G K, SUN C T, et al. Wave propagation characterization and design of two-dimensional elastic chiral metacomposite[J]. Journal of Sound & Vibration, 2011, 330(11): 2536-2553.

[18] LAI Y, WU Y, SHENG P, et al. Hybrid elastic solids[J]. Nature Materials, 2011, 10(8): 620-624.

[19] ZHOU X, ASSOUAR M B, OUDICH M. Acoustic superfocusing by solid phononic crystals[J]. Applied Physics Letters, 2014, 105(23): 233506.

［20］ ZHOU X，HU G. Analytic model of elastic metamaterials with local resonances[J]. Physical Review B，2009，79(19)：195109.

［21］ WU Y，LAI Y，ZHANG Z Q. Elastic metamaterials with simultaneously negative effective shear modulus and mass density[J]. Physical Review Letters，2011，107(10)：105506.

［22］ FOKIN V，AMBATI M，SUN C，et al. Method for retrieving effective properties of locally resonant acoustic metamaterials[J]. Physical Review B Condensed Matter，2007，76(14)：144302.

［23］ POPA B I，CUMMER S A. Design and characterization of broadband acoustic composite metamaterials[J]. Physical Review B Condensed Matter，2009，8020(17)：2665-2668.

［24］ ZIGONEANU L，POPA B I，STARR A F，et al. Design and measurements of a broadband two-dimensional acoustic metamaterial with anisotropic effective mass density[J]. Journal of Applied Physics，2011，109(5)：204301.

［25］ MILTON G W，CHERKAEV A V. Which elasticity tensors are realizable[J]. Journal of Engineering Materials & Technology，1995，117(4)：483-493.

［26］ CHEN Y，LIU X，XIANG P，et al. Pentamode material for underwater acoustic wave control[J]. Advances in Mechanics，2016，46(1)：382-434.

［27］ YI C，LIU X，HU G. Latticed pentamode acoustic cloak[J]. Scientific Reports，2015(5)：15745.

［28］ NORRIS A N，NAGY A J. Metal water：a metamaterial for acoustic cloaking[J]. Proceedings of Phononics，2011(29)：112-113.

［29］ HLADKY-HENNION A C，VASSEUR J O，HAW G，et al. Negative refraction of acoustic waves using a foam-like metallic structure[J]. Applied Physics Letters，2013，102(14)：144103.

［30］ KADIC M，BUCKMANN T，STENGER N，et al. On the practicability of pentamode mechanical metamaterials[J]. Applied Physics Letters，2012，100(19)：191901.

［31］ KADIC M，BUCKMANN T，SCHITTNY R，et al. On anisotropic versions of three-dimensional pentamode metamaterials[J]. New Journal of Physics，2013，15(2)：023029.

［32］ LEONHARDT U. Notes on conformal invisibility devices[J]. New Journal of Physics，2006，8(7)：118-133.

［33］ PENDRY J B，SCHURIG D，SMITH D R. Controlling electromagnetic fields[J]. Science，2006，312(5781)：1780-1782.

［34］ NORRIS A N. Acoustic cloaking theory[J]. Proceedings Mathematical Physical & Engineering Sciences，2008，464(2097)：2411-2434.

［35］ GOKHALE N H，CIPOLLA J L，NORRIS A N. Special transformations for pentamode acoustic cloaking[J]. Journal of the Acoustical Society of America，2012，132(4)：2932-2941.

［36］ ZHANG X D，HONG C，LEI W，et al. Theoretical and numerical analysis of layered cylindrical pentamode acoustic cloak[J]. Acta Physica Sinica，2015，64(13)：0134303.

［37］ SCANDRETT C L，BOISVERT J E，HOWARTH T R. Acoustic cloaking using layered pentamode materials[J]. Journal of the Acoustical Society of America，2010，127(5)：2856-2864.

［38］ CUMMER S A，POPA B I，SCHURIG D，et al. Scattering theory derivation of a 3D acoustic cloaking shell[J]. Physical Review Letters，2008，100(2)：024301.

［39］ SCANDRETT C L，BOISVERT J E，HOWARTH T R. Broadband optimization of a pentamode-layered spherical acoustic waveguide[J]. Wave Motion，2011，48(6)：505-514.

[40] YI C, ZHENG M, LIU X, et al. Broadband solid cloak for underwater acoustics[J]. Physical Review B, 2016, 95(18): 180104.

[41] CHEN Y, LIU X, HU G. Design of arbitrary shaped pentamode acoustic cloak based on quasi-symmetric mapping gradient algorithm[J]. Journal of the Acoustical Society of America, 2016, 140(5): 405-409.

[42] XIAO Q J, WANG L, WU T, et al. Research on layered design of ring-shaped acoustic cloaking using bimode metamaterial[J]. Applied Mechanics & Materials, 2014: 4399-4404.

[43] LI J, CHAN C T. Double-negative acoustic metamaterial[J]. Physical Review E, 2004, 70(5): 055602.

[44] DING Y, LIU Z, QIU C, et al. Metamaterial with simultaneously negative bulk modulus and mass density[J]. Physical Review Letters, 2007, 99(9): 093904.

[45] ZHU R, LIU X N, HU G K, et al. Negative refraction of elastic waves at the deep-subwavelength scale in a single-phase metamaterial[J]. Nature Communications, 2014(5): 5510.

[46] PAI P F. Metamaterial-based broadband elastic wave absorber[J]. Journal of Intelligent Material Systems and Structures, 2010, 21(5): 517-528.

[47] YONG X, WEN J, WEN X. Broadband locally resonant beams containing multiple periodic arrays of attached resonators[J]. Physics Letters A, 2012, 376(16): 1384-1390.

[48] ZHU R, LIU X N, HU G K, et al. A chiral elastic metamaterial beam for broadband vibration suppression[J]. Journal of Sound & Vibration, 2014, 333(10): 2759-2773.

[49] AIROLDI L, RUZZENE M. Design of tunable acoustic metamaterials through periodic arrays of resonant shunted piezos[J]. New Journal of Physics, 2011, 13(11): 113010.

[50] CHEN Y, HUANG G, SUN C. Band gap control in an active elastic metamaterial with negative capacitance piezoelectric shunting[J]. Journal of Vibration and Acoustics, 2014, 136(6): 061008.

[51] ZHU R, CHEN Y Y, BARNHART M V, et al. Experimental study of an adaptive elastic metamaterial controlled by electric circuits[J]. Applied Physics Letters, 2016, 108(1): 1734-1736.

第 5 章　力学超材料的设计及应用

力学超材料是由声学超材料衍生出来的,其目的在于调控弹性波在固体中的传播。其基础研究和产品制备起步较晚,但成果斐然。本章先根据模量和泊松比等四个弹性常数,将现有力学超材料超常的力学性能分为负热膨胀、轻质超强度、可调节杨氏模量、负泊松比、剪切模量消隐和负可压缩性的力学不稳定模式。然后,简述这些力学超材料的设计原理及其相应的制备方式。最后,提出了力学超材料的应用前景。

5.1　力学超材料的定义及分类

力学超材料(mechanical metamaterial)或译为机械超材料,或称结构型超材料(structural metamaterial),是一种具有超常力学性能的人工设计微结构[1, 2],其单元特征尺寸范围在十几纳米到几百微米,整体结构尺寸为厘米级或更大。新奇的力学特性源于微结构人工原子/基元排列的几何结构,而不同于类似均匀材料取决于其材料组分。力学超材料发起于声学超材料弹性波的传播行为,可以看作是弹性激发初始的人工材料设计。

极具代表性的力学超材料通常与模量和泊松比等四个弹性常数有关。其中杨氏模量 E、剪切模量 G、体积模量 K,从工程角度分别对应于材料的劲度、刚度和可压缩性,这些基本的力学性能参数也将作为力学超材料的分类依据。

5.1.1　静态弹性力学参数

这里专门提及静态弹性力学的基本问题,旨在说明人工设计的力学微结构材料正是以传统材料中固有的、均质材料难以更改的力学属性为出发点,来进行人工结构材料设计的。在力学超材料具体问题未出现之前,有必要对这些基本的、惯常的力学基础进行定义和概述。

通常地,在近似等温条件下,一些基本的材料本构关系,也被认为对应于相对低应变范围内的材料行为[3, 4]。静态弹性力学超材料通常涉及四个常用的弹性常数:杨氏模量 E、剪切模量 G、体积模量 K,以及无量纲参数,泊松比 ν。其中前三项分别用于测量结构材料的劲度、刚度和可压缩性。

在这四个基本的物理量中,杨氏模量又称拉伸模量,是指材料在单轴拉伸状态时,描述固体材料抵抗形变能力,也就是衡量一个各向同性弹性体的劲度(stiffness)。剪切模量是在切向方向材料的变形能力,其受力状态类似于摩擦状态,涉及材料的刚度(rigidity)问题。体积模量,是物理整体压缩时的阻力,是材料可压缩性(compressibility)的倒数。泊松比可以被定义为当轴向拉伸时给定材料横向收缩的相对量,即当轴向拉伸时,侧向收缩量与轴向伸长量的比值,也就是表示当材料拉伸状态时,材料变细的程度[5,6]。各向同性材料的弹性常数泊松比提供了一个基本指标,无论材质是否均匀,通过该指标比较弹性应变时任何实际材料的结构性能。力学超材料的结构设计机理,正是试图去调节、变化这些固有的弹性常数,以一种等效的形式加以呈现。

5.1.2 力学超材料的分类

力学超材料可依据人工微结构所调控的弹性模量,抑或材料基本属性参数的不同,而进行分类[1,7]。此处,基于各向同性材料的体积模量 K 与剪切模量 G 的关系,即扩展密尔顿 K-G 图[8],进行简要分类,如图 5-1 所示。这些类型包括:(1)负热膨胀;(2)超轻超强力学超材料,其涉及杨氏模量 E 和静态质量密度 ρ 的比值关系(E/ρ);(3)可调节杨氏模量 E;(4)涉及负泊松比的拉胀材料;(5)涉及剪切模量与体积模量(G/K)的比值,即剪切模量消隐的五模式反胀材料;(6)涉及负压缩率力学不稳定模式构建的力学超材料。

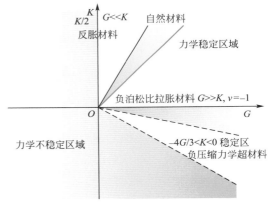

对于传统的弹性力学固体均质材料来说,其泊松比 $\nu\approx0.3\sim0.5$,$K/G\approx2$,这就意味着体积模量与剪切模量的数量级相同,相

图 5-1 扩展密尔顿 K-G 图及其力学超材料简要分类

应地,它们的具体数值就都位于扩展密尔顿图 5-1 中所示的第 I 象限对角线位置。除了传统天然材料所在的对角线这部分外,其他的均可以为力学超材料,用以拓展超常力学特性涵盖部分。而正在研发的力学超材料,多集中分布在 x-G 正轴负泊松比的拉胀材料、y-K 正轴反胀材料。近年来,力学超材料的研究更多地扩展到如图 5-1 所示的第 IV 象限部分,即负压缩性材料[9]。不过,这种力学超材料的负性存在却是有条件的,也就是类似于材料力学中的压杆稳定性,必须有约束的限定[4]。

如此分类主要是因为,人们一般情况下,通过体积模量 K 和静态质量密度 ρ 来描述气体和液体中弹性波的传播行为。其中,气体和液体介质只支持纵向偏振的压力波,而固体可以支持纵向和横向的弹性波。而且,材料的剪切模量 G 与横波模式密切相关,因此,在理想气体和液体中剪切模量均为零,而当材料仅拥有有限的体积模量 K 时,也就成为扩展密尔顿,如图 5-1 所示,纵坐标轴方向的反胀材料类型。相比较来说,在固体均质材料中,一般固体弹性模量为张量形式,往往用泊松矩阵来描述。对于各向同性介质来说,泊松矩阵可以退化为固体力学中的泊松比 ν 的形式,如式(5-1)所示。

$$\frac{K}{G} = \frac{1}{3(\nu+1)(0.5-\nu)} \tag{5-1}$$

多样化、个性化的各种力学超材料种类繁多,目前绝大部分仍处在研究探索阶段。不过,在扩展密尔顿图中未列出的一类力学超材料,就是轻质超强度力学超材料,是利用了杨氏模量 E 和静态质量密度 ρ 的普适关系。弹性模量所表征的劲度和密度的关系图,逐渐地演变为材料的强度与密度的关系,也是轻质超强度材料的表征。这类力学超材料结构形式的演进,包括最初人工晶体栅格结构设计方式在内,随着近年来 Origami 折纸技术的引入,使轻质超强度力学超材料的研究越来越系统深入。这一内容将在 5.2.2 节部分详细论述。

5.2 力学超材料类型及性能研究

依据力学超材料的分类,本节将论述与弹性常数相关的六种超常力学性能,包括负热膨胀、轻质超强度、可调节杨氏模量、负泊松比拉胀行为、剪切模量的消隐、力学不稳定模式的负压缩率。

5.2.1 负热膨胀

负热膨胀(negative thermal expansion,NTE)现象,是指当人工结构材料被加热时,整体几何结构中出现一个方向或是多方向的收缩效应[10-12]。这与绝大多数材料的热胀冷缩性质相反,负热膨胀超材料在宏观表现为加热时收缩,而冷却时膨胀,即热膨胀系数为负值。此处,对这种反常的热膨胀特性进行简要论述,并对其超材料的几何结构设计进行介绍。

5.2.1.1 负热膨胀的热力学原理

从热力学计算公式的角度,当省略剪切项时,各向异性结构材料中的热膨胀与压缩率的比可以表示为式(5-2)[13]。

$$\alpha_i = \frac{c_T}{V} \sum_j s_{ij}\, \gamma_j \tag{5-2}$$

式中,c_T 为等温比热;V 为单元格晶胞的体积;s_{ij} 为弹性顺度;γ_j 为各向异性结构单元格鲁内森(Gruneisen)状态方程的分量,即在格鲁内森参数的各向异性模式下的加权和。

对于各向异性材料,s_{ij} 若为负值时,则可以设定式(5-3),即

$$k_i = \sum_j s_{ij} \tag{5-3}$$

将式(5-3)代入式(5-2),并且 γ_i 对于非轴向的负热膨胀均为正值时,有式(5-4)成立。

$$\alpha_i = \frac{c_T}{V}\left(k_i\, \gamma_i + \sum_{j \neq i} s_{ij}\, \gamma_{ji}\right) \tag{5-4}$$

式中,$\gamma_{ji} = \gamma_j - \gamma_i$。

对于柔性框架式结构材料,格鲁内森状态方程假定是相对各向同性的,即 $\gamma_{ij} \ll \gamma_i$。因此,式(5-2)中的耦合就变成了二阶修正式。这就说明负热膨胀系数 α_i 的具体数值,可能对应于负的体积模量 K_i,尽管结构材料作为整体展现为正的热膨胀。

5.2.1.2　负热膨胀的几何结构

通常情况下,可以将负泊松比结构,或是结构力学的双材料梁桁架结构,或是平面蜂巢手性栅格等常用几何结构,拓展到负热膨胀超材料领域,进而较大数量级地调控热膨胀。

负热膨胀力学超材料的框架结构日趋多样化、个性化,如图 5-2 所示。其中比较有代表性的结构设计理念,可以通过利用一类双层材料结构,其中外侧是高热膨胀系数材料,而内侧是低热膨胀系数材料,这样等效的几何结构在被加热时,就会由于不同的膨胀收缩速率而导致整体构架的曲率变化[12, 14],也可换算成应变的变化。换句话说,具有不同热膨胀系数的两种材料粘接在一起时,当外界温度改变时,整体结构会发生弯曲,类似于双金属带的热动开关原理。同时,这种双材料韧带结构可作为一种结构单元,来制备更新奇的负压缩性力学超材料。

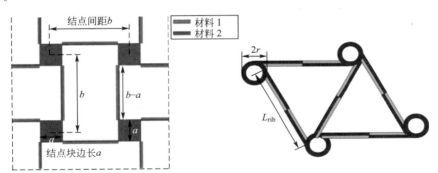

(a) 双材料构成连接韧带的反手性/手性平面结构[15, 16]

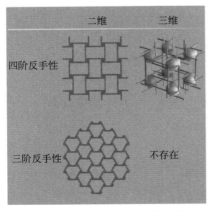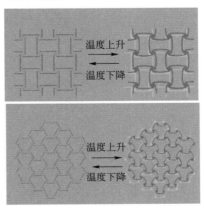

(b) 四阶/三阶双材料韧带反手性负热膨胀超材料[12]

图 5-2　负热膨胀力学超材料

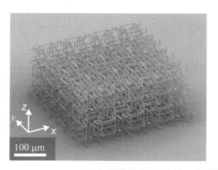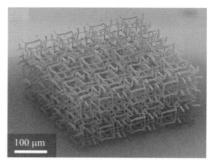

(c) 灰度粉激光直写制备两种材料组分构成的三维负热膨胀力学超材料[11]

图 5-2　负热膨胀力学超材料(续)

在图 5-2 所示的手性栅格结构中,部分研究表明,其等效的栅格热膨胀系数约为 $-3.5\times 10^{-4}\,\mathrm{K}^{-1}$[15]。图中,$r$ 为节点的外半径;L_{rib} 为肋板的长度。设 ρ 为由温度改变所促使的双层材料中,肋板单元的弯曲曲率。由此,热膨胀系数可与具体的几何曲率建立联系,即

$$\alpha = \frac{r}{4\rho}\frac{1}{\sqrt{1+(2r/L_{\mathrm{rib}})^2}} \qquad (5\text{-}5)$$

不过,制备这种负热膨胀系数、可精确控制的几何结构超材料,还存在着许多未知。最主要的探索就是如何从这样两类热膨胀系数不匹配的双材料中,获取任意膨胀系数可调节的超材料,这也是其能否真正走向应用的关键。此外,尝试利用材料薄膜的制备,以及材料纳米化也是该类超材料研究的重要方面。如图 5-2(c) 所示,这类微纳米的三维负热膨胀力学超材料,充分印证了这一发展方向,同时有效地融合增材制造技术,如用灰度粉激光直写技术。

5.2.2　轻质超强度

材料强度问题相继引发了力学超材料领域的不断发展。如何通过人工的拓扑结构设计实现高强度或超常力学性能的材料,成为新材料设计研发的逐鹿之巅。拓扑结构更复杂多变的三维力学超材料,其特征尺寸多处于介观范围,即在十几纳米到几百微米,通过结构因素耦合(栅格类型、拓扑和尺度)来决定最终整体结构材料的力学行为。不仅通过调控其化学组分和组织形貌,更重要的是通过调控人工三维拓扑架构,以期确保材料属性和相应的工艺性能。

轻质超强度力学超材料指在低密度下劲度、强度和韧性等诸多的力学属性超强耦合的一种人工结构材料。通常情况下,实际应用中希望材料具有较高的杨氏模量和较低的静态质量密度,但密度减小往往引起杨氏模量的大幅度减小。因此,超轻、超强的力学超材料应运而生。近年来,涉及强度与轻质(E/ρ)的超轻、超强力学超材料研究越来越深入,大致可分为四种结构形式:

（1）分级式的微纳栅格网状材料；

（2）手性与反手性分级式材料；

（3）利于折纸（origami）技术来模拟位错等自然材料等晶格缺陷，从而提高超材料的力学性能；

（4）将折纸技术与微纳网状栅格结构结合，形成栅格状折纸材料。

限于篇幅，此处仅就较具代表性的微纳栅格结构进行简要介绍，其他的可以参见相关文献[1]。

微纳栅格力学超材料可定义为由大量尺寸相同纤细梁或杆组成的胞状、网格状、桁架式或栅格结构材料。这样的栅格结构材料是将一个结构单元，在整个空间进行排布而完成的[17]。对应的单元格可以是由几个梁或杆等不同元素组成的。因此，单元格的几何尺寸及它的排布方式，对于栅格结构材料的结构设计十分重要。传统的胞状材料，如大于 50% 孔隙率的泡沫和水凝胶等，一般是用随机方法决定栅格结构空间的排布。而人工的微纳栅格结构的设计理念，正是由这些胞状自然材料源起的，有目的性地对开放式胞状单元进行周期性或非周期性排布。由此，相对有序的中空栅格结构可以通过人为设计进行调控，这方面部分著作已有论述[18]。此处只涉及微纳尺寸上的人工栅格结构材料，及其用三维打印制备时相关的强度问题。

5.2.2.1　栅格结构分类和表征

人工单元格基元及其排布方式是设计微纳栅格力学超材料时需要着重考虑的问题。这是因为，大部分超轻力学超材料（$<10 \text{ mg/cm}^3$）均由固体材料细杆或梁组成，进而采用多样化个性的排布方式制备而成。在结构分级的栅格力学超材料中，其强度主要取决于相对密度和胞状结构，即空位和实体的空间配置。胞状材料的这一空间配置，无论是在随机还是有序结构中，可分为开放式和闭合式两种单元形式。

在具体的栅格胞状结构中，开放式和闭合式这两种单元结构类型均可细分为两种：一种是由杆件互连而成的点阵结构[见图 5-3（a）]，另一种是由薄板组成的泡沫结构[见图 5-3（b）]，其中基元材料、单元构造和相对密度是影响栅格胞状结构材料力学性能的三个主要因素[19]。这里的单元构造是指杆件或薄板等结构单元的几何形状和拓扑连接方式；相对密度定义为 $\tilde{\rho} = \rho_c/\rho_s$，其中 ρ_c 是胞状结构的质量密度；ρ_s 是组成材料在密实状态的质量密度。对于相同的材料和相对密度，不同的单元构造可以导致数量级差异的比强度；对于不同的材料和相对密度，通过单元构造可以获得相同的比强度。因此，单元构造在胞状材料设计中具有关键而灵活的作用。

栅格胞状结构的材料密度在实验中易于测量，故早期研究多集中在相对密度对整体泡沫结构的影响[21]。衡量标准多是与密度相关的两类标度律，即栅格胞状结构的弹性模量 $\tilde{E}/E_s \propto \tilde{\rho}^p$ 和屈服强度 $\tilde{\sigma}/\sigma_s \propto \tilde{\rho}^q$，其中，下标 s 表示材料在密实状态下的数值，幂指数 $p, q \leqslant 1$，具体数值依赖于栅格胞状结构的几何构造,而与材料类型无关。这一标度律也存在于无序网络的逾渗性能对密度的依赖性。与之不同的是,结构功能材料要求应力的有效传递,密度不足以描述材料力学性能,由此,几何构造起到了更关键的作用。也就是说,在相同密度条件下,不同的几何构造设计可以改变结构单元的弯曲或拉伸主导的变形模式,进而决定胞状栅格结构的力学性能。

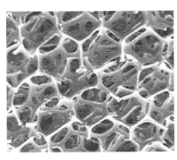

(a)点阵结构   (b) 泡沫结构[20]

图 5-3 聚氨酯栅格胞状结构类型

5.2.2.2 微纳栅格结构的力学性能

图 5-4(a)、(b)分别是弯曲和拉伸变形模式主导的胞状结构压缩应力应变曲线,两类结构的整体屈服源于内部单元的塑性屈服、弹塑性失稳或断裂破坏,所有内部单元塌缩压实后应力重新上升。拉伸变形主导胞状结构的内部单元处于均匀受拉状态,弹性应变能密度高,表现出高屈服强度和屈服后急剧下降的脆性[见图 5-4(b)]。对于相对密度相同的弯曲变形主导胞状结构,弯矩导致结构单元发生局部受拉或受压屈服,因而屈服应力远低于拉伸主导胞状材料,屈服平台呈现为应力恒定的水平段[见图 5-4(a)]。图 5-4(c)、(d)描述了胞状结构杨氏模量、屈服应力与相对密度的关系。对于同一相对密度,拉伸变形主导材料的杨氏模量和屈服应力远大于弯曲变形主导材料。理想拉伸变形主导材料的标度律为 $\tilde{E}/E_s \propto \tilde{\rho}$ 和 $\tilde{\sigma}/\sigma_s \propto \tilde{\rho}$,这给出了所有材料的上限[图 5-4(c)、(d)中的上部虚线];理想弯曲变形主导材料的标度律为 $\tilde{E}/E_s \propto \tilde{\rho}^2$ 和 $\tilde{\sigma}/\sigma_s \propto \tilde{\rho}^{1.5}$[图 5-4(c)、(d)中的下部虚线]。对于大多天然或人工胞状材料,由于材料、构造、密度的非均匀性以及缺陷等多种因素,胞状材料内可能同时出现塑性屈服、弹塑性失稳或断裂破坏等不同性质的破坏,从而实验中经常发现材料标度律的幂指数 $p \geqslant 2$ 和 $q \geqslant 1.5$,位于图中理想弯曲变形主导材料虚线的下方区域[见图 5-4(c)、(d)]。胞状结构标度律与配位数密切相关。提高配位数意味着变形模式倾向拉伸为主,幂指数 p、q 减小并趋于极限值 1。降低配位数将导致弯曲主导的变形模式,幂指数 p、q 增大,弹性模量和屈服强度随相对密度减小而急剧下降。海绵、蜂巢等常见天然三维胞状结构的配位数(为 3~4)低于临界值 $Z = 2D = 6$,结构单元以弯曲变形为主,杨氏模量和屈服强度通常较低。概括地说,人工设计构造的微纳栅格胞状力学超材料正是关注这一问题关键。

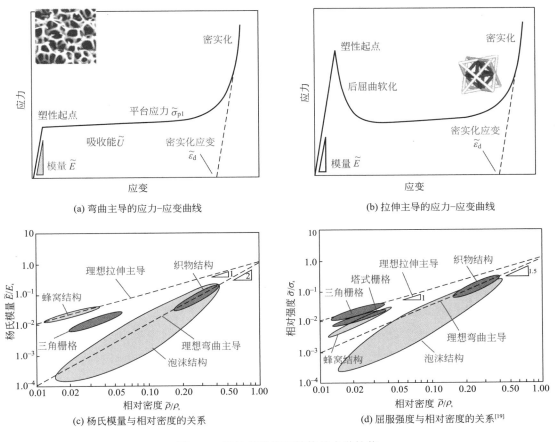

(a) 弯曲主导的应力-应变曲线　　　　　　　　(b) 拉伸主导的应力-应变曲线

(c) 杨氏模量与相对密度的关系　　　　　　　　(d) 屈服强度与相对密度的关系[19]

图 5-4　微纳栅格典型结构的力学性能

相对成熟的实验研究是一种光固化铜电镀机械网状材料[22],其并不满足常规天然材料的 $E \propto \rho^3$ 的普适关系,而是满足 $E \propto \rho^2$ 的异常关系。该结构显示弹性骨架中含有大量空气,过剩质量密度为 0.9 mg/cm³,小于室温下空气的质量密度 1.2 mg/cm³,表现出优越的隔热性能。这种蜂窝状微纳孔状结构,涉及孔的排布,主要理论就是基于当粒子堵塞聚集时,每个粒子周边的接触数与强度的关系。

5.2.2.3　典型栅格结构设计

原则上,可以通过拓扑优化得到符合目标的胞状结构材料[23]。通常的做法是从现有的点阵结构类型中,选择合适的排布方案,例如多面体、Kagome、Kelvin 或 Octet 等周期性点阵结构。其中,面心立方晶体结构的 Octet 点阵配位数 $Z=12$,具有幂指数 $p=q=1$ 的最优线性标度律。在所有已知的胞状结构中,Octet 点阵力学性能随密度减小的退化速度最低,因而备受关注[17, 24]。图 5-5(b)为配位数 $Z=3$ 的 Kelvin 点阵结构,其幂指数 $p=2,q=1.5$。在同等相对密度下,Octet 点阵材料的力学性能优于 Kelvin 泡沫材料。

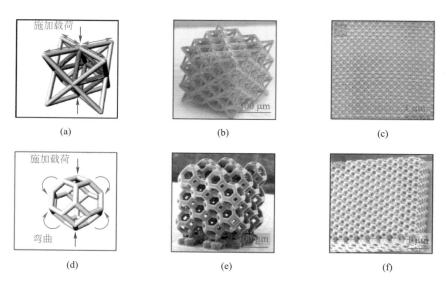

图 5-5　力学超材料点阵结构

此外,轻质超强微纳力学超材料设计的主要挑战在于,最大限度地减少分级微纳栅格中结构力学性能与体积密度之间的耦合关系。加之,新制造技术的发展,尤其是三维打印技术,使得拓扑设计周期有序的结构成为可能。这些轻质超强的力学超材料将更广泛地应用于汽车、航空、航天及其他相关工业领域,即在不失去强度的前提下,令所制备的设备更轻质便捷。

5.2.3　可调节杨氏模量

可调节杨氏模量可以追溯到一类带孔排布板状材料在受力作用下,动态可调有效杨氏模量。如图 5-6 所示,在一种特定材料的板上,布置一系列同一形状尺寸的单一孔周期阵列,称为单孔状板[26];或是双排交错排列的,两种不同孔径尺寸或形状的周期阵列,称为双孔模板[27]。这类结构从既定的周期孔排布模式,在外力尤其是压力作用下转化到不同的模板范型。其过程中,结构材料整体的等效弹性模量是不断变化的,相应泊松比在外载持续的加载过程中也是可以控制调节的,包括正负数值的变化,这种超材料可以归类为可编译泊松比或可调泊松比力学超材料系列。

当这类可调节杨氏模量材料超过一定的外载压力临界值时,宏观表现就是应力应变曲线属性中会突出一个拐点,类似于材料力学中的相变拐点。为此,这类超材料的命名,也正是类比于材料科学中相变的特点,从一个存在相转变为另一相,此处即从一种刚度状态转变为另一种刚度状态。力学超材料本身所受到的外部宏观应力,可诱使不同模式完成"开关转换",从而实现材料整体结构刚度的动态可调性。另外,手性与反手性的拓扑形式,也可以拓展到可调刚度模式转换力学超材料中,这与手性反手性力学超材料的研究有交叠的部分。

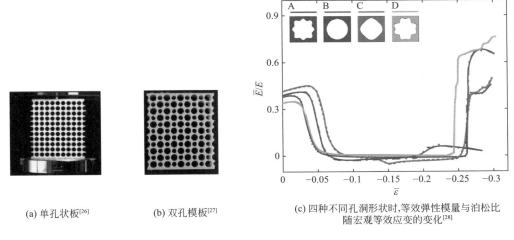

(a) 单孔状板[26]　　　　　(b) 双孔模板[27]　　　(c) 四种不同孔洞形状时,等效弹性模量与泊松比
　　　　　　　　　　　　　　　　　　　　　　　　　随宏观等效应变的变化[28]

图 5-6　可调泊松比力学超材料

　　两个因素决定晶体结构的属性:晶格点阵中的基元和排布方式。类似地,可调节杨氏模量力学超材料属性也是由两个因素决定:孔洞形状尺寸(即基元)和孔洞周期阵列方式。孔洞形状可以是规则圆孔、椭圆孔,或是其他不规则的花状、齿状的外形孔[10]。这些孔洞排布方式有四种选择:方形排布、正三角形排布、截半六边形排布、小斜方截半六边形排布[29]。很显然,孔洞几何形状对结构材料整体等效的力学性能起着重要的影响。限于篇幅,这里不展开论述孔洞形状和孔洞周期阵列方式,具体可参见文献[1]。

　　可调节杨氏模量力学超材料,主要是利用弹性材料的结构不稳定性,即由力学膨胀而引起的材料响应软化、切线模量的衰减。可反转的弹性不稳定性可以激发不同样式的改变。因此这类材料可被用于定制各种不同的力学属性,如可调负泊松比、开关式拉胀材料、手性模式等。此外,反手性对称破缺结构、刚性折纸等,均可引入这类可调节杨氏模量力学超材料的体系中来。

5.2.4　负泊松比拉胀行为

　　负泊松比指超材料中泊松比小于零,或甚至在相对极限 $K/G \ll 1$ 时,泊松比约等于 -1。泊松比代表着均匀材料在横向变形时的弹性常数。具体是指材料在单向受拉或受压时,横向正应变与轴向正应变的负比值。大部分固体经轴向拉伸后(即轴向正应变为正值),会侧向收缩(即横向正应变为负值),因为比值总体为负值初始设定,所以泊松比一般情况下是正值。自然材料的泊松比为 $0.25 \sim 0.33$。在自然界中,只有少数种类的材料拥有负泊松比,其拉胀呈现着反常的膨胀行为,即当物体被拉伸时,侧面是膨胀的;而当物体被压缩时,侧面却是收缩的。

　　负泊松比拉胀材料涉及两种调控方式:一种是力学超材料所提倡的利用不同的结构设

计,如分级式的栅格结构;另一种是通过化学合成获得多模式化的网络结构。在此,只谈及第一种力学超材料情况。自从提出负泊松比的分级式分层网格结构[30],研究人员[31]尝试了可变泊松比、负或零泊松比结构设计等方案。

5.2.4.1 立方结构负泊松比超材料分类

现今,业已研发出许多种类的基于负泊松比力学行为的微纳力学超材料结构。通常情况下,根据不同的结构设计机理,这些各种各样的超材料结构又可分四大类,其中又细分多种,如图 5-7 所示。

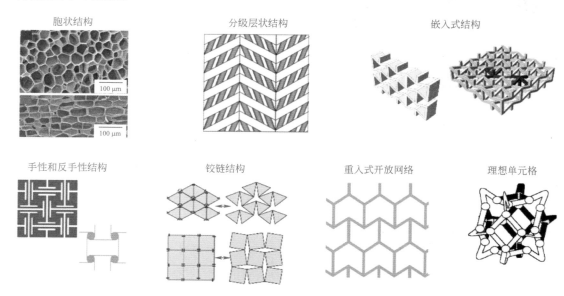

图 5-7　立方结构的负泊松比拉胀超材料分类[8, 32-35]

(1)嵌入式结构,类似于由聚氨酯泡沫塑料制备的向内折叠的多孔结构。这类结构的人工原子基元可以是重入式开放网络、旋转式方形结构或是三角形的结构单元。

(2)基于弹性不稳定性而制成的负泊松比拉胀力学超材料,如在带孔板的模式转换结构中,人工移除不同位置的连接梁等。

(3)基于手性和反手性结构制作的力学超材料。

(4)部分的折纸结构,也具有负泊松比的力学性能。

鉴于这一领域基础研究相对成熟,大量书籍皆有论述[8, 36, 37]。在此,只就新近开发出来的新奇结构进行简要地归类,并非依据惯常的所设计结构的不同,而是从其设计背后的理论依据出发,即两个力学行为的角度进行论述,一是零或负泊松比,二是正负混合型可编译的泊松比。

5.2.4.2 零或负泊松比

零泊松比的力学行为中,人们熟知的例子是一种天然软木材料。负泊松比拉胀效应也出现在一些具有纤维强化的复合材料中,这涉及利用不同的膨胀结构单元进行不同方向上的设计堆积结构序列来得以实现。随着拉胀材料研究的不断深入,结构基元材料也逐渐扩展到高强度的金属纤维材料。更高的负泊松比拉胀材料将可能出现在整合金属纤维网络结构。有研究[38]表明,高的负泊松比可以达到-20～-4。这些不锈钢金属纤维具有一定的面内晶向布置,之后,将每个交叉点都烧结在一起。从这一结构可以推断,拉胀材料的设计理念,将会更加迅速地延伸到各向异性的高强度常用金属性基元的超材料中。纳米结构的金属基、陶瓷基和高分子基物质相互整合的研究思路,可能是未来负泊松比拉胀力学超材料的发展方向。

此外,还有多种奇特拉胀特性力学结构,如具有 24 个独立圆形孔槽的三维巴基球结构设计、纤维网络结构设计和其他晶体卷起的纳米管设计。其中,三维巴基球结构是由圆状的孔空位周期排列成的球壳状的三维结构,在一定的内部压力作用下,每个空位之间窄的韧带会导致合作式的屈曲级联效应,具有加压结构压缩的特征。这些彼此相连的韧带屈曲将导致空位的闭合,这样球壳状的总体体积会减小高达 54％。利用不同的人工结构单元,这种巴基球的拉胀结构的应变范围可达到 0.3 左右。

5.2.4.3　正负混合型可编译的泊松比

正负混合型可编译的泊松比拉胀材料是力学属性中呈现部分泊松比的情况。根据结构拉伸方向的不同,有时全部为正泊松比,有时全部为负泊松比,或是根据人工设计调节何时为正值,何时为负值。这种可编译的泊松比力学超材料设计的初衷有两层意义:一是想得到所需的更广泛的应变可利用范围,二是在可扩展的力学行为下制备超材料。现有研究已开发出一系列完整的拓扑优化结构,在大变形下展现几乎恒定的泊松比,如图 5-8 所示。从相关研究[39, 40]可以发现,联合三维打印与拓扑结构优化设计,至少在技术上是可以进行制备正负混合型可编译的泊松比的力学超材料。此外,如果衔接方形人工原子和嵌入式倒插结构,就可以制备更加多样化和个性化的拉胀材料。由此,可利用正负混合型可编译的泊松比力学超材料制备可再生骨骼,多样化的泊松比拉胀属性可能更接近于天然组织的力学特性,从而应用到更加多样化的个体生物医疗中。

简言之,力学超材料中一些泊松比可能大于 1,一些可能为负值,甚至可以为零。在现代材料设计中,泊松比可以是任何应用所需的值。不过,研究表明[41],层级式的子结构基元,或称人工原子基元,对力学超材料的等效力学性能比较敏感,尤其是不同分级子结构的质量分布上。关于人工基元单位对整体超材料性能的敏感性影响,也出现在光学超材料和等离子激元的研究,这使超材料的研究工作转入人工原子基元的深入研究之中。这些研究将促进负泊松比拉胀力学超材料向更深层次拓展,直至强度更高的金属基或陶瓷基材料。可以预见,这些负泊松比拉胀力学超材料,无疑为生物工程和生物医疗提供了更为个性化的别样注力。

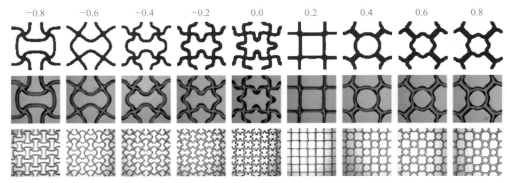

(a) 设计和打印的单元结构[39]

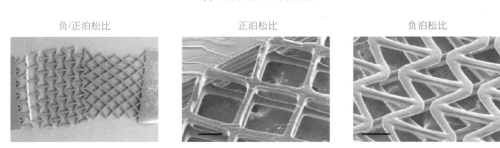

负/正泊松比   正泊松比   负泊松比

(b) SEM图片显示由聚氧乙烯(PEG)制备[40]

图 5-8 正负混合型可编译的泊松比力学超材料

5.2.5 剪切模量的消隐

剪切模量的消隐(vanishing shear modulus)①是指等效结构材料具有有限的体积模量 K，但剪切模量 G 为 0，等价于：$G \ll K \Leftrightarrow \nu \approx 0.5$。通常情况下，剪切模量在气体和液体中，其数值为零，而消隐后是不存在的。较为代表性的是五模(pentamode)材料。这是一种展示理想流体行为的人工三维几何拓扑网状固体结构。这种材料难以压缩，但却极易变形，剪切模量近似于 0，从而实现二维流体的响应性能，类似于理想流体。

如图 5-9 所示，五模材料是由上下直径不同相连接的双圆锥单元组成的。其六分量弹性张量中有五个为零的本征值，只有一个弹性系结构非零值，也就是横向几乎没有形变，难以压缩却极易流动。这一结构最早于 1995 年在理论上提出[42]，2012 年利用激光直写三维打印技术制备而成[43]。在长波极限下，该材料显示了明显的各向同性的流体性质，支持单模式的弹性压缩纵波，但同时具有超各向异性的弹性模量[44]。此外，沿着该材料的立方体对角线方向压缩时，其横向几乎无形变，即剪切模量为 0，泊松比基本接近 0.5。这种极具

---

① "vanishing shear modulus"据作者有限所知，尚未出现合适的中文翻译。考虑到 vanishing 可译为"消隐，消遁"，此处取前者，旨在说明此类人工材料的剪切模量，是可以"隐没不出现"，也可以"显现"的，通过理论设计具有选择性。而不是"遁"的逃跑之意。

潜力的力学超材料可用于海底"无触感"斗篷隐身技术和智能蒙皮材料[45]，目的是可以将主体隐匿起来，使其无法被手指或其他力的作用感觉到。据内部消息，这种反胀超材料已经应用于美国的潜艇战舰的军事蒙皮，并将会在流体声学以及变换声学中具有重要的应用前景[46,47]。

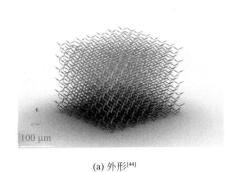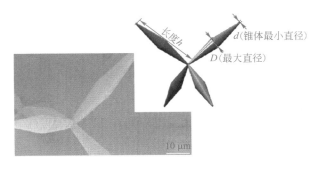

(a) 外形[44]   (b) 上下直径不同相连接的双圆锥单元[45]

图 5-9   五模式结构反胀力学超材料

这一类五模材料，在几何结构上可进行不同的修正变换。例如，在上下直径不同相连接的双圆锥单元中，如果最小直径与人工晶体的栅格常数比值取最小，可接近 1.5% 时有测量显示，剪切模量与杨氏模量的比值可达到 1 000 以上[44]。此外，基于分析模拟，提出的最强栅格结构[48]，正是基于各向异性的五模式结构，其可转变为零泊松比及相关的拉胀性能。这样，通过调控五模式的菱形栅格对称性结构属性，可使此类力学超材料拓展到更广阔的发展空间。三维各向异性的五模式力学超材料具有更大的各向异性比，更适用于三维自由空间的隐身应用中，俄罗斯雷洛夫国家研究中心正在开展相关研究。

5.2.6   力学不稳定模式的负压缩率

负压缩力学超材料涉及力学不稳定模式，可定位于密尔顿 K-G 图中的第Ⅳ象限部分，即 $G>0$ 和 $-4G/3<K<0$。可压缩性是体积模量 K 的倒数，用于表征固体或液体在静水压力的变化下，其相对体积的变化。因此，可压缩率一般为正值，只有在强椭圆形机制下，少数自然材料的可压缩率才为负值。负压缩指负的体积模量 K，就是材料在受压时膨胀，而在拉伸时却收缩，可能是负泊松比，也可能不是。负压缩力学超材料主要有一个方向的线性和两个方向的面积负压缩特性，分别对应于负线性压缩性（negative linear compressibility，NLC）和负面积压缩性（negative area compressibility，NAC）。迄今，只有 13 种负线性压缩自然材料被发现，而其中所观测到的负线性压缩率较高的值为 -12TPa^{-1}，而人工制备的负压缩力学超材料研究相当少。

5.2.6.1   负线性可压缩率

负线性压缩力学超材料是指在均匀静水压力作用下，整体结构材料单方向膨胀的效应。

这与负泊松比拉胀材料有相似之处,不同之处在于负泊松比拉胀材料轴向压缩时,侧面承受收缩效应;而可压缩性是指随外界压力的变化,材料相对体积发生改变,其具体区分如图5-10(c)、(d)所示。当前,具有负线性可压缩力学属性的材料大致可分为四类,并且其中大部分为自然材料。

(1)基于一定准铁弹性相变的NLC材料;

(2)由倾斜多面体组成的网格结构固体;

(3)螺旋结构体系;

(4)骨架材料,如酒架、蜂巢等相关的拓扑结构,负可压缩性源于骨架内部的链接效应。

这种自然材料新的力学属性,已成就了两篇具有代表性的综述[9,49],这些将为人工结构设计的负线性可压缩力学超材料提供夯实的理论基础。

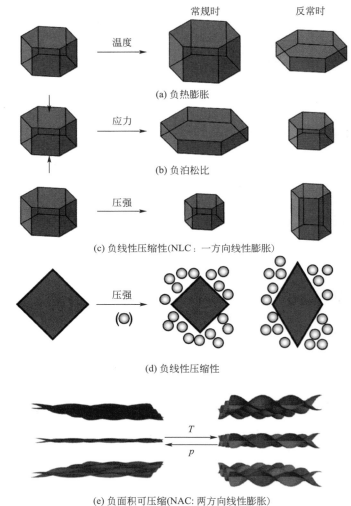

(a) 负热膨胀

(b) 负泊松比

(c) 负线性压缩性(NLC：一方向线性膨胀)

(d) 负线性压缩性

(e) 负面积可压缩(NAC: 两方向线性膨胀)

图 5-10　四种新奇的力学效应比较示意图

5.2.6.2 负面积可压缩率

负面积可压缩性是指在一个方向上拉伸时,有两个方向是收缩的,这是极其罕见的力学属性[52]。通过在层错方向上移平,层状材料可实现显著的致密化,反过来也会导致层内两垂直方向上的膨胀[见图5-10(e)]。可以理解为,在较大的静水压力下,截面面积增加的效应,类似于波纹层的压力驱动阻尼效应。

相比负线性可压缩性来说,具有负面积可压缩性的材料更少了,只有少数的层状材料,如钒酸钠等。这一特性出现在层状结构的原因在于,层状材料沿着层错轴线方向会比垂直方向上更具有可压缩性。凭借不同的负面积压缩平面作为主导的晶面,一个晶体便可以得到在静水压力作用下总体的面积增加的负面积可压缩性效应。这种负面积可压缩性材料可以被用于基底,提供压电响应以数量级很高倍数放大;可应用于铁电传感器、人工肌肉和反应器。负压缩力学超材料的工作正在兴起,如从自然材料中汲取灵感及理解其后的运作机理[1]。

5.3 力学超材料的设计原理

本节主要论述力学超材料的几何结构单元背后的设计原理。这些设计原理包括:

(1)用于微纳力学超材料几何结构设计的麦克斯韦标准及其相关材料力学结构设计;

(2)拓扑结构优化设计手性/反手性;

(3)适用于折纸或剪纸力学超材料的折叠屈曲理论;

(4)涉及几何失措(geometrical frustration)效应相关的力学超材料结构设计机制。

值得一提的是,力学超材料的几何结构日益多样化、个性化和复杂化,此处尽可能简洁地阐释相关结构单元设计所需的基本机制。并且,主要侧重于超材料的人工原子,即单个几何结构单元及其相对简化的特征和属性。

部分理论内容有与其他学科专业似曾相识之感,这是可以理解的。当下习以为常的严格的学科分工,不可否认地有助于科学研究的效率,然而,从某种意义上来说却是有碍于充分理解这个世界的一道道樊篱。必要的时候,需要打破知识体系壁垒分明的界线,从全局的角度来考虑力学超材料的设计问题。

5.3.1 均质材料设计准则

一般地,物体内各点性能都相同的材料,称为均质材料;而各点性能不相同的材料,称为非均质材料。物体内各点在每个方向上,都表现出相同性能的材料称为各向同性材料;而各点在各个方向上具有不同性能的材料,称为各向异性材料。力学超材料属于非均质材料,可以是各向同性,也可以是各向异性。不过,组成超材料结构单元的自然材料本身,是以均质材料的理论基础来展开的。

在力学超材料设计中,有必要简单了解一下所选用的自然材料本身。然后,再利用这些自然材料来进行几何结构的搭接设计。这些构成材料的基本力学特性,在人工原子单元里,有时也会影响到力学超材料的力学特性。再者,在力学超材料的几何结构设计中,不可避免地会遇到与自然材料相融合的情形[53],这时,均质材料的相关材料力学规律,也是在超材料结构设计中需要了解的内容。这里根据不同种类的材料,选择三类材料设计规则进行论述。其中,包括金属中塑性流动的 Hall 和 Petch 强化定律、陶瓷缺乏塑性流动的 Griffith 定律、多材料设计选择常用到的 Ashby 图表。

首先,金属中塑性流动,一般情况下,是通过位错沿择优滑移系统而发生运动的。随着位错进一步运动被晶界所阻碍,多晶金属的屈服强度就随着晶粒尺寸的减小而增加。这种材料强化过程称为 Hall 和 Petch 强化定律[54, 55],即

$$\sigma_Y = \sigma_0 + \frac{k}{\sqrt{d}} \tag{5-6}$$

式中,σ_0 表示通过晶格位错运动的阻力;k 是材料参数;d 是平均晶粒直径。

式(5-6)预测了随着晶粒尺寸降低到原子尺度,并且微结构变成无定形态时,而引发的材料强化效应。不过,实际上,一旦晶粒尺寸下降到 10 nm 以下,材料塑性就受到其他机制,主要是晶界滑动和剪切带等的控制。对于大多数金属来说,随着晶粒尺寸的减小,这些机制会引起材料软化,这意味着最佳屈服强度是在 10~20 nm 的晶粒尺寸下实现的。尽管如此,与大量晶界相关的较大表面能,使得人工构建晶体材料更具挑战性。

其次,裂纹尖端缺少塑性流动,导致材料韧性较低,并且在外加应力下易导致失效,即远低于材料的屈服强度。根据 Griffith 定律,材料的断裂强度 σ_f 可以用式(5-7)表示:

$$\sigma_f = \frac{K_c}{Y\sqrt{a}} \tag{5-7}$$

式中,a 表示假设裂纹在所有方向上均匀分布时,材料中最大裂纹的尺寸;Y 是数值常数;K_c 是断裂韧性,表示抗裂纹增长的材料属性。

最后,Ashby 图表,如图 5-4(c)、(d)所示,通常用于考虑多种需求的材料选择。该图表可以通过基础的材料工程分析来确定,该分析揭示了与每个性能指标相对应的材料指标,或属性组合。任何两个材料属性指数,都可以在包含现有材料领域的对数图表中,进行交叉绘制[56]。因此,就 Ashby 图表而言,通用标度律可以用于表征有效刚度及其作为密度函数的强度。例如,当陶瓷八面体桁架纳米晶格结构的壁厚为 5~60 nm,密度为 6.3~258 kg/m³ 时,它们的强度和杨氏模量遵循幂律定标,并且相对密度为 $E \sim \rho^{1.76}$ 和 $E \sim \rho^{1.61}$[57, 58]。这就意味着,最小结构特征和最大结构特征之间的微纳米级尺寸差异,将决定着在力学超材料几何结构设计中,可以实现的结构排列等级的最大程度。无论如何,这些微结构的力学超材料,都能够探索潜在的纳米级力学效应,例如,塑性和断裂的尺寸效应,从而提高超材料所需

的力学性能。

5.3.2　麦克斯韦标准和力学结构设计

为了深入分析胞状几何构造中应力的传递机制,探讨结构单元受力、变形影响的规律性,微纳栅格结构力学性能的数值解析已成为必须。一般情况下,可先将胞状结构内部单元的连接方式简化为铰接,得到与胞状结构相对应的铰接杆系。

对于周期性轻质超强微纳栅格材料的结构设计,麦克斯韦标准(Maxwell's criterion)是必不可少的。麦克斯韦标准分析的基本结构,是由支柱杆件数 b 及其无摩擦接头节点数 j 构建成的销接杆件框架[59]。这些框架可以在每个杆件的端点处铰接。如果这样的二维杆件连接结构勉强是刚性的,并且在加载时不能折叠,那么,此时这种结构就满足式(5-8),即

$$b-2j+3=0 \tag{5-8}$$

铰接杆系的静定必要条件扩展到三维杆件框架,式(5-8)将变成:

$$b-3j+6=0 \tag{5-9}$$

将其拓展为更广泛接受的三维麦克斯韦标准,即

$$b-3j+6=s-m \tag{5-10}$$

式中,s 和 m 分别是自应力和机制的数量。这些都可以通过找到平衡矩阵的秩来确定,相应的矩阵形式可以描述完整结构分析中的框架[59]。麦克斯韦标准表明,自应力和机制的数量可以决定人工构建的超材料性质。根据这个标准,5.1.2 节中超轻超强力学材料可以定义以拉伸为主的几何结构。有关更详细的设计机制,请参阅相关文献[17, 20, 59]。

概括地说,杆系静定的必要条件 $m=0$ 的等价表述式为 $Z=2D$。其中平均配位数 $Z(=2b/j)$ 为连接到节点的平均杆件数;D 为空间的维度[17, 24]。由此可见,胞状结构的构造可采用配位数加以定量化描述。当 $Z>2D$(或 $m>0$)时,铰接杆系处于超静定状态,胞状结构的内部单元以拉压变形为主;当 $Z<2D$(或 $m<0$)时,铰接杆系处于静不定状态,胞状结构的内部单元以弯曲变形为主。当配位数 Z 增加,即连接每个节点的平均杆件数目越多,杆件以拉伸或压缩变形为主,材料利用率提高,胞状结构的刚度和屈服强度上升;反之,杆件以弯曲变形为主,材料利用率下降,胞状结构的刚度和屈服强度减小。

5.3.3　拓扑结构优化设计

力学超材料几何结构的拓扑优化,可以从理论及数值仿真上来确定,并可将设计问题简化至不同的尺度等级[56]。部分类型的几何模式转换,如 5.2.3 节所述的可调节杨氏模量部分,其几何构型可以简化为经典的欧拉-伯努利梁(Euler-Bernoulli)的形式。由此,几何结构进一步修正,以结合非均匀的弹性梁设计,类似于 5.2.4 节中提到的拉胀超材料的经典结构设计。各种胞状网格结构可简化成单梁体及其一系列线性和扭转弹簧的运动,相应地,该几何结构的力学问题就可以通过传递矩阵方法来解决[60]。因此,在多材料杂化的力学超材

料制备之前,当前正在使用的以往相关力学的理论研究,有助于为几何结构的初步构筑带来更多的指引或启示。

在数学上,几何结构优化的目标被定义为:在离散范围内,最小化结构参数的实际值和预定义值之间的误差[39]。通常地,为了确保某些结构体系的可扩展性制备,在拓扑优化设计问题上,可以施加几个几何约束。某些一致性的几何结构特征,在设计时要求施加最小长度和最大长度的组合。在微纳栅格力学超材料中,拓扑优化步骤可以模拟出类似于拉压杆件的布局形式。类似于晶格的框架结构,可以转换成由一组参数化单元格组成的简化设计体系[39]。此问题的解决方案,通常绘制在对数-对数的标度上来进行。在5.2.3节可调节杨氏模量的模式转换的情况下,最优化设计曲线中的扭结(kink),描述了屈曲控制和屈服控制设计之间的转换[61, 62]。

Hashin-Shtrikman 刚度极限理论通常用于估计多孔材料刚度的可能取值范围[63]。对于不同构造的胞状材料,其刚度能否达到 Hashin-Shtrikman 刚度上限这一问题直到2017年才得以解决。有研究[64]采用有限元分析了一类均匀规则的泡沫结构,发现由于有效降低构型熵并提高应变能存储密度,因而可以达到 Hashin-Shtrikman 各向同性刚度上限,而传统点阵结构和各向异性蜂窝结构无法实现这一目标。

现在,计算机分析已经普遍用于优化几何形状和拓扑结构[65],以确定最佳形状,并在一定限制条件下改善其材料性能。在5.2.3节可调节杨氏模量的模式转换中,可以通过对几何单元进行最紧密排布,简单地改变单孔的几何形状,从而调整力学超材料的响应[66]。因此,拓扑几何结构优化,可能在力学超材料的设计中,发挥越来越重要的作用,尤其是随着计算机 IC 产业和半导体技术的发展进步。

5.3.4　几何失措与材料失效形式

几何失措是指由于几何约束而无法同时最小化所有相互作用的理论系统[67, 68]。这种现象在导致无序状态配置的许多系统中起主要作用,例如,在 kagome 栅格结构中,在折纸启发式力学超材料中的 Miura-ori 模式,以及手性/反手性周期排列的力学超材料。这种现象最早起源于铁电材料中,具有三角反铁磁相互作用自旋排布内。与正方形情况相反,三角形上的每个自旋不能与其两个邻居反向对齐[67]。因此,这时系统失措,并且以退化至基态为特征。这就表明,几何失措会导致无序的配置情况。在力学超材料中,这种原理机制是非常重要的,尤其是对于在屈曲系统中有序排列的生成,例如,屈曲诱导几何形状失措的三角形胞状晶格结构。也就是说,一个潜在的研究路线,就是将连续体结构中的弹性力学和几何失措耦合起来,从而有效地进行力学超材料的几何结构设计。

几何结构与弹性不稳定性之间的相互作用,正在成为合理设计力学超材料的有效方法。弹性力学不稳定性可被用作单向、平面和拉胀行为的计算路径[60]。在单孔可调弹性模量的模式转换例子中,力学不稳定性在复杂的有序模式中起着重要的作用[67]。事实上,弹性材料力学不稳定性,源于材料响应的软化过程和由膨胀力学变形行为引起的切线模量的衰减。这就是为什么 5.2.3 节中可调节杨氏模量可以由传统意义上的失效模式来实现,即弹性力学的不稳定性。此外,在麦克斯韦标准设计构架下,约束条件的数量也可以导致特殊的静平衡状态。还有,温度也会影响到力学超材料的弹性力学不稳定性[69]。在折纸启发式力学超材料中,Miura-ori 的几何布局,可以被认为是扭转弹簧褶皱后所形成的,从而进一步揭示了非线性刚度和弯曲响应[70]。

值得一提的是,Hecke 等人的研究工作范围,从最初的干扰系统到可调节杨氏模量的模式转换[27, 71],再到当前的折纸超表面结构。从以往的这些研究可以看出,唯一不变的本质内核就是几何结构的屈曲不稳定性,这是所有千变万化研究样式的外在表象背后的理论基础。

在力学超材料的几何结构构建中,完美设计的多孔胞状材料,在制备完成后会不可避免地包含一些自然材料所与生俱来的质量缺陷。这些在几何结构内部的不同缺陷,尤其显现于力学超材料整体结构受制于周期性屈曲范式而形成的塌陷表面附近。引发这些缺陷的一部分可能原因是几何结构制备过程的残余应力。通常情况下,可以对整体几何结构的屈曲应力进行量化,以获得一些二维蜂窝结构初始失效的上限。这些几何结构包括正方形/三角形网格、手性蜂窝和分层蜂窝等。具体来说,需要注意抑制周期性结构不稳定的栅格胞壁横向负载的影响,即栅格胞壁反作用力的非轴向分量。例如,以拉伸为主导行为的三角形网格构架中,单元格壁中的横向反作用力基本为零,结果就是几何结构中的单元格不会经受预屈曲的弯曲变形。也就是说,在所有应力状态下,可观测到宏观荷载-位移曲线的分叉曲线。虽然在力学超材料的几何结构设计中遵循了基本的力学屈曲规则,但不同周期模式的屈曲行为,会带来各种不同的结构失效模式,例如,六边形和三角形蜂窝结构中力学屈曲的二次模式。此外,大量的基础理论工作,需要先对具有不同几何形状单元排布的周期性模式进行量化,并结合塑性倒塌失效(plastic-collapse)标准来加以评定[72];然后才可以为各种几何结构建造详尽的多轴多故障表面的评定标准。

5.4　面向力学超材料的增材制备技术

通常情况下,当一种新型功能材料的光鲜属性被热议时,其制备工艺往往就会受到轻视,甚至被冷待为一种瓶颈,因而得不到充分的研究。用于制备力学超材料的相关技术同样面临着相同的问题,故本节专门论述与力学超材料相关的主要制备方法。限于篇幅,这里仅讨论了几种主要的加工技术,即三维打印增材制造技术、墨水直写技术和熔融静电纺丝技术。这三类代表性制造技术,常常分别对应于制备大多数拓扑类力学超材料、负泊松比拉胀超材料和微纳胞状超强材料。

5.4.1　三维打印增材制造技术

先进制造技术的发展受益于计算机信息化技术催生的数字化制造,但其革命性突破则取决于制造观念的改变。增材制造技术(俗称 3D 或三维打印)基于深刻的空间维度数学思想,通过降低制造产品的维度,将无法直接制造的三维物体化解为可制造的二维物体。三维打印的基本工艺是通过计算机切片算法,将三维物体的数值模型切割为一系列平行的片层,然后控制激光、电子束或紫外光等能量束的扫描方式,将液态、粉状或丝状材料逐层固化、层层堆叠形成完整的三维物体。三维打印技术模型微分和材料积分的制造思路,从制造观念上突破了传统减材制造的约束,具有直接制造任意复杂结构、节省材料和个性化定制等颠覆性特征。这样,三维打印制造技术与力学超材料的个性化独特微结构设计形成了完美的契合。两者之间相互整合、协同创新,开启了全面推进材料创新设计和制造的新格局。鉴于此,人们需要不断地准确把握并认知这一快速协调发展的材料设计理念。

增材制造已经成为商业上可用的制造技术,允许几乎无限的拓扑复杂性。当前已有 20 多种技术,如立体喷印(three dimensional printing,3DP)、分层实体制造(laminated object manufacturing,LOM)、电镀技术(electrochemical fabrication,EFAB)、激光选区烧结(selective laser sintering,SLS)、电子束熔化技术(electron beam melting,EBM)、激光工程化净成形技术(laminated engineered net shaping,LENS)等。2015 年以来至少又出现了四种新的技术,可参见文献[73-77]。这些技术对力学超材料的制备,至少有两个显著的益处:

(1)允许研究和开发尺寸效应下的塑性和压裂行为,并有可能显著增加胞状栅格材料有效的力学性能[57, 78];

(2)允许周期性结构与可见光的相互作用,极大地简化了光学、声学、热学和力学超材料的发展。

力学超材料拓展了宏观架构的理念到更多尺度范围,即微纳米级,因此,多尺度效应令调控整体结构材料强度属性成为可能。材料尺度效应涉及纳米尺度下材料本身的"越小越强"效应(smaller-is-stronger),"越小越弱"效应(smaller-is-weaker),或是"脆韧性转变"(brittle-to-ductile transition)等[2, 79]。整合三维打印技术、光敏树脂波导技术、数字光处理技术、双光子激光直写技术等均可用于制造三维结构栅格的力学超材料。此处,仅选取有代表性的制造技术和其制备的三维的力学超构,结合增材制造和拓扑优化技术的进展,使设计具有可调控各向异性的周期性栅格结构成为可能[80, 81]。

5.4.2　光敏树脂波导和数字光处理技术

采用光敏树脂波导技术和数字光处理三维打印技术可以制备微纳栅格超材料。其中 Schaedler 等[22]所构建的金属栅格结构由中空的镍基杆件(宽为 100 ~ 500 μm,长为 1 ~ 4mm)组成,中空杆件管壁厚度可达到 100 ~ 500 nm。在制备过程中,光敏树脂作为支架,在其上涂覆薄层,如 NiP 或是金属玻璃。后续工作可以移除树脂,由涂覆薄层金属构成完全中空结构即可获得。波导三维打印技术可自由调整单个节点上的角度和连接杆件的数量,从而易于设计所需要几何参数与力学性能匹配的超强超硬微纳栅格结构材料。然而,这种微细三维打印技术只限定一些特定的单元格几何结构,即只可打印承受弯曲载荷,而不能承受张拉外载作用下的架构。对于给定结构密度时,张拉模式变形正是所希望得到的,因为这比弯曲模式变形机制提供更高的强度[20]。与光敏树脂波导技术相比,数字光处理三维打印技术中,高分辨率投影的微立体光刻(microstereo lithography),可以制备更广泛的单元格几何结构,包括拉伸变形主导 Octet 点阵。简言之,超轻超强微纳栅格力学超材料,可以用光敏树脂波导技术和数字光处理技术去制备。由材料尺寸效应引起的管壁厚度机制已得到阐释,但单元格尺寸还是不够小到足以利用尺寸效应进行架构的材料设计。这还不够彰显力学超材料的显著特征,即完全依赖结构、独立于材料尺度范围。也就是说,无论微尺度栅格尺度或更小,相似结构材料的变形机制应当是一致的。

5.4.3　双光子激光直写技术

双光子激光直写技术将微结构材料的尺寸由微米级缩小了近三个量级,同时,保证微纳栅格超材料制备过程中,涂覆薄层的精度和光敏树脂支架的移除。这种三维打印技术制造的人工结构可以是纳米级的,比如典型的连接杆单元长度为 $3 \sim 20~\mu m$,宽度为 $150 \sim 500~nm$,中空管壁厚度 $5 \sim 600~nm$ [58,82]。与较常用的激光直写技术相比,双光子激光直写技术的打印成品的台阶等处精度都有所提升。若结合保形喷溅涂覆技术,可制备原子厚度层级的沉积涂层,如沉积在光敏树脂支架上的 $5 \sim 60~nm$ 厚度的 Al_2O_3 和 TiN 涂层。金属薄层沉积后,初步树脂支架可用 FIB(focused ion beam)切成薄片,再用氧气等离子刻蚀进行移除,以获得中空的栅格结构材料[83]。这些纳米尺度力学超材料的单个构成单元具有足够小的尺寸,其力学性能依赖于材料表面的尺寸效应和结构响应的耦合机制,这无法单独用连续性介质理论来阐释。此外,负泊松比拉胀材料、五模式反胀材料均可由双光子激光直写技术进行制备[44,84]。

5.4.4　其他激光直写技术

其他激光直写技术如灰度粉激光直写(gray-tone laser lithography)[11]用来制备两种材料组分构成的三维负热膨胀力学超材料。该技术可以形成双材料梁整体结构,从棋盘型排布旋转成三维手性结构范式,从而呈现等效的负热膨胀行为。多材料喷墨技术也可以用于负热膨胀力学超材料的制备,如清华大学周济课题组[12],利用以色列 Objet Geometries 公司生产的多材料喷墨三维打印机制备了反手性双材料的三维负热膨胀力学超材料。此外,一种正负可编译的泊松比力学超材料,利用多材料喷墨三维打印技术得到了由 10×10 单元格组成的整体结构材料,其总体尺寸为 100 mm×100 mm×100 mm[85]。

5.4.5　墨水直写技术

墨水直写技术(direct ink writing,DIW)由美国 Sandia 国家实验室[86]最早采用去制备三维陶瓷结构。其工作原理是通过压力将打印墨水从喷嘴挤出,按预先设计的路径沉积固化,制备出微米分辨率的高精度的三维结构[87,88]。根据墨水挤压方式的不同,DIW 技术可归为两大基本类型:第一类是连续挤丝技术,如自动铸造(robocasting)、熔融沉积(fused deposition)和微笔直写(micropen writing);第二类采用液滴喷射技术,如喷墨印刷(ink-jet printing)和热熔印刷(hot melting printing)。

墨水直写技术中第一类连续挤丝技术,可用于制备亚毫米介观精度的三维力学超材料结构,而第二类液滴喷射技术更适合二维材料制备。连续挤丝墨水直写技术可提供大范围的墨水设计和特征尺寸,更适合电导性质的结构材料和生物结构材料的三维打印制造。

然而,以上这些三维打印的力学超材料大部分仍在实验阶段,其工业应用将随着三维打印技术和打印精度的提高有望不断产业化。其中,超轻质超硬微纳超材料结构多是陶瓷基或金属基,如镍基。目前认为轻质高强度的镍 Ni 基中空微晶格材料,可以制备成各种不同的拓扑结构,有望应用于能量损耗的阻尼特性中,因而已有比较具体的工程应用系统,如骨骼再生方面,同时在能量吸收方面力学超材料结构可有效增强惯性稳定,减弱冲击波或是震波效应,可应用在高应变速率下的极端环境中。研究结果表明,惯性稳定来自于抑制微纳晶格结构在外力作用下骤然的破碎,因为在褶皱部分高屈服应力、初始屈曲应力和后屈曲应力可以被不同程度地改善。这就意味着高应变速率效应可以在动态变形过程中有效地增加屈服强度和能量吸收密度。

简言之,3D 打印技术可以用来制备不同种类的力学超材料。在不同工艺条件下,有时需要使力学超材料几何结构,如负泊松比结构,适合于增材技术来进行处理。电子束熔化(EBM)增材制造工艺,已被用于制造由 Ti-6Al-4V 制成的三维凹入式负泊松比几何结构[89]。

不过,也有少量金属或陶瓷增材制造技术,仍在超材料制备过程中有所应用。例如,激光选区烧结、激光工程化净成形技术等,仅有少量应用于力学超材料的几何构建中。此外,选择性激光选区熔融(SLM),可用于制造基于 TiNi 的拉曼超材料[90]。SLM 打印技术现有不足是,激光的热影响区通常大于光学影响区,即激光光斑大小。计算路径时必须考虑激光光斑尺寸。传热速率的变化会导致传统结构中固体金属相的不均匀分布。因此,激光选区熔融和净成形技术等金属或陶瓷材料制造技术,将可能是未来力学超材料制备技术需要重点关注的方向。

5.4.6　熔融静电纺丝技术

熔融静电纺丝技术是一种直接书写模式[91],也被一些人认为是 3D 打印方法,可用于制造具有蜂窝状图案的支架结构,这些几何结构材料多用于医学组织工程的应用。经过近十年的探索,熔融静电纺丝可以认为最初来自熔融沉积模拟(FDM)[92]。这种快速成形技术,也称为固体自由成形制造(SFF),可以使力学超材料几何结构更小、强度更高。通过调整增强支架的孔隙度,可以获得高强度的弹性组分,在生理学应用中,可令轴向应变后恢复。因此,这样的力学结构,预期成为开发生物力学功能性组织构件的重要步骤。具有独特表面拓扑结构的超细纤维,可被用于制备高度有序排列的力学超材料,并将其产品适用于封装和传感。广泛分布在纺织、过滤、环境、能源和生物医学等领域开拓新的应用领域。现在,熔融静电纺丝技术已经扩展到合成聚合物、复合体系和其他各种材料,包括部分陶瓷材料。

5.5　力学超材料回顾与展望

光学或声学超材料不断拓展到力学等其他激元,本章重点阐释力学超材料的应用转化过程,并强调一些有前景的潜在应用。限于篇幅,首先,仅引入了与应用环境相关的一些特定的实践条件;然后,提及力学超材料在生物工程和生物医学工程方面的拓展应用;最后,说明在这些材料应用过程中,所得到的一些启示,思索如何更好地解决传统材料设计过程中的技术壁垒。从而,基于对潜在应用的分析,进一步提出了结合不同几何构型的杂化力学超材料。这种系统的应用分析表明,不同类型的栅格几何结构和现存的超材料结构组合起来,会大大地影响力学超材料的结构设计和后期应用进程。

截止到现在,力学超材料可以找到各种各样的发展应用。自然界中存在着无处不在的材料,无论是有机的还是无机的。材料力学参数的变换,已经成为设计非均匀和各向异性材料分布,并用以执行所需功能(如可见隐身)的直观和强大的工程工具。例如,由单一组分材料构成的离散二维点阵结构中,其点阵可以进行不同方式的变换,同时保持连接格点单元的元素属性相同[93]。直接的人工晶格转换方法,可以显著缓解并重新分配实际应用中所受应力的峰值,例如,土木工程中的隧道墙。这就是说,我们很可能获得未来所需的更多样化和个性化的新型材料,尤其是结合光学、声学和热等超材料。

各种力学超材料或生物材料,其弹性力学响应可以有针对性地适应预期应用条件,并进行相关力学参数的有目的性结构优化。将最新研制的栅格几何结构,整合到力学超材料和非欧几里得(分形)几何构型中,以革新材料设计的新方法,从而有效地用于控制生物医学领域的合成生物材料性质和力学性能。已经获得应用的多孔力学超材料,可以通过与相关固体构件的几何形状相交来构筑,尝试着植入不同的多孔材料进行杂化处理,这样也能取得更多种新奇的非线性力学属性。这些不同角度的研究方法,可以进行更细化,并专门研制开发,来促进力学超材料新产品的开发和应用。不过,这些材料应用过程,其典型的限制条件是,如何弥合不同材料间的应用条件。

纵然可以说,理想的材料应用条件是恒定和可预测的,不过,有时真实的应用条件往往会超出我们的预期。因此,在阐明各种力学超材料时,还是要清醒地认识到力学超材料的具体应用不仅是其特殊几何构型的结果,而且还涉及与外部条件和约束的相互作用。也就是说,在力学超材料新奇力学属性设计过程中,需要了解这种类型的材料在应用过程中可能的周围条件氛围。

以生物工程和生物医学工程中的应用为例,负泊松比拉胀超材料,预计将设计成分子尺度来进行调节控制。因此,这种类型的力学超材料,也可以用于组织工程学,解耦在细胞或甚至分子水平上的力相互作用。负泊松拉胀支架的单轴激发,可能导致生长组织的双轴膨胀和压缩。这可以促进生长并可能控制细胞分化和组织活力[40,94]。不过,常规光刻或立体平版印刷技术,对于制备这种二维负泊松比拉胀材料来说,既是挑战又是机遇。通常,常规技术可以生产 $50 \sim 100 \ \mu m$ 的人工栅格之间的距离。这个尺寸范围,在细胞之间预留了显著的间隙,并且抑制它们在单个细胞水平上相互作用。

另外一个力学超材料应用的实例,如剪切模量消隐的五模式力学超材料[44]。这些力学超材料可以逐渐调整,以提供类似流体的无剪切模量的流动力学行为。尽管其表象为三维几何结构。这种类型的力学超材料,在由单一材料组成的脚手架结构内,以期望提供所需径向变化的力学性能。这种五模式力学超材料,其桁架之间几乎存在准时的接触,故而展现了无可比拟的几何结构的灵活性。一种可能的结构设计方式,是将五模式力学超材料与微纳米胞状栅格结构相结合。在桁架之间的接触铰接处引入几何梯度,会在支架的某些部分导致非常刚性的整体几何构型,而在某些其他区域导致非常柔韧的几何构型。这种力学特性分布的不均匀性,现在可以通过多材料三维打印技术来实现。整合不同类型的力学超材料,融合传统自然材料的晶格结构,以及这里所提及的五模式力学超材料,就可以用于控制单个医学用支架的不同力学性质,并在其控制范围上提升几个数量级。

参考文献

[1] YU X, ZHOU J, LIANG H, et al. Mechanical metamaterials associated with stiffness, rigidity and compressibility: a brief review[J]. Progress in Materials Science, 2018(94): 114-173.

[2] MONTEMAYOR L, CHERNOW V, GREER J R. Materials by design: using architecture in material design to reach new property spaces[J]. MRS Bulletin, 2015(40): 1122-1129.

[3] NEWNHAM R. Properties of materials: anisotropy, symmetry, structure[M]. Oxford: Oxford University Press, 2004.

[4] MM E. Introduction to mechanical properties of materials[M]. New York: Macmillan, 1971.

[5] ATKIN R J, FOX N. An introduction to the theory of elasticity[M]. London: Courier Corporation, 2013.

[6] FUNG Y. Foundations of solid mechanics[M]. New Jersey: Upper Saddle River, 1965.

[7] KADIC M, BUECKMANN T, SCHITTNY R, et al. Metamaterials beyond electromagnetism[J]. Reports on Progress in Physics, 2013(76): 126501.

[8] GREAVES G, GREER A, LAKES R, et al. Poisson's ratio and modern materials[J]. Nature Materials, 2011(10): 823-837.

[9] CAIRNS A, GOODWIN A. Negative linear compressibility[J]. Physical Chemistry Chemical Physics, 2015(17): 20449-20465.

[10] OVERVELDE J T B, SHAN S, BERTOLDI K. Compaction through buckling in 2D periodic, soft and porous structures: effect of pore shape[J]. Advanced Materials, 2012(24): 2337-2342.

[11] QU J, KADIC M, NABER A, et al. Micro-structured two-component 3D metamaterials with negative thermal-expansion coefficient from positive constituents [J]. Scientific Reports, 2017 (7): 40643.

[12] WU L, LI B, ZHOU J. Isotropic negative thermal expansion metamaterials[J]. ACS Applied Materials & Interfaces, 2016(8): 17721-17727.

[13] MUNN R. Role of the elastic constants in negative thermal expansion of axial solids[J]. Journal of Physics C: Solid State Physics, 1972(5): 535-541.

[14] LAKES R. Cellular solids with tunable positive or negative thermal expansion of unbounded magnitude[J]. Applied Physics Letters, 2007(90): 221905.

[15] HA C S, HESTEKIN E, LI J, et al. Controllable thermal expansion of large magnitude in chiral negative Poisson's ratio lattices[J]. Physica Status Solidi B, 2015(252): 1431-1434.

[16] GATT R, GRIMA J. Negative compressibility[J]. Physica Status Solidi B, 2008(2): 236-238.

[17] FLECK N A, DESHPANDE V S, ASHBY M F. Micro-architectured materials: past, present and future[J]. Proceedings of the Royal Society of London A, 2010(466): 2495-2516.

[18] MILTON G. The theory of composites[M]. New York: Cambridge University Press, 2002.

[19] ASHBY M F. The properties of foams and lattices[J]. Philos Trans, 2006(364): 15-30.

[20] GIBSON L, ASHBY M. Cellular solids: structure and properties[M]. New York: Cambridge University Press, 1997.

[21] GENT A N, THOMAS A G. The deformation of foamed elastic materials[J]. Journal of Applied Polymer Science, 1959(1): 107-113.

[22] SCHAEDLER T A, JACOBSEN A J, TORRENTS A, et al. Ultralight metallic microlattices[J]. Science, 2011(334): 962-965.

[23] HOPKINS J B, LANGE K J, SPADACCINI C M. Synthesizing the compliant microstructure of thermally actuated materials using freedom, actuation, and constraint topologies[J]. American Society of Mechanical Engineers, 2012(4): 249-258.

[24] DESHPANDE V S, FLECK N A, ASHBY M F. Effective properties of the octet-truss lattice material[J]. Journal of the Mechanics and Physics of Solids, 2001(49): 1747-1769.

[25] ZHENG X, LEE H, WEISGRABER T H, et al. Ultralight, ultrastiff mechanical metamaterials[J]. Science, 2014(344): 1373-1377.

[26] BERTOLDI K, REIS P, WILLSHAW S, et al. Negative Poisson's ratio behavior induced by an elastic instability[J]. Advanced Materials, 2010(22): 361-366.

[27] FLORIJN B, COULAIS C, VAN HECKE M. Programmable mechanical metamaterials[J]. Physical Review Letters, 2014(113): 175503.

[28] OVERVELDE J T B, BERTOLDI K. Relating pore shape to the non-linear response of periodic elas-

tomeric structures[J]. Journal of the Mechanics and Physics of Solids, 2014(64): 351-366.

[29] SHIM J, SHAN S, KOŠMRLJ A, et al. Harnessing instabilities for design of soft reconfigurable auxetic/chiral materials[J]. Soft Matter, 2013(9): 8198-8202.

[30] MILTON G. Composite materials with Poisson's ratios close to -1[J]. Journal of the Mechanics and Physics of Solids, 1992(40): 1105-1137.

[31] GRIMA J, CARUANA-GAUCI R. Mechanical metamaterials: materials that push back[J]. Nature Materials, 2012(11): 565-566.

[32] CHOI J B, LAKES R S. Nonlinear analysis of the Poisson's ratio of negative Poisson's ratio foams [J]. Journal of Composite Materials, 1995(29): 113-128.

[33] MIZZI L, AZZOPARDI K, ATTARD D, et al. Auxetic metamaterials exhibiting giant negative Poisson's ratios[J]. Physica Status Solidi-Rapid Research Letters, 2015(9): 425-430.

[34] SILVA S, SABINO M, FERNANDES E, et al. Cork: properties, capabilities and applications[J]. International Materials Reviews, 2005(50): 345-365.

[35] WANG X T, LI X W, MA L. Interlocking assembled 3D auxetic cellular structures[J]. Materials & Design, 2016(99): 467-476.

[36] LAKES R. Advances in negative Poisson's ratio materials[J]. Advanced Materials, 1993(5): 293-296.

[37] LIM T C. Auxetic materials and structures[M]. New York: Springer, 2015.

[38] NEELAKANTAN S, BOSBACH W, WOODHOUSE J, et al. Characterization and deformation response of orthotropic fibre networks with auxetic out-of-plane behaviour[J]. Acta Materialia, 2014 (66): 326-339.

[39] CLAUSEN A, WANG F, JENSEN J S, et al. Topology optimized architectures with programmable Poisson's ratio over large deformations[J]. Advanced Materials, 2015(27): 5523-5527.

[40] SOMAN P, LEE J W, PHADKE A, et al. Spatial tuning of negative and positive Poisson's ratio in a multi-layer scaffold[J]. Acta Biomaterialia, 2012(8): 2587-2594.

[41] TAYLOR C M, SMITH C W, MILLER W, et al. The effects of hierarchy on the in-plane elastic properties of honeycombs[J]. International Journal of Solids and Structures, 2011(48): 1330-1339.

[42] MILTON G, CHERKAEV A. Which elasticity tensors are realizable[J]. Journal of Engineering Materials and Technology, 1995(117): 483-493.

[43] MARTIN A, KADIC M, SCHITTNY R, et al. Phonon band structures of three-dimensional penta-mode metamaterials[J]. Physical Review B, 2012(86): 155116.

[44] KADIC M, BUCKMANN T, STENGER N, et al. On the practicability of pentamode mechanical metamaterials[J]. Applied Physics Letters, 2012(100): 191901.

[45] BüCKMANN T, THIEL M, KADIC M, et al. An elasto-mechanical unfeelability cloak made of pentamode metamaterials[J]. Nature Communications, 2014(5): 4130-4139.

[46] 陈毅, 刘晓宁, 向平, 等. 五模材料及其水声调控研究[J]. 力学进展, 2016, 46(1): 382-434.

[47] CHEN Y, LIU X H, HU G K. Latticed pentamode acoustic cloak[J]. Scientific Reports, 2015(5): 15745.

[48] GURTNER G, DURAND M. Stiffest elastic networks[J]. Proceedings of the Royal Society of London A, 2014(470): 20130611.

[49] BAUGHMAN R, STAFSTROM S, CUI C, et al. Materials with negative compressibilities in one or

more dimensions[J]. Science，1998(279)：1522-1524.

[50]　COLLINGS I E，TUCKER M G，KEEN D A，et al. Geometric switching of linear to area negative thermal expansion in uniaxial metal-organic frameworks[J]. CrystEngComm，2014（16）：3498-3506.

[51]　HODGSON S，ADAMSON J，HUNT S，et al. Negative area compressibility in silver（I）tricyanomethanide[J]. Chemical Communications，2014(50)：5264-5266.

[52]　CAI W，GLADYSIAK A，ANIOLA M，et al. Giant negative area compressibility tunable in a soft porous framework material[J]. Journal of the American Chemical Society，2015，137（29）：9296-9301.

[53]　周济. 超材料与自然材料的融合[M]. 北京：科学出版社，2016.

[54]　HALL E. The deformation and ageing of mild steel：III discussion of results[J]. Proceedings of the Physical Society，1951(64)：747-753.

[55]　PETCH N. The cleavage strength of polycrystals[J]. Journal of the Iron and Steel Institute，1953(174)：25-28.

[56]　VALDEVIT L，BAUER J. Fabrication of 3D micro-architected/nano-architected materials，in：T. Baldacchini（Ed.），three-dimensional microfabrication using two-photon polymerization[M]. Oxford：William Andrew Publishing，2016.

[57]　MEZA L R，DAS S，GREER J R. Strong，lightweight，and recoverable three-dimensional ceramic nanolattices[J]. Science，2014，345(6202)：1322-1326.

[58]　JANG D C，MEZA L R，GREER F，et al. Fabrication and deformation of three-dimensional hollow ceramic nanostructures[J]. Nature Materials，2013(12)：893-898.

[59]　CALLADINE C. Buckminster Fuller's "tensegrity" structures and Clerk Maxwell's rules for the construction of stiff frames[J]. International Journal of Solids and Structures，1978(14)：161-172.

[60]　RAYNEAU-KIRKHOPE D J，DIAS M A. Recipes for selecting failure modes in 2-d lattices[J]. Extreme Mechanics Letters，2016(9)：11-20.

[61]　KAMINAKIS N，STAVROULAKIS G. Topology optimization for compliant mechanisms，using evolutionary-hybrid algorithms and application to the design of auxetic materials[J]. Composites Part B：Engineering，2012(43)：2655-2668.

[62]　DESHPANDE V S，ASHBY M F，FLECK N A. Foam topology：bending versus stretching dominated architectures[J]. Acta Materialia，2001(49)：1035-1040.

[63]　HASHIN Z，SHTRIKMAN S. A variational approach to the theory of the elastic behaviour of polycrystals[J]. Journal of the Mechanics and Physics of Solids，1962(10)：343-352.

[64]　BERGER J B，WADLEY H N G，MCMEEKING R M. Mechanical metamaterials at the theoretical limit of isotropic elastic stiffness[J]. Nature，2017(543)：533-537.

[65]　BENDSOE M，SIGMUND O. Topology optimization：theory，methods and applications[M]. Berlin：Springer Science & Business Media，2003.

[66]　KRUIJF N D，ZHOU S，LI Q，et al. Topological design of structures and composite materials with multiobjectives[J]. International Journal of Solids and Structures，2007(44)：7092-7109.

[67]　KANG S，SHAN S，KOSMRLJ A，et al. Complex ordered patterns in mechanical instability induced geometrically frustrated triangular cellular structures[J]. Physical Review Letters，2014

(112)：098701.

[68] SADOC J F, MOSSERI R. Geometrical frustration[M]. New York：Cambridge University Press，2006.

[69] MAO X, SOUSLOV A, MENDOZA C I, et al. Mechanical instability at finite temperature[J]. Nature Communications，2014(6)：5968-5968.

[70] WAITUKAITIS S, VAN H M. Origami building blocks：Generic and special four-vertices[J]. Physical Review E，2016，93(2)：023003.

[71] COULAIS C, OVERVELDE J T, Lubbers L A, et al. Discontinuous buckling of wide beams and metabeams[J]. Physical Review Letters，2015，115(4)：044301.

[72] HAGHPANAH B, PAPADOPOULOS J, VAZIRI A. Plastic collapse of lattice structures under a general stress state[J]. Mechanics of Materials，2014(68)：267-274.

[73] 兰红波，李涤尘，卢秉恒. 微纳尺度 3D 打印[J]. 中国科学：技术科学，2015(45)：919-940.

[74] BIKAS H, STAVROPOULOS P, CHRYSSOLOURIS G. Additive manufacturing methods and modelling approaches：a critical review[J]. The International Journal of Advanced Manufacturing Technology，2016(83)：389-405.

[75] GIBSON I, ROSEN D, STUCKER B. Additive manufacturing technologies[M]. Berlin：Springer，2015.

[76] GU D D. Laser additive manufacturing of high-performance materials[M]. Berlin：Springer，2015.

[77] WONG K V, HERNANDEZ A. A review of additive manufacturing[J]. ISRN Mechanical Engineering，2012：30-38.

[78] BAUER J, HENGSBACH S, TESARI I, et al. High-strength cellular ceramic composites with 3D microarchitecture[J]. Proceedings of the National Academy of Sciences，2014(111)：2453-2458.

[79] Montemayor L C, Greer J R. Mechanical response of hollow metallic nanolattices：combining structural and material size effects[J]. Journal of Applied Mechanics，2015，82(7)：071012.

[80] HEDAYATI R, SADIGHI M, MOHAMMADI-AGHDAM M, et al. Mechanics of additively manufactured porous biomaterials based on the rhombicuboctahedron unit cell[J]. Journal of the Mechanical Behavior of Biomedical Materials，2016(53)：272-294.

[81] XU S, SHEN J, ZHOU S, et al. Design of lattice structures with controlled anisotropy[J]. Materials & Design，2016(93)：443-447.

[82] BAUER J, MEZA L R, SCHAEDLER T A, et al. Nanolattices：an emerging class of mechanical metamaterials[J]. Advanced Materials，2017，29(40)：1701850.

[83] MONTEMAYOR L C, MEZA L R, GREER J R. Design and fabrication of hollow rigid nanolattices via two-photon lithography[J]. Advanced Engineering Materials，2014(16)：184-189.

[84] BUCKMANN T, STENGER N, KADIC M, et al. Tailored 3D mechanical metamaterials made by dip-in direct-laser-writing optical lithography[J]. Advanced Materials，2012(24)：2710-2714.

[85] LI T T, HU X Y, CHEN Y Y, et al. Harnessing out-of-plane deformation to design 3D architected lattice metamaterials with tunable Poisson's ratio[J]. Scientific Reports，2017(7)：8949-8956.

[86] CESARANO J, SEGALMAN R, CALVERT P. Robocasting provides moldless fabrication form slurry deposition[J]. Ceramic Industry，1998(148)：94-102.

[87] CHRISEY D B. Materials processing：the power of direct writing[J]. Science，2000(289)：879-881.

［88］　LEWIS J A，GRATSON G M. Direct writing in three dimensions［J］. Materials Today，2004（7）：32-39.

［89］　SCHWERDTFEGER J，HEINL P，SINGER R，et al. Auxetic cellular structures through selective electron-beam melting［J］. Physica Status Solidi B，2010（247）：269-272.

［90］　LI S，HASSANIN H，ATTALLAH M，et al. The development of TiNi-based negative Poisson's ratio structure using selective laser melting［J］. Acta Materialia，2016（105）：75-83.

［91］　BROWN T D，DALTON P D，HUTMACHER D W. Melt electrospinning today：An opportune time for an emerging polymer process［J］. Progress in Polymer Science，2016（56）：116-166.

［92］　MUERZA-CASCANTE M L，HAYLOCK D，HUTMACHER D W，et al. Melt electrospinning and its technologization in tissue engineering［J］. Tissue Engineering Part B：Reviews，2014（21）：187-202.

［93］　BUCKMANN T，KADIC M，SCHITTNY R，et al. Mechanical cloak design by direct lattice transformation［J］. Proceedings of the National Academy of Sciences，2015，112（16）：4930-4933.

［94］　ZHANG W，SOMAN P，MEGGS K，et al. Tuning the Poisson's ratio of biomaterials for investigating cellular response［J］. Advanced functional materials，2013（23）：3226-3232.

第6章 信息超材料的设计及应用

6.1 信息超材料的概念

超材料自诞生以来,经过大约 20 年的发展(见图 6-1)具有了丰富的理论和技术体系[1-7]。大致来讲,"超材料"包含无源超材料(passive metamaterial)和有源超材料(active metamaterial)两大类,其中有源超材料是指将无源超材料与其他可控材料或器件(包括石墨烯、液晶等自然材料,也包括变容二极管、开关二极管等非线性器件等)复合,在宏观上形成具有功能动态可控的超材料。虽然经过多年的发展,超材料已具备丰富的理论分析方法,但是超材料在电磁波场调控与信息调控方面缺乏深入的研究,仍有大量潜在应用价值没有被挖掘出来。长期以来,超材料的分析与综合方法大多采用等效媒质理论或等效电路理论等模拟信号分析与处理方法,超材料仅被看作是信号的辐射天线或导波信道。然而,由于有源超材料的人工原子具有动态可控的特性,因此其具有天然的信息承载、时空信息编码的能力。鉴于此,东南大学崔铁军教授研究团队率先提出了信息超材料(information metamaterial)的概念[8]。

信息超材料是一种涵盖了编码超材料(coding metamaterial)、现场可编程超材料(programmable metamaterial)及未来软件化超材料和可认知超材料于一体的、有别于传统模拟超材料的新体系,它是电磁学与信息理论的有机融合。信息超材料采用数字信息化方式对超材料人工原子进行表征与分析,从而使人们有机会从信息的角度来分析与设计超材料。它是能够直接处理数字编码信息的超材料,并能进一步对信息进行感知、理解,甚至记忆、学习和认知,为基于超材料的电磁波调控提供了一个全新物理平台,从而实现对电磁波更加灵活、实时和智能的控制。与基于等效媒质的传统"模拟"超材料相比,信息超材料的核心理念是"数字信息"。数字化的编码方式赋予超材料实时可调的"可编程"特性,极大地方便了超材料对电磁波的操控,给超材料技术的进一步发展开辟了新方向。例如,成熟的信号处理理论与算法用于超材料的分析和设计,不仅能有效降低传统超材料分析与设计的难度,而且有助于发现新的物理现象和应用功能。以图 6-2(a)所示 1 bit 人工原子为例,信息超材料人工原子由二进制数"0"和"1"来描述,分别代表 0° 和 180° 相位。由于电磁编码超材料单元结构的反射/透射特性采用二进制编码表征,因此可方便地利用二极管等二值逻辑数字元件来实现动态调控。通过现场可编程门阵列(FPGA)等数字硬件将相应的编码输入给整个可编程超材料阵列[9],并根据实际应用需求,实时地切换编码序列,改变调控功能。图 6-2(b)、(c)给出了两种不同的编码图案及其远场方向图,其中图 6-2(b)为"010101…"编码,当平面波垂直入射到超材料表面时,将被反射到与法线对称的两个方向上,产生对称的两波束远场方向图;而对于如图 6-2(b)所示的棋盘格编码图案,其远场方向图为关于法线对称的四波束。通过精心设计不同的编码图案,便可实现对电磁波的波束偏转、聚焦以及漫反射等操作,从而有希望在超材料层面实现目标探测、跟踪与隐身的一体化信息处理。

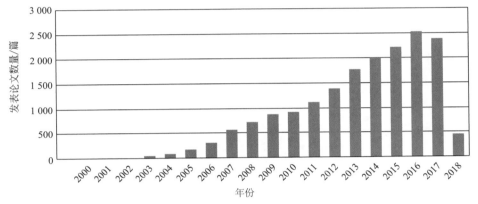

(a) SCI期刊论文2000年以来历年发表情况

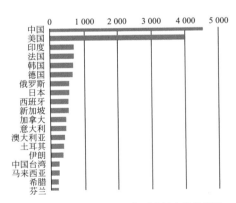

(b) 不同国家和地区2000年以来论文统计情况

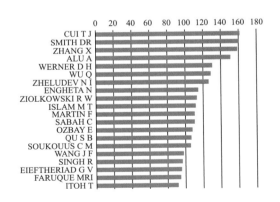

(c) 20名超材料领域著名学者2000年以来SCI期刊论文的发表情况

图 6-1　2000 年以来 Web of Science 数据库(检索关键词"metamaterial")中
有关超材料 SCI 期刊论文的统计情况

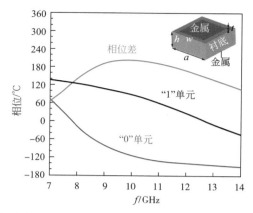

(a) 编码超材料的实际单元结构及其 "1" 单元和 "0" 单元的相位谱

(b) 编码超材料在不同编码图案时的对电磁波调控的示意图

图 6-2　编码超材料

如前所述,信息超材料是一个具有时空信息编码、处理及调控能力的微系统(micro-system),其具有智能、低复杂性、低功耗、低剖面等特点,能克服传统信息系统面临的众多难题。以无线信息发射系统为例,所需发送的信息需要经过上变频调制到载波信号上,然后经过一系列宽带功放、滤波等操作送至导波系统,多个并行射频链路送至辐射天线阵,结合波束合成网络才可完成信息辐射。与此不同,信息超材料经过载波信号激活后,通过自适应调整数字化控制信号即可完成信息辐射。可编程超材料上的数字编码图案可直接将数字编码信息调制成电磁波,然后将其辐射到自由空间。相比于现有的无线通信系统,省去了基带信号调制、混频以及上变频、放大等过程,极大地简化了系统构架(见图 6-3)。在接收端,处于不同位置处的接收天线将收到的远场方向图依据映射关系恢复出原始的数字编码信息。由此可见,信息超材料所采用的调制方式与现有的数字/模拟调制技术截然不同,编码信息被加载在可编程超材料天线的远场方向图上,而非某一位置上的电压。这种空间域调制方式不仅为数据提供了物理层面的保护,而且还可有效提高调制阶数,增大传输速率。综上所述,信息超材料集信息的编码、传输、处理与发射于一体,极大地降低了系统复杂度,有望颠覆现代数字通信系统架构。

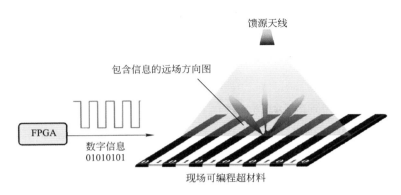

馈源天线

包含信息的远场方向图

FPGA

数字信息
01010101

现场可编程超材料

图 6-3　基于信息超材料的新型无线数字通信系统发射端系统框图

本章将对信息超材料在过去几年的发展做简要回顾,重点论述信息超材料的设计原理、制备、性能研究及应用前景。各节的内容安排如下:6.2 节首先给出编码超材料远场方向图的两种计算方法,随后介绍各向异性编码超材料和频率编码超材料两种新型的编码超材料,展示编码超材料对电磁波各项参数的灵活调控能力;接着给出本章的重点内容——编码超材料中的数字卷积定理和加法定则,以及它们的应用;最后论述如何利用信息熵来计算不同编码图案所携带的信息量,从而体现信息超材料在结合无线电物理与信息操控方面的独特优势;6.3 节首先介绍太赫兹频段的反射式和透射式编码超材料的制备工艺,以及声波频段的编码超材料和可编程超材料的加工方案,随后论述了微波段可编程超材料的加工技术,最后对可编程超材料在实现上所面临的关键技术难题进行了论述,并给出了相应的解决方案;6.4 节以信息超材料的应用前景为主题,分别论述了基于编码超材料的低散射高增益法布里-珀罗谐振腔天线、编码超材料最优化漫反射设计、基于可编程超材料的一种单天线、单频点、不扫描式的成像系统、基于可编程超材料的全息成像系统;6.5 节对信息超材料进行了总结概括,并对未来发展进行了畅想与展望。

6.2　信息超材料设计原理

6.2.1　编码超材料的远场方向图计算算法

编码超材料的编码序列(coding sequence)或编码图案(coding pattern)决定其远场方向图。在首次提出编码超材料的工作中[4],给出了编码超材料远场方向图的计算公式,具体如下:

$$\mathrm{Dir}(\theta,\varphi) = \frac{4\pi \left| f(\theta,\varphi) \right|^2}{\int_0^{2\pi}\int_0^{\pi/2} \left| f(\theta,\varphi) \right|^2 \sin\theta \mathrm{d}\theta \mathrm{d}\varphi} \qquad (6\text{-}1)$$

式中,$\mathrm{Dir}(\theta,\varphi)$ 表示定向性函数,(θ,φ) 是球坐标系下远场观察点的方位角和水平角。

$$f(\theta,\varphi) = f_e(\theta,\varphi) \cdot$$

$$\sum_{m=1}^{N} \sum_{n=1}^{N} \exp\{-\mathrm{i}\{\varphi(m,n) + kD\sin\theta \cdot [(m-1/2)\cos\varphi + (n-1/2)\sin\varphi]\}\} \quad (6\text{-}2)$$

式中,k 是电磁波的波数;D 为超材料单元的周期长度;(m,n) 表示第 m 行、第 n 列个超材料单元。

通过以上公式计算得到的远场方向图与数值仿真结果高度吻合,但以上公式仅能针对一些规则的、周期性的编码图案,且计算较为烦琐。为了能够计算任意编码图案的远场方向图,该团队随后开发了一套基于 FFT(快速傅里叶变换)的远场方向图快速算法[10]。该算法的核心原理正是基于编码图案与远场方向图之间的傅里叶变换关系。图 6-4 给出了大致的计算流程,首先计算图 6-4(a)中编码图案的二维快速傅里叶变换,得到图 6-4(b)的傅里叶变换图像,由于图中的横坐标和纵坐标分别为 u 和 v,它们与空间角度之间存在一定的映射关系,需要对它们进行坐标变换,才可得到如图 6-4(c)所示的二维极坐标下的远场方向图,或者如图 6-4(d)所示的三维直角坐标系下的远场方向图。大量的仿真结果表明,该快速算法能够产生足够高精度的远场方向图,且计算时间仅需数秒,相比三维全波仿真缩短了至少三个数量级,为分析、设计和优化编码超材料提供了高效、便捷的工具。

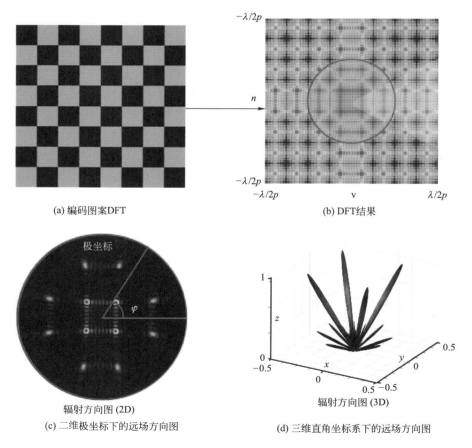

(a) 编码图案DFT

(b) DFT结果

辐射方向图 (2D)

(c) 二维极坐标下的远场方向图

辐射方向图 (3D)

(d) 三维直角坐标系下的远场方向图

图 6-4 基于 FFT 的编码超材料远场方向图快速算法

6.2.2　各向异性编码超材料与全各向异性编码超材料

电磁波的极化(polarization)是电磁波众多参数中的一个重要属性。由于极化互相垂直的电磁波完全正交,互不干扰,因此能够同时辐射两路极化相互垂直的电磁波的双极化天线,将比单极化天线拥有更高的信息传输速率。基于该思路,东南大学崔铁军教授团队于2016 年提出了各向异性编码超材料(anisotropic coding metamaterial)[11],通过将原本与极化无关的唯一编码扩展为极化受控型的双重编码,实现功能随极化变化的各向异性编码超材料,即当极化改变时,同一个各向异性编码图案可以呈现出两种不同的功能,如波束偏折、波束分离、随机漫反射、反射式圆极化等。

为了说明各向异性超表面的工作原理,图 6-5(a)给出一个包含 8×8 个各向异性编码单元的 1 bit 编码超材料,其中各向异性编码中,符号"/"之前和之后的编码分别代表单元结构在 x 极化和 y 极化时的数字态。当水平极化电磁波[见图 6-5(a)左侧]和竖直极化电磁波[见图 6-5(a)右侧]照射时,将呈现出不同的编码图案,进而表现出不同的调控功能。为了实现各向异性编码超材料,设计了如图 6-5(b)、(c)所示的哑铃型各向异性结构和方片形各向同性结构,用于构建 2 bit 各向异性编码超材料的 16 个编码单元。

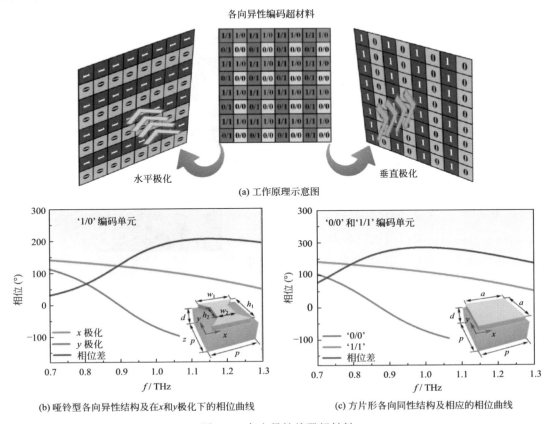

各向异性编码超材料

(a) 工作原理示意图

水平极化　　　　　　　　　　　　垂直极化

(b) 哑铃型各向异性结构及在 x 和 y 极化下的相位曲线　　(c) 方片形各向同性结构及相应的相位曲线

图 6-5　各向异性编码超材料

该设计不仅限于太赫兹,还可以轻易推广到微波频段、红外甚至光频,产生更广泛的应用价值。例如,在微波频段中,可以用于设计双极化天线,增大传输速率;在可见光波段,可用来大幅度提高光介质存储器件的容量,实现视觉三维全息成像。该工作荣获 2016 年中国光学重要成果奖。

为了实现对电磁波的全方位调控,Cui 于 2017 年提出了一种张量编码超材料(tensor coding metamaterial)[12]。张量编码超材料对电磁波的调控不仅局限于极化态和波矢,还进一步扩展至交叉极化分量,调控范围也同时覆盖了超材料的近场和远场区域。通过数值仿真和实验测试,展示它们对电磁波极化态的旋转、电磁波波矢的大动态范围调控,并首次在太赫兹波段用实验验证了空间波到 TE(横电波)模式和 TM(横磁波)模式表面波的转换。在此基础之上,通过结合各向异性编码超材料的极化受控特性,实现了对不同极化空间波到表面波的独立转换和分离功能,超越了传统光栅器件的能力范畴,并将促进微波、太赫兹、红外以及光波段的表面波器件的发展。

6.2.3 频率编码超材料

2017 年,进一步提出了一种具有全新编码方式的频率编码超材料(frequency coding metamaterial)[13],如图 6-6 所示,将超材料在频率域进行编码,并在工作频段内实现多种不同功能。频率编码超材料由不同结构的超材料基本单元构成。之前所介绍的传统编码仅限于对相位的编码,而频率编码的基本单元具有不同的线性相位响应敏感度,通过对其敏感度进行数字编码,便形成了频率编码超材料。通过合理设计这些不同相位敏感度单元的分布,便可在工作频段内对电磁波进行连续调控,实现诸如单波束至单波束、双波束、四波束、随机散射的逐渐演化。这种全新的频率编码超材料可用来设计多功能天线、天线罩以及新型电磁材料等。该成果发表在《尖端科学》(*Advanced Science*)杂志上,并被选为封面文章。

图 6-6　频率编码超材料

6.2.4 编码超材料中的数字卷积定理及其应用

编码超材料因其海量的编码图案,可产生各种各样的波束。然而,如何生成特定的远场方向图,是编码超材料设计的一大核心技术。采用梯度周期编码序列,可产生单波束,由于最小重复周期的整数型特点,其辐射角度只能选取特定的离散值,若想实现任意角度的单波束扫描,需要采用智能优化算法根据远场方向图反演综合编码图案,但该方案将消耗大量的计算资源和时间。为了解决这一问题,东南大学率先提出在超材料上进行数字卷积(digital convolution)来自由操控电磁波的新方法[14],使得仅采用有限个状态的编码单元即可实现连续的角度扫描。得益于编码超构表面的数字编码与其远场方向图之间的傅里叶变换关系,可将信号处理中的卷积定理应用于远场方向图的偏转,在已有编码图案上叠加一个梯度编码序列,就能将其远场方向图朝着任意的设计方向无失真地偏转,其机理类似于傅里叶变换中将基带信号搬移到高频载波的过程。仿真与实验结果证明,应用编码超材料的数字卷积运算能将垂直入射的电磁波反射到上半空间的任意设定方向。

图 6-7 形象地阐明了数字卷积定理如何运用于编码超材料编码图案的设计。图 6-7(a)、(b)、(c)为三种不同的编码图案,图 6-7(a)与图 6-7(b)相加得到图 6-7(c);图 6-7(d)、(e)、(f)是它们的远场方向图,图 6-7(g)、(h)、(i)分别是类比的频谱。其中,第一个十字形编码图案[见图 6-7(a)]采用 0 和 2 编码构成,第二个编码图案[见图 6-7(b)]由"0 1 2 3 0 1 2 3 …"梯度编码序列构成,将它们相加然后对 4 取模,便可得到图 6-7(c)中的编码图案。第一个编码图案的远场方向图[见图 6-7(d)]经过与图 6-7(e)中的单波束方向图相卷积,使整体偏转向单波束的方向,并且仍旧保留原有方向图的形态,如图 6-7(f)所示。利用该编码方案可快速地生成指向任意角度的单波束,不仅极大地减少了采用智能优化算法所花费的时间,而且可以实现上半空间任意角度的连续扫描。

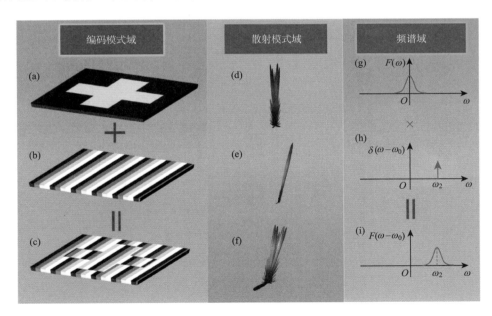

图 6-7　基于编码超材料的数字卷积定理

该系列工作由于其开创性被美国光学学会 Optics & Photonics News 遴选为 2016 年具有突破性的 30 项光学成果之一,同时入选《中国激光》杂志社遴选的 2016 年全球光学十大科研进展之一,被国家自然科学基金委选为 2016 年十大基础研究主要进展之一。

基于该工作,后续随即设计一种新型的可控型漫反射材料(controllable random scattering material)[15],它与常规漫反射材料[见图 6-8(a)]不同。常规随机编码图案形成的漫反射是不可预测、不可控制的,全新的可控型漫反射超表面,顾名思义,这种超表面能够产生一种方向可控的漫反射方向图,如图 6-8(b)所示,原本围绕在法线周围的随机散射波束被偏转向右侧。与前几章中采用周期性梯度波束生成单个或多个指向确定角度的周期性编码图案不同,可控型漫反射超表面并不是用于生成一系列指向特定角度的波束,而是用于控制一簇或者多簇随机波束在空间不同角度范围出现的概率。图 6-8(c)给出了可控型漫反射超材料编码图案生成的示意图,即将左侧的随机图案与中间的周期性梯度图案相叠加,便可得到右侧的复合图案,由于复合图案同时保留了随机性和梯度周期性编码图案的特征,因此其远场方向图也就继承了它们远场方向图的特点。

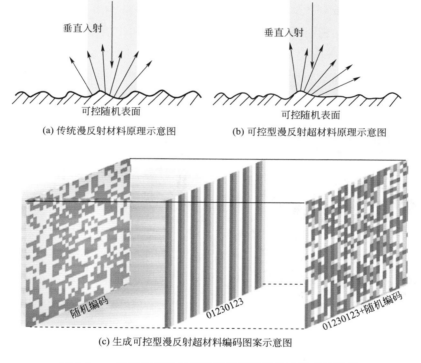

(a) 传统漫反射材料原理示意图 (b) 可控型漫反射超材料原理示意图

(c) 生成可控型漫反射超材料编码图案示意图

图 6-8 一种基于编码超材料的新型的可控型漫反射材料

这种可控型漫反射超表面将在微波频段、红外、光频段甚至声波段产生潜在的应用和变革。例如,在微波频段,可通过生成一系列指向不同角度范围的随机波束来增大单传感器成像系统[16]的成像区域范围,提高成像质量;在光波段,可形成新漫反射材料,用于建筑物外立面、服装材料等,呈现独特的漫反射效果,也可用作灯罩或者投影幕布的反射材料,使光线散射到指定区域。

6.2.5　编码超材料中的加法定则

为了实现对远场方向图更为灵活多样的控制,Cui 等人在数字卷积工作的基础之上提出了基于数字编码超材料的加法定则[17],如图 6-9 所示,提供了一种调控电磁信息的新方法。加法定则的基础是复数编码,复数编码从电磁波的本质出发,将相位信息所在的复数部分整体用作编码,也就是将数字编码推广到复数域。为了直观地表示复数编码的性质,根据复数编码的几何意义引入了复平面内的单位圆,称为编码圆,每一个任意比特的复数编码状态都可以在编码圆上找到相应的点,其相位恰好对应着这个点对应的辐角。因此,复数编码所对应的加法定则不同于标量编码叠加,而应该按照平行四边形法则进行矢量叠加。

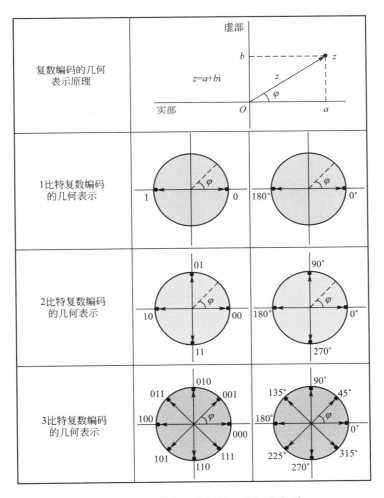

图 6-9　基于数字编码超材料的加法定则

加法定则的物理意义可以从微观和宏观两个方面来解释。从微观层面来看,加法定则揭示了不同比特编码之间的相互联系,即两个比特编码相叠加,得到的结果是 +1 比特的编码,所以不同比特的编码可以通过加法定则相互转换;从宏观层面来看,加法定则的意义在于将两种或多种不同的功能进行叠加,进一步拓展了数字编码超材料编码图案,增强了设计自由度。

6.2.6　编码超材料与信息熵

无线通信系统是信息超材料的一大重点应用,同时也可体现信息超材料在数字化、信息化方面的优势。图 6-10(a)是基于信息超材料的无线通信系统的示意图,该系统由三大部分组成,即发射机、接收机以及信道,其工作原理与现有的无线通信系统有所不同,发射机由可编程超材料构成,信息以不断变换的远场方向图的形式辐射到空间,经过无线信道的衰减、多径效应以及噪声干扰后抵达多个接收机,接收机通过对远场方向图进行采样,恢复出原始发送的信息。为了评估信息超材料所辐射的信息量的大小,崔铁军教授团队首次提出利用信息熵(information entropy)来评估具有不同编码图案的编码超材料所携带的信息量[10],由此可通过设计不同的编码图案来操控编码超材料所辐射的信息量。文献[10]中提出了一种改进型信息熵,其计算方式如图 6-10(b)所示,对于 1 bit 编码超材料,相邻编码单元组存在四种不同的组合 $G(0;0)$、$G(0;1)$、$G(1;0)$、$G(1;1)$,根据式(6-3)计算这四种编码单元组合在编码超材料中出现的概率,就可得到该编码图案的信息熵:

$$H_2 = -\sum_{i=1}^{2}\sum_{j=1}^{2} p_{ij}\log_2 p_{ij} \tag{6-3}$$

大量的数值仿真与理论计算结果显示,信息熵可以用来评估具有不同编码图案的编码超材料所携带信息量的大小,编码图案越随机,编码图案的几何熵与远场方向图的物理熵就越大,并且两者之间存在正比关系,这恰好与熵在热力学中的原始定义相吻合,也与香农提出的信息熵定理相一致。采用信息熵作为分析工具,可以准确地实现具有任意信息量的远场方向图,为编码超材料应用于无线通信、雷达成像等领域奠定了基础。

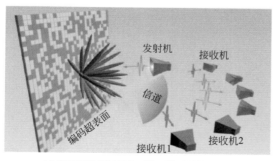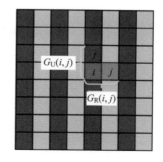

(a) 基于信息超材料的无线通信系统的示意图　(b) 编码超材料信息熵计算原理示意图

图 6-10　编码超材料与信息熵

6.3　信息超材料的制备及性能研究

6.3.1　太赫兹编码超材料制备工艺

微波频段的编码超材料的制备可以采用成熟的印制电路板(PCB)工艺技术,然而太赫兹频段的编码超材料由于几何尺寸通常处于微米量级,需要采用精度更高的微纳加工工艺。这里首先简要介绍太赫兹频段的反射式和透射式编码超材料的制备工艺。图 6-11(a)给出了反射式编码超材料的加工流程:第一步,利用电子束蒸发在一片 2 英寸硅片上蒸镀 30 nm 厚的钛和 180 nm 厚的金,该层作为反射式编码超材料的金属背板;随后将液态的聚酰亚胺旋涂在金层之上,并在热板上以阶梯温度 80 ℃、120 ℃、180 ℃、250 ℃ 进行固化,加热时间分别为 5 min、5 min、5 min、20 min,聚酰亚胺层的厚度取决于旋转速度,较厚的聚酰亚胺层需多次重复上面步骤。第二步,采用光刻工艺将掩模板的图案转移到光刻胶上,之后再次进行蒸镀工艺;最后将样品浸泡在丙酮溶液中,少许,超声清洗,便可得到最终的样品,如图 6-11(b)所示。

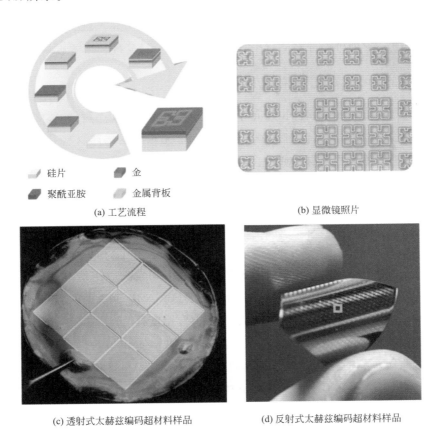

硅片　　　金
聚酰亚胺　　金属背板

(a) 工艺流程　　　　　　　　　　(b) 显微镜照片

(c) 透射式太赫兹编码超材料样品　　　(d) 反射式太赫兹编码超材料样品

图 6-11　太赫兹编码超材料的加工工艺及样品照片

虽然在首次提出编码超材料的概念时是以反射式编码单元作为示例，但编码超材料所涵盖的范围不仅限于反射式编码超材料，还包括透射式编码超材料。透射式编码超材料通常分为两种：一种是与反射式编码超材料类似的，即样品包含硬质基底硅片，其加工流程与反射式编码超材料几乎一致，不同之处在于透射式编码超材料不需要预先沉积金属背板层；另一种是柔性透射式编码超材料，样品直接由金属层和聚酰亚胺层构成，不包含硬质基底，因此整个材料具有柔性超薄的特点，如图 6-11(c)所示[18]，其具体加工流程如下：①在 2 英寸硅片上制备 5 μm 厚的聚酰亚胺保护层，随后利用剥离工艺(lift-off)在聚酰亚胺保护层上制作最底层的金属开口环谐振环图案；②重复以上步骤，依次完成剩余的聚酰亚胺介质层和金属图案的制作；③将整个样品浸泡于纯氢氟酸溶液中 30 min，取出清洗后，样品便可轻易地从硅片上取下来。图 6-11(c)所示的透射式编码超材料具有无基底支撑(free-standing)、柔性、高透过率等优点，可高效地调控透射波的相位分布，实现异常折射和贝塞尔波束聚焦等功能；同时由于样品正反面均覆盖有 5 μm 厚的聚酰亚胺保护层，因此整个样品具有抗物理磨损、耐化学腐蚀的特点。

当然，反射式编码超材料同样可以利用该工艺将其从硅片上取下来，如图 6-11(d)所示。[11]其柔性超薄的特性有助于其与各种物体共型，实现目标雷达散射截面缩减等功能。实验测试中，由于太赫兹时域光谱仪的波束宽度通常小于 5 mm，因此样品的物理尺寸仅需大于 10 mm×10 mm 即可保证在测试中太赫兹波不受到样品外物体的影响。

6.3.2　微波频段可编程超材料的加工方案

对于现场可编程超材料而言，由于每个可编程单元的状态动态可调，需要加载主动式有源元器件(如二极管)，因此设计和制备难度要远大于无源的编码超材料。受限于当前微纳加工工艺水平，当前可编程超材料通常在微波频段加工制备。图 6-12(a)给出了微波频段可编程超材料的样机图片[9]，其主要由以下几大模块构成：可编程超材料天线阵列、数字硬件控制模块、馈源天线。其中，可编程超材料天线阵列包含大量的可编程单元及相应的馈线网络，如图 6-12(b)所示；数字硬件控制模块通常由现场可编程门阵列(FPGA)构成，它可动态地改变每个可编程单元上二极管的偏置电压，从而实时调控可编程单元的数字状态，形成不同的编码图案；馈源天线根据可编程超材料阵列的规模和实际应用情况采用不同类型的天线。在实际应用中，为了减小馈源天线对反射波束的遮挡效应，可采取偏馈的形式，因此需要考虑如何对偏馈馈源所导致的非平面波阵面进行相位/幅度补偿，以保证波束形态不受影响。

可编程超材料的制备难点之一在于馈线网络(feeding network)的设计与加工。由于可编程超材料的每个单元需要独立的馈线控制，而整个可编程超材料阵列通常包含数以千计的单元，如果为每一个单元都配置一根独立的控制线，将导致庞大的馈线网络，其复杂度将随着阵列规模的扩大迅速增大，庞大的馈线数目导致其无法与 PCB 电路板相集成。图 6-12(c)所示的是空军工程大学曹翔玉教授课题组与清华大学杨帆教授课题组共同研制的一款包含 1 600 个可编程单元的 X/Ku 波段可编程超材料天线[19]，每个单元加载一个开关二极管（MACOM MADP-000907-14020），所有单元均可被 FPGA 独立调控，该天线能够实现±60°范围内的波束扫描［见图 6-12(d)］，具有优异的增益（接近 30 dB）和旁瓣抑制。然而，该方案依旧采取一对一的馈线设计方案。为了进一步研制超大规模阵列的可编程超材料，可采用类似液晶屏控制原理的行列扫描式的馈线设计方案，该方案可将馈线数量由 N^2 缩减至 $2N$ 数量级，这不仅有助于馈线的板上集成，同时还可减小馈线对波束的影响。

(a) 可编程超材料天线系统的构成

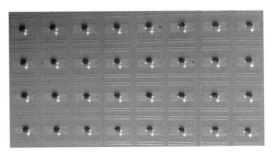

(b) 可编程超材料局部照片

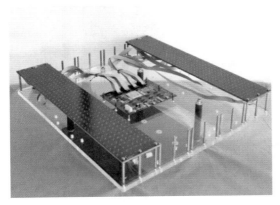

(c) 包含 1 600 个可编程单元的X/Ku波段可编程超材料
天线实物图

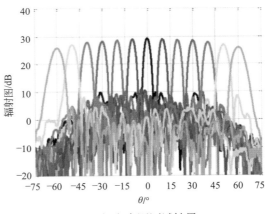

(d) 远场方向图测试结果

图 6-12　可编程超材料

6.3.3　声波编码超材料与机械波可编程超材料

编码与可编程超材料自提出以来便受到国内外学者的广泛关注，其概念不仅限于电磁波范畴，同样也适用于声波领域。2016 年，南开大学田建国教授、陈树琪教授等首次提出了声波编码超材料（acoustic coding metamaterial）[20]，与电磁波频段的数字编码超材料相类似，声波编码超材料可对声波进行波束分离、聚焦等操控，如图 6-13(a)所示。图 6-13(b)所示为 1 bit 透射式声波编码超材料单元 0 和单元 1，当声波从单元底部入射时，从上面缝隙出射的声波与入射波之间存在一定的相位差，通过精心设计上下缝隙的位置，可以使编码单元

0 和单元 1 之间的出射波相位恰好为 180°[见图 6-13(c)、(d)]。不同于包含多种单元结构的传统超材料/超表面,由于 1 bit 比特声波编码超材料仅包含两种不同的单元结构,因此可以在相对较宽的带宽内保持 0 和 1 单元之间的 180°相位差,这是编码超材料的优势所在。

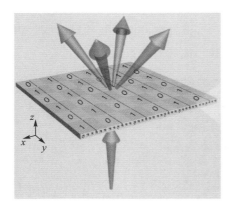

(a) 功能演示示意图

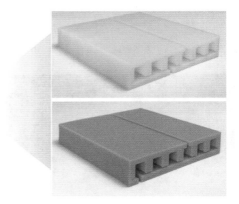

(b) "0" 和 "1" 编码单元样品照片

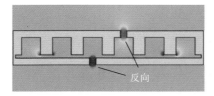

(c) "0" 和 "1" 编码单元的场分布示意图(反向)

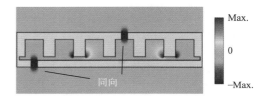

(d) "0" 和 "1" 编码单元的场分布示意图(同向)

图 6-13 声波编码超材料

现场可编程超材料的概念同样深入机械波领域。北京理工大学胡更开教授、张凯教授等设计了首个机械波领域的可编程超材料[21],如图 6-14 所示。通过动态切换编码图案,可对低频机械波(<200 Hz)进行导引或者隔离等操作,这些功能的实现依赖于精心设计的机械波可编程超材料单元结构,该单元结构内的电磁铁在通电与断电的情况下,可形成分离模式和接触模式两种不同的机械构型。它们具有不同的谐振特性,对机械波显现出不同的能带特性,因而被用作可编程超材料的单元 0 和单元 1。

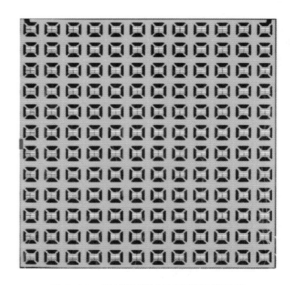

图 6-14 机械波领域的可编程超材料

6.3.4　可编程超材料关键技术及待解决的问题

与编码超材料相类似,可编程超材料在高频段的制备将同时受到器件性能及工艺技术限制两方面的挑战,其中技术难点主要归纳为以下几点:

(1)现有的毫米波和太赫兹频段的商用二极管性能及贴装方式难以满足需求,需要采用微纳加工技术定制,并精确测量其电路模型参数。

(2)需要采用多层金属互连的方式以解决复杂的馈线网络设计问题,这将十分考验微纳加工技术,并带来高昂的造价。

(3)相比于反射式可编程超材料,透射式可编程超材料有更为方便的馈源设计和更加紧凑的整体结构,具有更广泛的适用范围和应用场景,但其设计及加工上仍面临众多工程技术难题。由于电磁波将穿过整个可编程单元结构,因此在设计优化时需要将馈线网络与单元结构整体考虑,最大限度减小馈线网络对透射波束幅度和相位的影响,因此也就无法采用一对一形式的馈线布置方案。

为了使可编程超材料适用于更多应用场景,各类可编程超材料还将面临一些共同的技术问题,例如如何实现各向同性的可编程单元、高比特的可编程单元以及宽带可编程单元。

6.4　信息超材料的应用前景

6.4.1　基于编码超材料的低散射高增益法布里-珀罗谐振腔天线

传统的相控阵可以实现高定向性辐射,但是其造价高昂,馈电网络复杂且损耗大。虽然反射阵和传输阵天线也可满足高增益需求,但是一般需要外部馈源来激励,导致天线整体剖面无法缩小。如何使天线同时具有紧凑的结构和高定向性,是天线领域的一个研究热点。同时,在隐身技术和雷达探测领域,天线作为通信系统中关键的设备,如何在不牺牲天线辐射性能的前提下有效地减少雷达散射截面(RCS)成为一个广泛关注的问题。

Cui 等人借鉴法布里-珀罗(Fabry-Perot)谐振腔天线紧凑的结构和高增益特点,设计了一种基于编码超材料的低散射高增益法布里-珀罗谐振腔天线[22],如图 6-15 所示。该天线由上下两层反射板构成,其中,上层反射板的上表面为编码超材料,下表面为部分反射表面,由若干个工字型单元构成的反射板,中心位置处有一个微带贴片天线,作为激励源。该设计在保证天线良好辐射性能的同时有效地降低了 RCS。实验和仿真结果显示,具有随机编码图案的编码超材料可在 8~12 GHz 的宽频带内实现良好的 RCS 缩减,在整个 X 波段内RCS 平均降低了 9.2 dB;在工作频点 10 GHz 处,RCS 缩减为 16 dB。

该设计与传统的法布里-珀罗谐振腔天线相比,能够在更宽的带宽内呈现较低的 RCS;

与现有采用焊接电阻的吸波表面相比,介质板厚度较薄,且无须焊接大电阻,在一定程度上避免了由电阻损耗带来的增益损失,保持了天线的辐射效能。更重要的是,该设计摒弃了基于等效媒质参数的分析设计方案,采用离散的单元编码形式,利于后期优化超表面的随机编码排布,从而获得最佳的 RCS 缩减。天线整体结构紧凑,剖面较低,制造简单,操作方便,适用于基站、汽车雷达等实际场合。

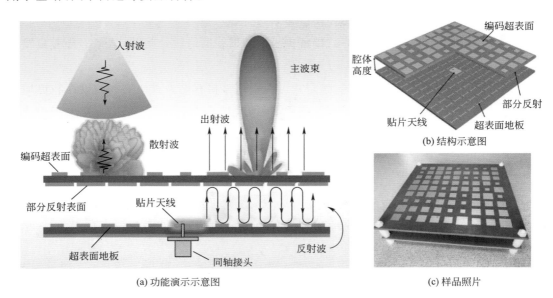

图 6-15　基于编码材料的低散射高增益法布里–珀罗谐振腔天线

6.4.2　基于 GRS 多项式的编码超材料最优化漫反射

缩减目标的 RCS 一直以来是电磁学领域的一大研究热点,该技术可降低目标的可探测性,甚至实现隐身,因此在国防领域具有重要的应用前景。在首次提出编码超材料的概念时,便展示了如何利用随机编码图案对电磁波进行漫反射,从而减小金属板的 RCS[9]。仿真与实验结果均显示其能够在一定带宽内有效降低金属平板的背向 RCS,随后该技术被推广至太赫兹频段[23]。然而早期的尝试仅仅考虑了背向(法线角度)的 RCS 缩减,如何实现半空间内所有角度 RCS 的最大化抑制? 单纯随机图案是否可以实现最优的 RCS 缩减? 是否存在更为优化的编码图案? 这是业内普遍关心的问题。

带着这些疑问,意大利萨尼奥大学 Vincenzo Galdi 教授团队,从理论角度对如何利用编码超材料进行最优化的电磁波漫反射进行了深入的研究[24],给出了编码超材料对电磁波漫反射机理的深刻物理解释,并讨论了给定尺寸金属平板的 RCS 缩减的理论物理极限。为了实现最大化的半空间 RCS 缩减效果,采用了一种在数学上被称为 Golay-Rudin-Shapiro (GRS)的多项式来计算相应的编码图案,并给出了一套优化策略用于快速计算大型编码超材料的最优化编码图案[见图 6-16(a)],实现了如图 6-16(b)所示的最优化漫反射远场方向图,其漫反射效果可以与原本需要采用大量数值仿真计算的方式相比拟。与之前采用单纯随机编码图案的漫反射方向图不同,这种基于 GRS 多项式的编码图案能够保证上半空间任意角度的散射强度低于设定值,极大地降低了目标在多站雷达探测下的可见性,进一步拓展了编码超材料在目标 RCS 缩减领域的应用前景。同时,该工作也进一步体现信息超材料在与传统信息论相结合方面的优势。

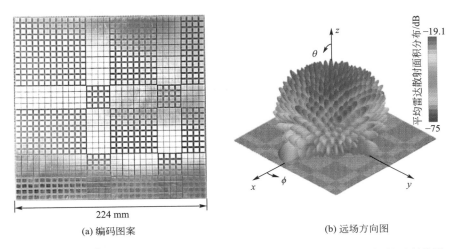

(a) 编码图案　　　　　　　　　　　(b) 远场方向图

图 6-16　基于 Golay-Rudin-Shapiro(GRS)多项式的编码超材料的最优漫反射设计

6.4.3　基于编码超材料的单天线成像系统

如何利用单个传感器同时作为发射机和接收机来对目标进行成像一直以来是电磁学领域的一个研究热点。解决此问题可显著地减少成像系统的探头数量,减小系统的体积和质量,然而所面临的问题是如何在单探头的情况下保证成像的速度和质量。2016 年,Cui 首次采用可编程超材料实现了一种单天线、单频点、不扫描式的成像系统[16],如图 6-17(a)所示。其核心原理是利用可编程超材料产生大量的随机波束照射待成像目标,并接受其回波信号,随后通过求解逆散射矩阵来获得最终目标的像。该成像系统背后的核心技术在于如何实现大规模的可编程超材料,用于实时动态地产生各种各样的随机远场方向图。为了解决这一问题,有研究者设计了如图 6-17(b)所示的 2 bit 透射式可编程单元结构,该单元包含两个开关二极管,分别位于单元的正反两面,二极管的一端连接至中心的金属方片,另一端连接在四周的金属方框上,两个二极管的开关状态可以独立控制,从而实现 00、01、10、11 四种状态。为了减小馈线数量,采取了一种"行+列"的馈线方案,即每个单元的正面二极管按行控制,反面二极管按列控制,这样总共所需的馈线数量 N 从"行×列"减少为"行+列",虽然这样的控制方式无法对每一个可编程单元实施独立调控,但可生成各种各样的随机波束,满足成像系统的要求。图 6-17(c)是该成像系统的实验装置图,为了测试该系统的成像效果,将一个由金属铜箔制作的 T 形图案作为待成像目标。图 6-17(d)为在 9.2 GHz 频率下的成像结果,清晰的 T 形图样证明了该成像系统的性能。

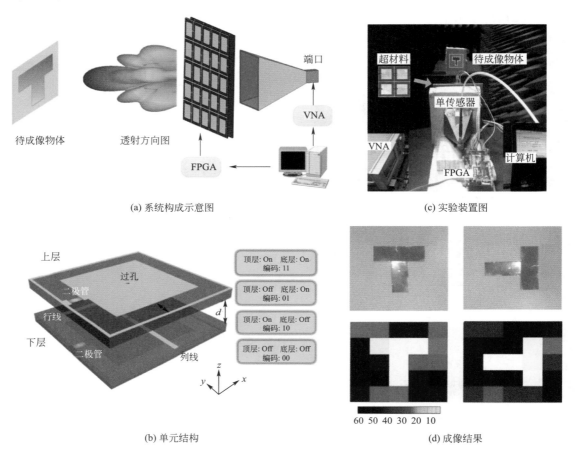

图 6-17 基于 2 bit 透射式可编程超材料的单天线、单频点、不扫描的成像系统

然而,由于最初的样机只包含 5×5 个可编程单元,最终的图像像素也仅包含 5×5 像素,为了进一步提高成像的解析度,增强基于可编程超材料的成像系统的实用性,北京大学李廉林教授团队和东南大学崔铁军教授团队随后研制了一款包含 20×20 可编程单元的成像系统。由于仍然采用"行+列"的调控方案,总共仅需要 40 根控制线。为了提高成像的准确性,采用了更为先进的成像算法,通过数百次采样,并求解一个稀疏-正规化的凸优化问题,实现了更高分辨率的可编程超材料成像系统。

6.4.4 基于编码超材料的全息成像系统

全息成像是一种利用干涉和衍射原理记录并再现物体三维图像的技术,在显示成像、数据安全、数据存储方面有广泛的应用。然而传统全息成像系统存在诸多问题,例如有限的分辨率和成像质量,与波长相比拟的厚度。近年来,研究者们采用超表面来设计太赫兹、红外和光频段的全息成像器件[25-27],但它们只能呈现固定的图像。2017 年,北京大学李廉林教授团队和东南大学崔铁军教授团队等合作,首次利用 1 bit 可编程超材料实现了动态可调的微波全息成像系统[28](electromagnetic reprogrammable coding-metasurface holograms),如图 6-18 所示。通过 FPGA 内嵌的改进型 Gerchberg-Saxton(GS)算法实时地计算所需的编码图案,将其以电压的形式赋予可编程超材料的每一个单元,便可在距离超材料 400～500 mm 处的像平面上实时地呈现不同的微波图像。原型机的工作带宽约 0.5 GHz(中心频率为 7.8 GHz),且拥有良好的系统效率(约 60%)和信噪比(约 10)。该系统不仅实现了首个可编程的全息成像系统,而且由于可编程超材料的亚波长特点,所呈现的图像具有更高的空间分辨率、更低的噪声和更高的准确性;另一个优点在于更小的可编程单元尺寸可以减小衍射效应,从而提高成像效率。

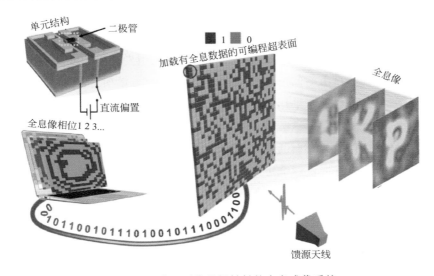

图 6-18 基于可编程超材料的全息成像系统

6.5 信息超材料发展趋势

6.5.1 发展回顾

信息超材料自 2014 年提出以来,便受到了国内外学者的广泛关注,得到了迅猛的发展,产生了一系列原创性成果[8,29],限于篇幅,本章仅介绍了 2017 年以来众多成果中的一部分,还有很多出色的成果,例如太赫兹双频段编码超材料[30]、具有锥形波束的编码超材料天线[31]、基于 PB 相位编码超材料的自旋受控的多波束及涡旋波束天线[32]、基于闵可夫斯基分型结构的太赫兹编码超材料[33]、编码超材料的编码图案软件自动化设计[34]等未介绍。这将对科学及工业界产生直接或间接的影响,例如,各向异性超材料可以用于实现双极化全息成像,或用于提高光存储器件的存储密度;柔性超薄的编码超材料可以覆盖在飞行器或天线上以减小 RCS。信息超材料的提出不仅简化了超材料的设计流程,提高了调控电磁波的灵活度,扩大了调控范围,更重要的是,编码超材料与信息理论相结合的工作体现了将超材料数字化所带来的显著优势。可以预见,更多传统数字信号处理与信息科学的理论将直接应用于编码超材料的分析与设计,有助于形成一系列具有全新调控功能的电磁材料和器件。

6.5.2 发展趋势

信息超材料正处于蓬勃发展时期,当前还有很多有待研究与提升之处,这里给出信息超材料在未来几年的研究方向。

(1)当前基于超表面的电磁波调控主要集中在空域,重点研究超材料对电磁波的散射特性。然而,时间和空间是相互依存的,从理论上说,完全可以通过调整材料的时域特性来调控电磁波。通过对空间相位不连续性引入时域上的动态变化,会产生频谱搬移现象,且其法向动量将获得额外的增量。因此,通过合理设计由超表面引发的空时相位变化,可以同时从时域、频域和空域上调节自由空间电磁波的频谱性质和辐射/散射方向图。

(2)当前可编程超材料通常采用电控的方式,即通过外部偏置电压来控制每个可编程单元上二极管的状态,改变单元的谐振特性,从而实现对电磁波相位的调控。然而,对于大规模阵列的可编程超材料,需要设计庞大且复杂的馈线电路,一方面很难实现馈线的板上集成,另一方面复杂的馈线将严重影响可编程超材料的电磁响应。另外,由于二极管的状态需要电力维持,无法在断电后保持状态,对于超大规模的可编程超材料来说,维持静态编码图案所需的能耗不可忽略。为了解决这一技术难题,可设计机械式可编程超材料。由于其独特的机械特性,机械式可编程超材料不仅可以避免电控式可编程超材料因大量馈线所带来的电磁性能恶化问题,而且可以在断电后保持编码状态,同时还支持构建任意比特的可编程超材料。更令人欣喜的是,由于机械式可编程超材料本身具有低色散和宽带特性,它可以与常规编码超材料相结合,实现对电磁波更加灵活多样化的调控,例如任意波束形态的极化旋转器、宽带波束调控等。

(3)可编程超材料可以用于实现全新的直接辐射无线数字通信系统,该系统包括一个发射机和多个接收机,其中发射机由现场可编程门阵列模块(FPGA)、可编程超材料、馈源天线组成。与传统数字通信系统相比,直接辐射无线通信系统无须软件层加密,而直接从物理层面保证了所传递的信息的不可截获特性,具有堪比量子通信的数据传输安全性;另一个优点是数字信号直接编码到可编程超材料上面,并且通过其直接辐射到自由空间,省去了传统通信系统之中加载中频载波的过程,简化了通信系统的复杂度。

东南大学崔铁军教授在为英国皇家材料学会会刊 *Journal of Materials Chemistry C* 撰写的综述《信息超材料和信息超表面》一文中[8],给出了信息超材料未来的发展脉络,如图 6-19

所示。当前,信息超材料已经走过了前两个阶段,即编码与现场可编程超材料,沿着这条路
继续向前探索,将迎来软件化的信息超材料,它依靠大数据和机器学习算法产生大量的编码
图案数据库,能够实时地根据实际电磁环境产生所需的多波束。随着进一步演化,将达到信
息超材料的最终极目标,可认知超材料,它将集成多种传感器,能够实时感知周围电磁环境,
从而像变色龙一样在探测信息、传递信息的同时隐身自我,这种可认知超材料可用于设计国
防领域的智能蒙皮,根据用户设定及实际环境选择性地反射或吸收电磁波。相信未来信息
超材料的发展趋势将沿着信息化、自适应、智能化的方向继续发展,将与信息学科充分交叉
结合,衍生出具有自我感知、机器学习能力的信息超材料。

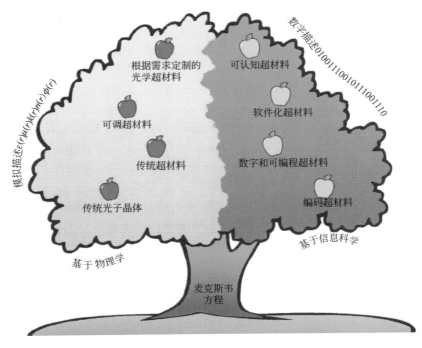

图 6-19　信息超材料的未来发展脉络

参考文献

[1]　LUO C, JOHNSON S G, JOANNOPOULOS J D, et al. All-angle negative refraction without nega-
tive effective index[J]. Physical Review B, 2002, 65(20): 201104.

[2]　PENDRY J B. Negative refraction makes a perfect lens[J]. Physical Review Letters, 2000, 85(18):
3966-3969.

[3]　YU N, GENEVET P, KATS M A, et al. Light propagation with phase discontinuities: generalized
laws of reflection and refraction[J]. Science, 2011, 334(6054): 333-337.

[4]　LIU R, JI C, MOCK J J, et al. Broadband Ground-Plane Cloak[J]. Science, 2009, 323(5912): 366-

369.

[5] MA H F, CUI T J. Three-dimensional broadband ground-plane cloak made of metamaterials[J]. Nature Communications, 2009, 1(3): 21-32.

[6] LIU S, CHEN H, CUI T J. A broadband terahertz absorber using multi-layer stacked bars[J]. Applied Physics Letters, 2015, 106(15): 163702.

[7] LANDY N I, BINGHAM C M, TYLER T, et al. Design, theory, and measurement of a polarization insensitive absorber for terahertz imaging[J]. Physical Review B Condensed Matter & Materials Physics, 2008, 79(12): 125104.

[8] CUI T J, LIU S, LEI Z. Information metamaterials and metasurfaces[J]. Journal of Materials Chemistry C, 2017, 5(15): 3644-3668.

[9] CUI T J, QI M Q, WAN X, et al. Coding metamaterials, digital metamaterials and programmable metamaterials[J]. Light: Science & Applications, 2014, 3(10): 218-227.

[10] CUI T J, LIU S, LI L L. Information entropy of coding metasurface[J]. Light Science & Applications, 2016, 5(11): 16172.

[11] LIU S, CUI T J, QUAN X, et al. Anisotropic coding metamaterials and their powerful manipulation of differently polarized terahertz waves[J]. Light Science & Applications, 2016, 5(5): 16076.

[12] LIU S, ZHANG H C, ZHANG L, et al. Full-state controls of terahertz waves using tensor coding metasurfaces[J]. Acs Applied Materials & Interfaces, 2017, 9(25): 21503.

[13] WU H, LIU S, WAN X, et al. Controlling energy radiations of electromagnetic waves via frequency coding metamaterials[J]. Advanced Science, 2017, 4(9): 5604377.

[14] LIU S, CUI T J, ZHANG L, et al. Convolution operations on coding metasurface to reach flexible and continuous controls of terahertz beams[J]. Advanced Science, 2016: 1600156.

[15] LIU S, CUI T J. Flexible controls of scattering clouds using coding metasurfaces[J]. Scientific Reports, 2016(6): 37545.

[16] LI Y B, LI L L, XU B B, et al. Transmission-type 2-bit programmable metasurface for single-sensor and single-frequency microwave imaging[J]. Scientific Reports, 2016(6): 23731.

[17] WU R Y, SHI C B, LIU S, et al. Addition theorem for digital coding metamaterials[J]. Advanced Optical Materials, 2018, 6(5): 1701236.

[18] LIU S, NOOR A, LIANG L D, et al. Anomalous refraction and nondiffractive bessel-beam generation of terahertz waves through transmission-type coding metasurfaces[J]. Acs Photonics, 2016, 3 (10): 1968-1977.

[19] YANG H H, YANG F, CAO X Y, et al. A 1600-element dual-frequency electronically reconfigurable reflect array at X/Ku bands[J]. IEEE Transactions on Antennas & Propagation, 2017, 65(6): 3024-3032.

[20] XIE B, TANG K, CHENG H, et al. Coding acoustic metasurfaces[J]. Advanced Materials, 2016, 29(6): 27921327.

[21] WANG Z, ZHANG Q, ZHANG K, et al. Tunable digital metamaterial for broadband vibration isolation at low frequency[J]. Advanced Materials, 2016(28): 9857-9861.

[22] LEI Z, XIANG W, LIU S, et al. Realization of low scattering for a high-gain fabry-perot antenna using coding metasurface[J]. IEEE Transactions on Antennas & Propagation, 2017, 65(7):

3374-3383.

[23]　GAO L H, CHENG Q, YANG J, et al. Broadband diffusion of terahertz waves by multi-bit coding metasurfaces[J]. Light Science & Applications, 2015, 4(9): 26561182.

[24]　MOCCIA M, LIU S, RUI Y W, et al. Coding metasurfaces for diffuse scattering: scaling laws, bounds, and suboptimal design[J]. Advanced Optical Materials, 2017, 5(19): 1700455.

[25]　LAROUCHE S, TSAI Y J, TYLER T, et al. Infrared metamaterial phase holograms. [J]. Nature Materials, 2012, 11(5): 450-454.

[26]　WALTHER B, HELGERT C, ROCKSTUHL C, et al. Spatial and spectral light shaping with meta-materials[J]. Advanced Materials, 2012, 24(47): 6300-6304.

[27]　HUANG L, MUHLENBERND H, LI X, et al. Broadband hybrid holographic multiplexing with geometric metasurfaces[J]. Advanced Materials, 2015, 27(41): 6444-6449.

[28]　LI L, CUI T J, WEI J, et al. Electromagnetic reprogrammable coding-metasurface holograms[J]. Nature Communications, 2017, 8(1): 28775295.

[29]　LIU S, CUI T J. Concepts, working principles, and applications of coding and programmable meta-materials[J]. Advanced Optical Materials, 2017, 5(22): 1700624.

[30]　LIU S, ZHANG L, YANG Q L, et al. Frequency-dependent dual-functional coding metasurfaces at terahertz frequencies[J]. Advanced Optical Materials, 2016, 4(12): 1965-1973.

[31]　LIU S, CUI T J. Flexible controls of terahertz waves using coding and programmable metasurfaces [J]. IEEE Journal of Selected Topics in Quantum Electronics, 2016, 23(4): 1-12.

[32]　ZHANG L, LIU S, LI L, et al. Spin-controlled multiple pencil beams and vortex beams with different polarizations generated by pancharatnam-berry coding metasurfaces[J]. Acs Applied Materials & Interfaces,2017(9): 36447-36455.

[33]　GAO L H, CHENG Q, YANG J, et al. Broadband diffusion of terahertz waves by multi-bit coding metasurfaces[J]. Light Science & Applications, 2015, 4(9): 324-330.

[34]　ZHANG Q, WAN X, LIU S, et al. Shaping electromagnetic waves using software-automatically-designed metasurfaces[J]. Scientific Reports, 2017, 7(1): 28620212.

第7章 热学超材料的设计及应用

如何在宏观尺度上自由控制热流一直是人类的梦想,这种控制技术在热能储存或收集、热能输运、热能转换、热能利用诸方面有着重要的应用。在过去的 12 年里(2008—2020),热学超材料已经被证明是实现这一目的的有希望的候选材料。本章主要论述包括以下新奇现象和功能器件设计以及初步的实际应用:热隐身斗篷、热聚集器、双功能、热旋转器、宏观热二极管、热伪装、热透明、热晶体、零能耗保温器、网络中的反常热传导、热对流隐身斗篷/聚集器/伪装,以及热辐射制冷。涉及三种基本的传热方式,即热传导、热对流和热辐射,其中用到的设计理论主要包括:变换热学(热传导)、拉普拉斯方程、能带理论、相变理论、变换热对流,以及热辐射理论。最后预测和评论热学超材料从基础研究到工业应用的前景。

7.1　热学超材料概述

随着能源危机的到来,煤炭、石油、天然气等优质能源越来越少,同时越来越多的低质能量(例如热能)因为低效使用而产生。因此,如何充分利用热能就显得尤为重要。幸运的是,热学超材料(thermal metamaterial)的产生,为人们在宏观尺度上控制热传递提供了一个有效的方法。

事实上,许多学者已经对微观尺度下的热传递进行了深入的研究,例如对声子学与热学元计算器件的系列工作[1-6],这对微观传热研究产生了显著的影响。然而,基于人工设计的宏观结构材料,对传热的宏观控制的研究却很少。

2008 年,Fan 等人[7]将变换光学[8,9]中的方法应用到热场(热传导或热扩散)之中,并预言了热隐身斗篷(thermal cloak)和表观负热导率的概念,这些概念在热防护、欺骗红外探测以及保温或散热等方面有潜在的应用。

随着变换热学理论(transformation thermotics)的建立[7,10],出现了一个通过设计人工结构来实现新奇热学现象的研究热潮。热隐身斗篷[7,10-14]的理论概念启发了后续的众多实验工作[15-19],并引起了大众关注[20-22]。如图 7-1 所示,这一工作[7]同时也标志着扩散系统正式被纳入此前以波动系统为研究对象的超材料领域中。

在公开出版的学术期刊中,“热学超材料”是由 Maldovan 命名的[23],他用该名字命名通过变换热学理论[7,10,13,15,16]设计的热隐身斗篷及相关器件,从而导致热学超材料这个方向的正式形成。当然,当时提出的“热学超材料”只限于热传导,但是之后其内涵被显著扩展。因此,迄今为止,热学超材料还包括那些具有新奇特性的用来控制热对流[24-25]和热辐射[26-28]的人工结构材料。总而言之,热学超材料可被视作材料或者器件,它们具有新奇的宏观上的热学特性。这种特性主要源于它们的几何结构,而不仅仅是组成材料的物理或热学性质。值得一提的是,这些几何结构通常是由人工设计出来的,它们在自然界中并没有。

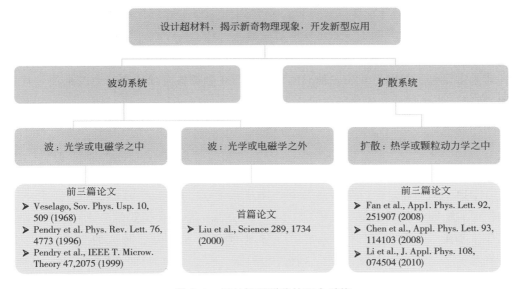

图 7-1 超材料所覆盖的两大系统

现有的用于热操控的材料大致可以分为两类。一类由材料物理性质主导,如热电材料、磁热材料、光热转换材料等。另一类由几何结构主导。对于后者而言,通常的结构材料可以帮助实现普通的热流控制,但是热学超材料可以被用来实现新奇的热流控制。

7.2 变换热学设计理论

2008 年,Fan 等人[7]首次将变换光学理论[8-9]引入热传导领域。文献[7]和紧接着的数项研究工作一起,开创了变换热学这一新的研究方向[10-13,15]。几乎同时,变换光学的理论也被相继引入了声学[30]、静电学[31,32]、粒子扩散[33]等系统。本节主要是论述变换热学领域的相关成果。

7.2.1 热隐身斗篷

热隐身斗篷是变换热学预言的第一个概念。正如热隐身斗篷这个名字所蕴含的含义,热隐身斗篷能够使物体在热场或温度场中隐藏起来,就好像它们不存在一样。

Fan 等人研究发现[7],虽然电磁场和温度场遵循不同类型的方程(即前者是波动方程,后者是扩散方程），它们在坐标变换下都是形式不变的。因此，变换光学的方法可以无缝地平移到热学领域。对于热传导，变换热学的数学表达式可以写为：

$$\kappa' = \frac{\boldsymbol{J}\kappa\boldsymbol{J}^{\mathrm{T}}}{\det\boldsymbol{J}} \tag{7-1}$$

式中，κ 和 κ' 是变换前后的热导率张量；$\boldsymbol{J}^{\mathrm{T}}$ 是雅克比变换矩阵 $\boldsymbol{J}$ 的转置矩阵；$\det\boldsymbol{J}$ 是 $\boldsymbol{J}$ 的行列式。利用该理论，他们在形状变化后的梯度介质中发现了表观负热导率的现象。他们的工作为人工操控热传导开辟了一条全新的道路。

在 Fan 等人的工作发表三个月后，Chen 等人提出了改进的热传导变换理论[10]，并在各向异性背景中设计了热隐身斗篷。他们的结果表明在参数各向异性空间中变换热学理论依然适用，变换后的材料参数依赖于空间位置坐标。

虽然热隐身斗篷早在 2008 年就被理论预测了[7,10-12]，其实验上的直接验证在接下来数年依旧是空白。2012 年，Narayana 等人[15]利用多层结构制备了第一个热隐身斗篷装置（多层结构由 40 层交替排列的天然乳胶层和填充了氮化硼颗粒的树脂硅橡胶层组成），填补了实验上的空白。他们的这一成果将热隐身斗篷从理论预测推向了实际应用阶段，在很大程度上激发了后续的热隐身斗篷研究热潮。需要指出的是，根据变换热学理论，所有的隐身斗篷壳层热导率在空间中都存在一个梯度的分布，但是包括 Narayana 等人的实验在内的许多实验都借助于多层的结构实现隐身。这在物理机制上也是合理的，因为根据有效媒质理论，后者在空间上也存在类似的梯度分布。文献中已有的多层结构，通常其中至少有一种是软物质材料，这有助于消除不同材料之间的空气，其对显著降低界面热阻起到了很好的作用，这种做法在宏观尺度（此处特指大于微米尺度）是适用的，此时描述热传导的傅里叶定律能够正常使用。这可能也是热学超材料文献中对界面热阻很少专门去研究的一个原因：无须专门考虑界面热阻，理论与实验已经符合得很好。换言之，在该领域，界面热阻更多地是工程问题，而非物理问题。但在纳米尺度，情况则不一样，源于热声子的弹道输运等因素（此时通常用于描述热传导的傅里叶定律已经失效），此时界面热阻很难消除，并且对热学超材料功能的影响很大，故而需要专门处理[11]。

然而，在文献[7,10-12]中讨论的热隐身斗篷只在稳态条件下才成立。Guenneau 等人[13]通过考虑密度（ρ）和比热容（c），首次将变换热学推广到瞬态情况[见图 7-2(a)]，即

$$(\rho c)' = \frac{\rho c}{\det\boldsymbol{J}} \tag{7-2}$$

他们的工作提供了处理瞬态情况的有效方法。当然，瞬态的变换热学理论也需要实验加以验证。相应地，Schittny 等人[16]设计和制备了第一个瞬态热隐身斗篷，使得瞬态热保护等功能成为可能。

热隐身斗篷一个潜在的限制是斗篷内部的物体无法感知外场，因为内部温度是一个常数。为了克服这一困难，Shen 等人[34]利用变换热学在理论上设计了一种不同的热隐身斗

篷,使得斗篷内部的物体可以感知外部的场。然而,这样的斗篷要求负热导率(可以通过外部做功实现,不违反热力学第二定律),在一定程度上限制了它的应用。

　　另一个潜在的限制是现存的隐身斗篷随着环境温度的变化是不可调的(非智能的)。Li 等人[35]首次提出了温度依赖的变换热学理论,使得隐身斗篷在变化的环境温度下是可调的。他们考虑了热导率的温度效应,即热导率是温度的函数。当温度高于某阈值温度时,隐身斗篷处于"开"状态;当温度低于该阈值温度时,隐身斗篷处于"关"状态[见图 7-2(b)]。他们的工作首次给出了设计智能热学超材料的方法。注意,此处的"智能"指的是超材料能自适应温度变化的环境。

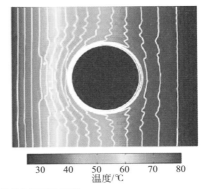

(a) 瞬态热隐身斗篷实验样品和测试结果[16]

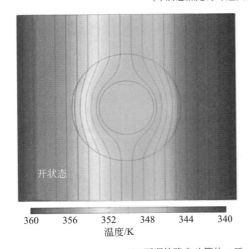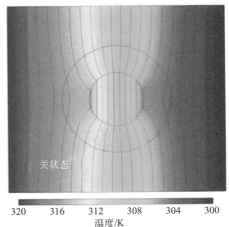

(b) 可调热隐身斗篷的 "开" 和 "关" 状态模拟结果[36]

图 7-2　热隐身斗篷

　　此外,另外一个问题是隐身斗篷的稳态温度会随着高低温热源的变化而变化(例如,对于对称的结构,斗篷内部温度等于高低温热源温度的平均值)。Shen 等人[36]提出了根据温度捕获理论来解决这一问题。当高温热源的温度增加(或者低温冷源的温度降低)时,相变材料的使用可以使得热导率相应地降低（或增加），从而使得斗篷内部保持在一个固定的温度上。这种方法在温度精准控制上有潜在的应用。

上述的隐身斗篷都是宏观尺度下的。Ye 等人[37]研究了微纳尺度下实现热隐身斗篷的机制。他们采用化学修饰使得声子局域在石墨烯上，并给出了该隐身斗篷分子动力学模拟的结果。这是当时世界上最小的热隐身斗篷，拥有和宏观尺度下的斗篷完全不同的物理机制，但是仍需实验上的进一步验证。

7.2.2　热聚集器

热隐身斗篷阻止热流进入斗篷内部。另一个很自然的想法即在内部聚集热流（热聚集器），这在能源收集方面有潜在的应用。

Narayana 等人[15]利用有效媒质理论首次制备了热聚集器。模拟［见图 7-3（a）］和实验［见图 7-3（c）］的结果都证实了他们的设计，也引发了后续对聚集器的大量进一步研究。

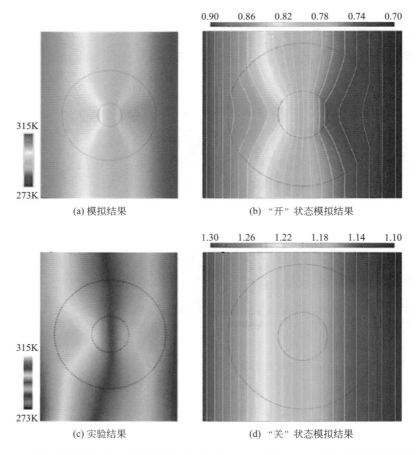

图 7-3　热聚集器模拟和实验结果[15]及可调热隐身斗篷的"开"和"关"状态模拟结果[42]

然而，Narayana 等人的设计方案也只在稳态时成立。鉴于此，Guenneau 等人[13]将这个方法拓展到瞬态（非稳态）情况。他们给出了理论方法和对应的模拟结果，为处理瞬态条件下的变换奠定了基础。

为了进一步简化材料的参数，Chen 等人[38]利用各向同性的壳层实现了热聚集器。材料参数的各向同性使得样品的制备更加灵活。根据简化后的参数设计实际的结构的工作由 Wang 等人完成[39]。他们借助熵产分析方法设计了扇形的样品。同时他们也定义了热聚集率，可以用来更好地量化热控制。以上研究主要集中在二维的情况。Han 等人[40]将热聚集器推广到了三维，并利用自然界存在的材料设计了三维热聚集器，使得热聚集器的研究变得更加完整。

Kapadia 等人[41]基于热阻最小原理设计了聚合物热透镜，其机理与变换热学的理论完全不同，丰富了热聚集器的理论。他们的结构使得热流密度增强了 5 倍，对于提升能量的利用效率有意义。

然而，所有这些热聚集器也是不可根据环境参数调整的（或者说非智能的）。Li 等人[42]利用温度依赖的热导率实现了热聚集器的开关。类似于热隐身斗篷，当温度低于阈值温度时，聚集器处于“开”状态［见图 7-3（b）］；当温度高于阈值温度，聚集器处于“关”状态［见图 7-3（d）］。这项工作很有趣，但是要求的参数过于严格，实验上只能近似实现。

热隐身斗篷和热聚集器作为两种独立的热功能，已经被充分地研究，这些研究工作也启发了研究人员将两者结合以改进实际应用。

7.2.3　双功能

这里的双功能主要指对两个物理场的同时调控。设计双功能超材料的首次尝试是由 Li 等人[11]完成的。他们在热场和电场中都做了模拟。他们利用有效媒质理论用来设计由变换理论给出的斗篷的参数。这项工作打开了研究双功能超材料的大门。

Li 等人的理论预测需要经过实验验证。Ma 等人[17]设计了实现双功能超材料的首个实验。他们是通过直接求解拉普拉斯方程来实现的，如图 7-4（a）所示。他们的方法将热学超材料的研究范围拓展到双功能超材料。

Moccia 等人提出了变换多物理场的理论框架[43]，并设计了同时具有热聚集器和电隐身斗篷功能的器件，如图 7-4（b）所示。他们的工作为设计多功能器件提供了一种方法。

为了使聚集器更加实用，Lan 等人[44]设计了扇形结构来同时实现热和电的聚集，如图 7-4（c）所示。他们的方法也提供了设计双功能聚集器的可能途径。

上述的双功能超材料都是在不同的场中实现的（具有相同/不同的功能）。Shen 等人[45]设计了首个工作在热场中的智能隐身斗篷——聚集器。他们利用形状记忆合金双金属片实现了隐身斗篷和聚集器之间的转换，如图 7-4（d）所示。该方法提供了有效控制温度梯度的途径。

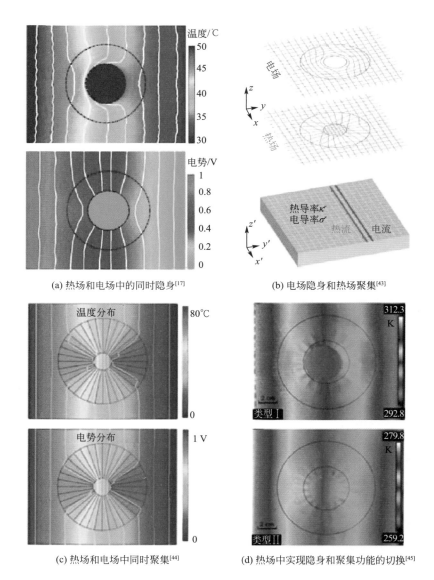

(a) 热场和电场中的同时隐身[17]

(b) 电场隐身和热场聚集[43]

(c) 热场和电场中同时聚集[44]

(d) 热场中实现隐身和聚集功能的切换[45]

图 7-4　多功能热学超材料

　　然而,虽然大部分双功能的研究都结合了电场和热场,它们依然是两种独立的传递过程。Stedman 等人[46]考虑了热和电的耦合效应,即热流传递会影响电流传输,反之亦然。在引入热电耦合方程后,他们发展了变换理论,实现了耦合的热电传输隐身斗篷。这项工作有助于实现操控耦合场输运。除了热电耦合之外,Peng 等人[47]研究了热电磁耦合,设计了一种类变色龙的隐身衣,可以在多种环境下工作。这项研究为设计单向全介质隐身斗篷提供了一种简单可行的方法。

7.2.4　热旋转器

除了热隐身衣和热聚集器,热旋转器也可用来操控热传导。

第一个热旋转器由 Narayana 等人[15]借助有效媒质理论实现。它在欺骗热探测和循环利用热能方面有潜在的应用。其稳态情况下的实验结果如图 7-5(a)所示。

与隐身斗篷和聚集器类似,上述的旋转器只能工作在稳态情况。Guenneau 等人[48]同样将其拓展到瞬态情况,如图 7-5(b)所示。

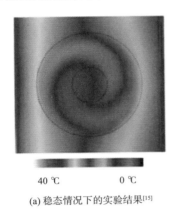

40 ℃　　　　0 ℃　　　　　　　　1 K　　　　　0 K

(a) 稳态情况下的实验结果[15]　　　　　(b) 瞬态(非稳态)情况下的模拟结果[48]

图 7-5　热旋转器

与旋转器相比,折射又是另外一种改变和引导热流方向的方法。利用热学超材料,实验上已经实现了热流弯曲一个特定的角度的现象。此外,热流的反常折射也在文献[50-52]中被观察到。

7.2.5　热隐身斗篷、热聚集器与热旋转器的应用

Sklan 等人[52]完整总结了三种基本的热器件(热隐身斗篷、热聚集器和热旋转器),研究人员开始应用这些器件实现实际应用。

Dede 等人[53]设计并制备了印制电路板上的热屏蔽结构,他们主要利用了纤维结构来实现热隐身斗篷、热聚集器和热旋转器,如图 7-6(a)所示。与没有任何特别设计结构的印刷电路板相比,优化后的纤维结构直接导致了目标区域温度下降 10.5 ℃,如图 7-6(b)~图 7-6(d)所示。这项工作开辟了将热学超材料用于电子器件的先河。

热屏蔽可以用来防止热积聚。然而热积聚在某些场合也有正面的作用,尤其是在热电发电器中。Dede 等人[54]借助优化后的热纤维结构,在自然对流系统中成功地实现了目标热点温度提升 5.1 ℃,输出功率提升 94.1%的效果。这项技术在远距离超低功耗无线探测系统中有潜在的价值。

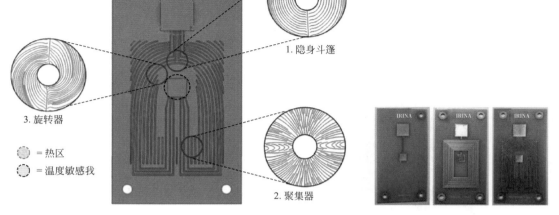

(a) 利用热隐身斗篷、热聚集器和热旋转器实现热保护的装置

(b) 参考电路板、带有闭合正方形隐身斗篷的
电路板和优化屏蔽结构后的电路板的样品

(c) 相应的测试结果

(d) 对应于在（c）中长方形虚线部分的温度分布

图 7-6　印制电路板热屏蔽[54]

7.2.6　宏观热二极管

　　热隐身斗篷也可以用于设计热二极管。类似于电二极管,热二极管[1,2]在一个方向阻止热流通过[见图 7-7(a)],在另一个方向允许热流通过[见图 7-7(b)]。Li 等人[35]首次提出温度依赖变换热学理论,设计了可调的热隐身斗篷,并在实验上实现了宏观热二极管,如图 7-7(c)所示。该方法在保温、散热和制造热逻辑门等方面有潜在的应用价值。与宏观热扩散现象相比,微观层面的热扩散控制也有重要的意义。Loke 等人[55]研究了纳米尺度下可实现 CMOS 集成的二氧化硅-石墨烯堆叠结构,设计了用于布尔逻辑运算的热导结构。他们的模拟结果证实了该方法可用于先进的(神经网络)计算。

　　总而言之,变换热学提供了一种有效操控热流的基本方法。其他一些基于它的研究工作[56,57]也揭示了多种新奇的热输运现象。

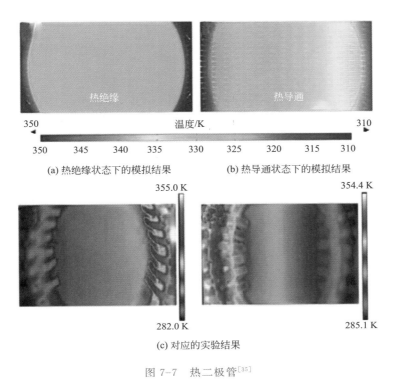

(a) 热绝缘状态下的模拟结果　　　　(b) 热导通状态下的模拟结果

(c) 对应的实验结果

图 7-7　热二极管[35]

7.3　拉普拉斯方程

变换热学提供了一种利用坐标变换来操控热传导的革命性方法。然而,变换热学给出的参数往往是各向异性的、非均匀的和奇异的,这给样品制作带来了很大的困难。为了解决这个问题,研究人员开创了一种新的方法(直接求解拉普拉斯方程,或者称为散射相消法)来设计热学超材料。关键点就是通过直接求解拉普拉斯方程来计算结构的有效热导率。

7.3.1　双壳层热隐身斗篷

基于直接求解拉普拉斯方程的方法,由 Gömöry 等人首次提出,用来设计磁隐身斗篷[58]。该隐身斗篷的制作采用了两层材料。一层是超导层,其磁导率(μ)为零;另一层是铁磁层(用来移除超导层的影响)。因此,物体不再对外场产生影响。这种双层结构不仅简化了材料参数,而且隐身效果极佳,表现为精确的隐身斗篷。

Han 等人[18]受到启发,将相似的方法引入热学领域,给热隐身斗篷带来了激动人心的突破。样品制备采用双层结构[见图 7-8(a)],该结构在稳态和瞬态(非稳态)域都表现良好。与变换热学设计的热隐身斗篷相比,这种双层隐身斗篷使得热隐身更容易获得,具有实际应用价值。Ma[17]等人对双层结构进行了改进,制作了一个多物理(热和电)场隐身斗篷,这对多物理场操控十分有用。

(a) 原理图　　　　　　　　　(b) 测量的温度分布

图 7-8　双层热隐身斗篷[18]

文献[17,18]中开创性的实验都是在二维空间中进行的。Xu 等人[19]将该方案拓展到三维空间,并首次制备了三维双层热隐身斗篷。这项工作为控制热学器件中的三维热传导开辟了道路。

7.3.2　热伪装

热隐身斗篷用于隐藏物体,使其不会被外部热探测仪探测到。另一个更令人期待的功能(比如热伪装)不仅可以隐藏物体,而且可以将这个物体伪装成另一个物体。这就是热伪装。

Han 等人[59]率先提出了一种创新的热伪装方案,如图 7-9 所示。在他们的方案中,双层隐身斗篷被用来隐藏物体,如图 7-9(a)所示。然后将目标物体(要伪装的任意物体)放在隐身斗篷外侧,如图 7-9(b)所示。这样,任意物体就可以被伪装成目标物体。热伪装技术为误导红外探测提供了潜在的应用背景,为设计新型热学超材料提供了指导性意见。

这种热伪装在稳态下表现完美。然而,该方案在瞬态(非稳态)或者面外探测情况下表现不佳。为了解决这个问题,Yang 等人[60]精心设计体系的密度(ρ)和热容(C)来适应瞬态情况,然后用中性掺杂方法面对面外探测。该方案改进了热伪装的功能,使其对热探测仪更具欺骗性。

为了丰富热伪装现象,Chen 等人[61]通过变换热学设计了不同的伪装器件。这种器件可以产生精确的温度分布曲线畸变,但是需要负热导率,这限制了潜在的应用。值得提及的是,根据热力学第二定律,可以通过外加功来实现等效负热导率,例如,工作中的电冰箱就可以视为拥有等效负热导率,因为它在外加电能的驱使下,使得热量从低温流向高温。

上述热伪装[59-61]只适用于单一物体。实际上,根据有效媒质理论,通过调整多粒子局域场的相互作用,可以将伪装的概念应用于多粒子系统[62-63]。

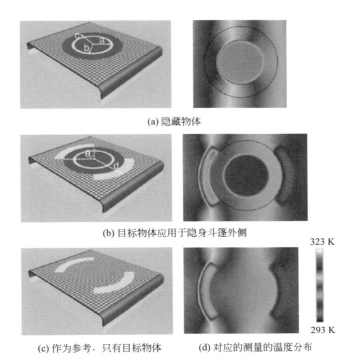

(a) 隐藏物体

(b) 目标物体应用于隐身斗篷外侧

323 K

(c) 作为参考，只有目标物体　　(d) 对应的测量的温度分布

293 K

图 7-9　热伪装[59]

上面提及的伪装只针对热场。Yang 等人[64]将伪装拓展到多物理（热和电）场，精心计算多物理场下的有效热/电导率。这个方案可能在多物理场伪装中有潜在的应用价值。

7.3.3　热透明

拉普拉斯方程同样有助于发现电磁波透明。Argyropoulos 等人[65]设计了电磁波透明，实现了完全隐身与强共振之间的切换。他们的方案对全光开关和纳米存储器都十分有用。He 等人[66]将类似的概念引入热传导中。通过使中间复合材料的有效热导率等于背景热导率来实现热透明，如图 7-10 所示。这个方案对消除所谓的热应力集中有应用价值，热应力集中会缩短材料的使用寿命。

实验验证方面，Zeng 等人[67]设计了一个热扩散装置来观察热透明，验证文献[66]的理论预测。该装置可用于芯片、卫星等的热防护。为了进一步简化样品结构，Yang 等人[68]设计了单颗粒结构材料。利用椭圆结构的各向异性来实现对传热的控制。他们的方案对单粒子结构的设计具有指导意义。

为了在单一结构上实现更多的功能，Wang 等人[69]设计了热模仿器，他在一个方向是不可见的，在垂直方向是不透明的。这种模仿器为设计在不同方向具有不同功能的热学超材料提供指导性意见。

更进一步，Xu 等人[70]从仿生学中得到启示，通过求解拉普拉斯方程设计了热学变色龙器件,能够对中心区域具有任意热导率取值的物体实现热透明的效果。

总而言之,和变换热学相比,直接求解拉普拉斯方程为热学超材料的设计提供了一种有效的方法。该方法简化了复杂的参数,揭示了新的现象[71-73]。以有效媒质理论为基本思想,可以期待未来会出现更多的创新型研究。

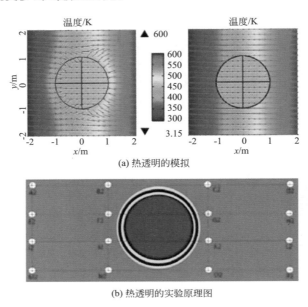

(a) 热透明的模拟

(b) 热透明的实验原理图

图 7-10　热透明

7.4　声子能带结构调制

晶体结构已经成为调控光[77-78]与声[79-80]等波动系统的有力工具。正如离子晶格可以影响电子运动那样,光学或声学的人工周期结构也可以产生对应载流子的带隙,使得调控光子、声子成为可能。对于周期性结构而言,产生带隙的主要机制即布拉格散射。区别于波动系统,热传导属于扩散过程。不过,热量和声音一样都来自于晶格的机械振动,从量子化的角度来说都是声子的传播。区别在于,一般说的声音对应于低频振动,而大部分热量对应于高频振动,从而单个声子携带更多能量(在室温下超过太赫[81])。换句话说,传递声波的声子具有更长的波长,从而在宏观层面上表现得更像波。相反,传热声子一般具有纳米级的波长,应该更容易受到各类体散射的影响,从而整体上更像扩散,或者说失去了波动的相干性。另一方面,如果人们想使用周期性结构来引导传热声子,那么这种(室温下的)热晶体的晶格常数将太小,从而难以在实验中通过现有的纳米加工手段实现(周期约为 2 nm[81])。

7.4.1　热晶体

针对上面的问题,当时在美国麻省理工学院的 Maldovan[81] 提出了一种将传热声子集中在狭窄频率范围(高超音速波段)的手段,构建了一种掺入锗纳米颗粒的硅锗合金薄层材料,并依此设计了相应的热晶体(thermocrystal)结构。根据输运理论,声子对传热的贡献与其平均自由程正相关,所以抑制某一频段的声子传热即通过增加散射概率来削减其平均自由程。因为高频声子更容易受到杂质散射,通过在硅锗合金中掺入锗纳米颗粒可以降低高频声子对热导率的贡献。另一方面,为了使得频谱更窄,可以通过调节薄层结构的边界散射来降低极低频声子对热导率的贡献。最终,室温下对热导率做主要贡献的声子被限制在 100～300 GHz,从而可以认为传热声子主要具有波动性(弹性波),可以用周期结构来调控。更进一步,通过在材料中周期性地刻入空气孔洞(晶格常数为 10～20 nm),根据弹性力学方程即可发现恰有带隙落在 100～300 GHz 之中,即得到了二维的热晶体,这同时也是一个声子晶体。随着纳米加工技术的进步,在 10 nm 数量级上制备这种晶体结构是可能的,从而可以以此为基础制备出如图 7-11 所示的包括热波导在内的各种热学调控器件。不过需要指出,引入杂质以及粗糙边界实际上增强了所有声子的散射概率,从而大幅降低了材料的热导率(除了平均自由程,声子群速度与态密度会受影响而降低热导率[82]),这在提高热电效率方面十分重要[83-84]。

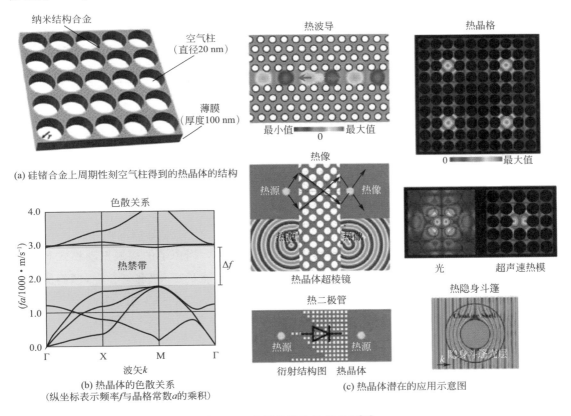

(a) 硅锗合金上周期性刻空气柱得到的热晶体的结构

(b) 热晶体的色散关系
(纵坐标表示频率 f 与晶格常数 a 的乘积)

(c) 热晶体潜在的应用示意图

图 7-11　热晶体结构及其应用[81]

此后,许多研究都关注如何利用周期性的声子晶体结构来调控热传导。不过,当前的主要矛盾仍然是在接近室温时声子的波动性减弱,这会降低周期性的作用。Zen 等人[82]在亚开尔文温度范围内制备晶格常数不低于 1 μm 的声子晶体,此时占据主导地位的传热声子的波长比室温下的传热声子大两个数量级,他们发现材料的传热能力显著降低,这是一种波的干涉效应,并且测量结果与通过弹性力学方程求得的声子能带结构相吻合。Wagner 等人[85]考虑了声子晶体中各种无序缺陷对传热声子相干性或者说波动性的影响。实验表明,无序以及粗糙表面对周期性的破坏会使得在室温下尽管低频声子被周期性结构影响,它们对热导率降低的作用并不充分。Lee 等人[86]则在 14～325 K 的温度范围内测量周期性(晶格常数不低于 100 nm)与非周期性的硅纳米网格结构的热传导,讨论了声子背向散射效应(粒子性)与相干性究竟谁对热导率降低的影响占主导地位的条件范围。而 Maire 等人[87]在比 Zen 等人工作[82]的更高数量级的温度下测量了严格的周期结构声子晶体的传热,并与随机刻洞的结构相比较,再次确认低温时干涉效应对热导率的降低,当温度升高到 10 K 时,传导转为纯扩散形式,这与 Wagner 等人及 Lee 等人的结论[85, 86]相一致。此外,Anufriev 等人[88]在实验上通过周期刻洞的硅薄膜来操控传热声子弹道输运的方向,并设计了一个热透镜模型使得声子聚焦在某一点上。换句话说,通过声子层面的设计,他们实现了纳米结构的热流的导向和聚焦。关于这方面的更详细进展,可参阅 Sledzinska 等人的最新综述[89]。

在使用声子晶体调控传热之外,Chen 等人[90]提出了另一种热波晶体模型,他们从 Cattaneo-Vernotte 方程出发,即一种含有波动项的热传导模型,并考虑了双元材料一维周期排布的晶体结构,得到了唯象的热波晶体与热波带隙。

7.4.2　杂化带隙

在周期结构的布拉格型带隙之外,由电子的紧束缚模型得到启示,刘正猷[91]等人提出局域共振型声子晶体,即通过局域振子与体传播波的耦合作用来产生带隙,即杂化带隙[92-93]。Davids 与 Hussein[94]首次提出利用杂化带隙来降低材料热导率。他们在硅薄片的侧面上周期排布伸出的柱子(见图 7-12),每个单独的柱子都是一个局域振子,能通过全反射产生驻波模式,即构造出纳米尺度的局域共振型声子晶体。当声子的局域振动模式与体传播模式相遇,如果两者频率与偏振方向一致,则发生“避免能及交叉“现象[92-98],倾斜的声子色散曲线将会趋于平坦,即群速度降低,从而形成杂化带隙并降低热导率。对比通过引入杂质增强散射来降低热导率的做法,调节杂化带隙将不影响材料中电子的输运性质,从而将大幅改善材料的热电效率。后续的一些工作[99-100]表明硅基纳米线的热导率除了与长度有关外,也与其上局域振子(材料表面的柱)的性质密切相关,且分子动力学得到的局域振子对声子能带的影响与弹性力学模型的预言相吻合。这种引入局域共振结构的方法特别适用于对 4 THz 以下频率声子的调控。同样,Zhu 等人[101]发现,避免能级交叉现象同样可以通过在材料中引入无序的缺陷形成,从而通过杂化带隙的形成降低热导率。

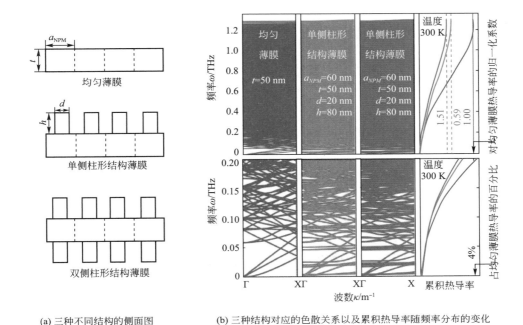

(a) 三种不同结构的侧面图　　　(b) 三种结构对应的色散关系以及累积热导率随频率分布的变化

图 7-12　纳米尺度局域共振声子晶体[94]

　　总而言之,通过各种纳米结构形成声子带隙的进展集中在对低频声子的调控,而且目前的主要功能是降低热导率,这对于热电材料很重要。而如何利用声子带隙设计更多功能的热学调控器件则是值得继续深入的问题。

7.5　相 变 理 论

　　相变是自然界常见的现象,也是世界如此精彩的原因。实际上,相位在控制宏观热流方面也很有用,例如实现零能耗恒温器、热二极管等,相关细节介绍如下。

7.5.1　温度捕获

　　保温是日常生活中的一个基本需求。现在,很难想象没有空调和冰箱的生活,这就意味着我们有必要让一定的空间满足一定的温度。这些电器都需要大量的能量输入。然而,随着能源危机日益成为人类面临的一个严重问题,开发新的保温机制已迫在眉睫。为了实现这一目标,Shen 等人[36]提出了一种零能耗恒温器(其依赖于环境温度梯度),使某一区域保持恒定温度,即使环境温度发生变化。他们从理论上推导出,想要制造出一个特定的恒定温度的区域,只要能找到两种满足相应热导率的材料即可:

$$\kappa_A = L(T_c - T) = \delta + \frac{\varepsilon\, e^{T-T_c}}{1 + e^{T-T_c}} \tag{7-3}$$

$$\kappa_{\mathrm{B}} = L(T - T_{\mathrm{c}}) = \delta + \frac{\varepsilon}{1 + e^{T - T_{\mathrm{c}}}} \qquad (7\text{-}4)$$

式中,δ 是一个小值;ε 根据需要可足够大。

然而,很难找到具有这种形式热导率的天然材料。研究人员借助形状记忆合金设计了两种热学超材料。图 7-13 显示了它们的模拟和实验结果。在保持冷源不变的情况下,即使热源从 323 K 升高到 353 K,中心区温度也基本保持不变,实验结果与模拟结果吻合较好,说明理论和实验是自恰的。这项研究表明,在没有其他能量输入的情况下,制造恒温器(在环境温度梯度下)是可行的。如果家用电器,如空调和冰箱,不再需要额外能量输入,只利用环境中的热能,它将节省相当多的电能。由于大部分电能仍然是由化石燃料产生的,它将能够进一步减少空气污染。当然,当前这仅仅是一个梦想。

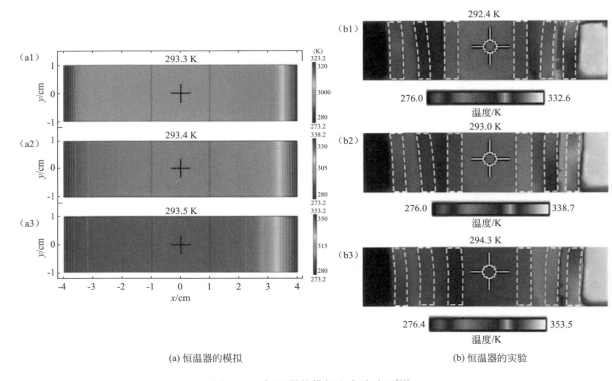

(a) 恒温器的模拟　　　　　　　　　　(b) 恒温器的实验

图 7-13　恒温器的模拟和实验验证[36]

对于模拟,冷源保持在 273.2 K,而热源分别设置为(a1)323.2 K、(a2)338.2 K 和(a3)353.2 K。在此过程中,中心区域的温度几乎保持不变。在实验中,冷源保持在 276.0 K,而热源分别设置在(b1)322.6 K、(b2)338.7 K 和(b3)353.5 K。

这个二维系统要求第三维度提供帮助,以实现所需的热导率形式[36]。这一观点也在之前的研究中被提到过[35]。然而,如何在三维系统中实现这种形式的热导率仍然是一个具有挑战性的课题。

7.5.2　热网络与二极管

电子二极管已被证明在控制电流方面取得了巨大的成功,它为现代信息技术奠定了基础。然而,相应的热二极管并没有得到足够的重视,对热二极管的研究也相对较少。因此,应用热二极管来控制热通量是一种自然的理想选择。在热二极管的设计中,几何不对称和非线性导热系数是两个关键因素。由于第一个因素易于控制,如何实现具有强非线性的热导率是一个真正的挑战。最常见的方法是利用临界温度附近固液相变的强非线性。然而,同一种材料的固液相之间的热导率差异还不够大。因此,整流比是有限的。尚进等最近提出了一种基于网络结构[102]的热学超材料,该材料在开关过程中会经历较大的热导率跃迁。利用这种现象,可以显著提高热二极管的整流比。

如图 7-14(b1)~7-14(d1)所示,这三个网络是相似的。不同之处在于图 7-14(b1)键宽略小于节点大小,图 7-14(c1)没有键,图 7-14(d1)键宽等于节点大小。这三种结构的热导率分别 3.3 W/(m·K)、43.0 W/(m·K)和 151.1 W/(m·K)。图 7-14(a2)~图 7-14(d6)是这三个值的实验和模拟验证。比较图 7-14(b1)和图 7-14(d1),键的微小几何变化导致整个热导率的巨大跳跃。想象一下,这种键由正(或负)热膨胀系数的材料组成,然后可以得到热导率在 3.3 W/(m·K)和 151.1W/(m·K)之间变化的超材料,即具有强非线性的超材料。临界点定义为键宽扩展(收缩)到节点大小的温度。

在以往的导热网络研究中,研究者主要集中在离散元方法上,并应用有限元方法探索宏观规则热网[103-105]。不同的是,这项工作[102]不仅提出了一种设计具有高整流比的热二极管的潜在方法,而且更重要的是,提出了一个有趣的问题,即为什么整个系统的特性在扩散率方程领域中的一小部分可以如此显著地改变?这个问题可能会引起热学和网络科学的兴趣[106-113]。尽管在这项工作中有着很好的效果,但不幸的是,这种热二极管的实验实现似乎很困难。

7.6　变换热对流理论

除传导和辐射外,对流是传热的另一种基本形式,通常在流体中占主导地位。在热对流中,随着液体或气体的移动,热量得以传递。由于一般同时存在温度空间梯度引起的热传导,流体中的传热可以通过对流－扩散方程来描述,即

$$\rho_f c_{p,f} \frac{\partial T}{\partial t} + \rho_f c_{p,f} (\boldsymbol{v} \cdot \boldsymbol{\nabla} T) = \boldsymbol{\nabla} \cdot (\eta_f \boldsymbol{\nabla} T) \tag{7-5}$$

式中,T 是温度;t 是时间;ρ_f 是流体密度;$c_{p,f}$ 是流体等压比热容;$\boldsymbol{v}$ 是速度矢量;η_f 是流体热导率。

在工程传热学中,增强对流传热是过去几十年中的一个重要课题[114],实际应用中,如 LED 封装中也常常需要考虑材料流动对热管理的影响[115]。而在热学超材料的研究中,一些研究也涉及了体系边界的对流换热效应对传导体系调控效果的影响[116]。此外,宏观对

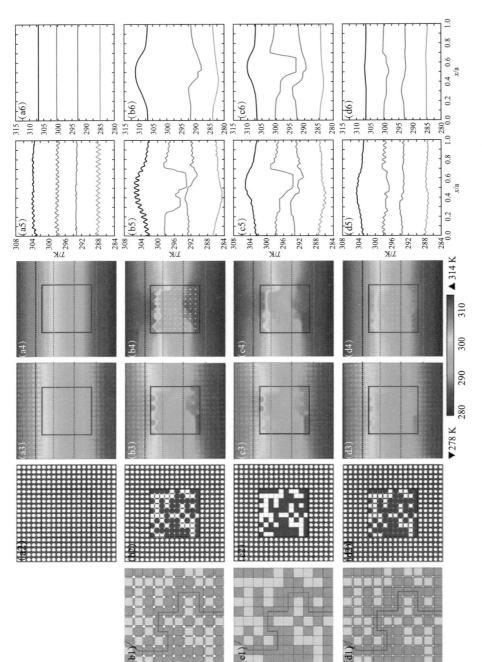

图7-14 模拟和实验之间的热导率一致性[102]

[(a2) ~ (d2) 是结构方案: (a2) 对照组, (b2) 键宽度小于节点尺寸, (c2) 无键, (d2) 键宽度等于节点尺寸; (a3) ~ (d3) 和 (a4) ~ (d4) 是相应的实验和模拟结果; (a5) ~ (d5) 和 (a6) ~ (d6) 分别是从 (a3) ~ (d3) 和 (a4) ~ (d4) 中提取的温度分布; (b1) ~ (d1) 显示了由微小几何变化引起的大热导率差异的解释]

流–传导体系也在近来被发现蕴含丰富物理现象而成为超材料设计的新亮点,如通过水流实现无穷大热导率即热学零折射[117]以及固体转动系统中的 APT 对称性破却现象[118]都依赖于对流效应。不过,系统地用变换理论处理热对流长期未得到解决。文献[24,33]证明了对流–扩散方程或者说菲克第二定律在任意坐标变换下的形式不变性,指出此时需要变换的物理量是流体的速度与热导率。然而,如何通过可行的办法实现这种变换仍不清晰,一方面的困难是流体的各向异性热导率的实现,另一方面的困难是如何调控流速达到特定的分布。一般的流体运动由 Navier-Stokes 方程组描述,但是其并不满足变换理论所要求的坐标变换形式不变性。

2011 年,Urzhumov 与 Smith 利用多孔介质中的 Darcy 定律取代 Navier-Stokes 方程组来建立流动的变换理论,并预言了流体隐身斗篷[119]。基于这一工作的启示,Dai 等人提出了基于 Darcy 定律的变换热对流模型[25]。他们同时考虑了一组传质传热的控制方程

$$\rho_{\mathrm{f}} c_{\mathrm{p,f}} (\boldsymbol{v} \cdot \boldsymbol{\nabla} T) = \boldsymbol{\nabla} \cdot (\eta_{\mathrm{m}} \boldsymbol{\nabla} T) \tag{7-6}$$

$$\boldsymbol{\nabla} p + \frac{\beta}{k} \boldsymbol{v} = 0 \tag{7-7}$$

$$\boldsymbol{\nabla} \cdot \boldsymbol{v} = 0 \tag{7-8}$$

式中,k 是渗透率;β 是动力学黏度系数;η_{m} 是整个材料的等效热导率,可以简单地取成固体骨架热导率与孔隙中流体热导率的体积平均,或是由其他模型计算得出。

容易证明,上述一组方程都满足变换理论的要求,且需要变换的材料等效热导率及渗透率的规则为

$$\eta_{\mathrm{m}}' = \frac{\boldsymbol{J} \eta_{\mathrm{m}} \boldsymbol{J}^{\mathrm{T}}}{\det \boldsymbol{J}} \tag{7-9}$$

$$k' = \frac{\boldsymbol{J} k \boldsymbol{J}^{\mathrm{T}}}{\det \boldsymbol{J}} \tag{7-10}$$

按此规则变换的渗透率产生的变换后的速度分布为 $v' = \boldsymbol{J} v / (\det \boldsymbol{J})$,与仅从传热方程即对流–扩散方程出发得出的速度变换规则一致。对于热导率的变换,可以选择只变换固体骨架而不改变流体的热导率,这是因为固体骨架热导率特别是各向异性热导率在实验中的匹配已经在热学超材料中相对成熟。

7.6.1　对流热隐身斗篷与旋转器

基于上述多孔介质中的变换热对流模型,可以将隐身斗篷、旋转器等概念拓展到热对流中来[25]。图 7-15 所示为稳态热对流中隐身斗篷、聚集器与背景的温度、速度、热流密度的数值模拟结果。可以看出,热对流中的隐身斗篷同时防止了内部的障碍物对斗篷外部的温度场与流场的扰动,即这是一个热与流动的双功能的隐身斗篷。同样,热对流中的聚集器使得流速与热流同时在中心区域增强。正如基于麦克斯韦方程组的变换理论可以调控耦合的电磁场,变换传质传热方程组也可以用来调控耦合的温度场与流场。不过当前考虑的方程组中只有流场可以影响温度场,温度场不影响流场,在更一般的情况下如考虑可压缩流体或者流体密度随温度变化,则流场与温度场完全耦合,容易看出这在形式上不改变变换理论成立的结论。

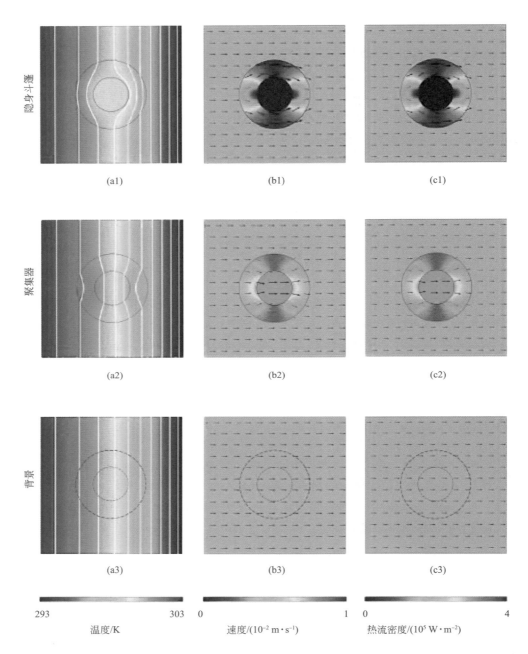

图 7-15 背景速度沿着 x 轴方向时,热对流隐身斗篷、聚集器与背景的温度、速度、
热流密度的数值模拟结果[25]

[第一行中(a1)表示隐身斗篷的温度分布,白色曲线为等温线;(b1)表示隐身斗篷的速度大小,黑色箭头
表示速度方向;(c1)表示热流密度大小,黑色箭头表示热流方向。第二行及第三行分布表示聚集器与背
景对应的分布]

7.6.2　对流热伪装

同样,伪装这个概念也可以延伸到热对流中,此时也应当可以预期这是一个双功能的隐身。文献[25]考虑了一个简单的情形,在背景中放置了四个圆形颗粒,并在中心区域放置障碍物。热伪装器件的存在使得外部的温度分布以及流场分布与仅有背景中放置颗粒时一致。图 7-16 所示为相应的物理场数值模拟结果,与理论预言相吻合。热对流中的热伪装器件可以用来欺骗红外探测器以及水波探测器。

需要注意的是,由于上述模型使用了 Darcy 定律或者蠕动流假设,故其适用于雷诺数较低的流体(一般来说小于 1),这限制了这种变换热对流模型的适用范围。由于更高雷诺数的多孔介质流动或者自由流体流动,一般来说与 Navier-Stokes 方程类似,并不满足变换理论的要求,从而需要借助于数值优化的方法。文献[120-122]研究了如 Brinkman-Stokes 流与低雷诺数湍流等更高雷诺数情形下流体隐身斗篷的设计,可以在未来借鉴到与热场耦合时的热对流环境中。同时,在稳态变换热对流模型的基础上,Dai 等人基于 Darcy 定律将变换理论扩展到了瞬态热对流中,并设计了热隐身斗篷、热聚集器与热旋转器[123]。总之,上述对温度场与流场的双功能调控,可以与其他耦合物理场,如热电材料中的输运调控[46]相类比,并且可以在未来将热辐射也纳入这一框架之中。

7.7　热辐射理论

随着社会的发展和人们生活水平的提高,空调越来越多地被使用,尤其是其制冷功能产生了大量的能源消耗。自 1975 年以来,夜间的辐射制冷已经被广泛研究并取得诸多成功进展[124-128]。不过,空调等设备主要是在夏天的白天工作,研究者们目前主要处理的是增加日间的辐射制冷的效率[26-28, 129-135]。其中,一种途径便是得益于纳米光子学的发展而来的热光子学,已在实验中被广泛使用[26-27, 129-130]。不过由于其制备难度与成本较大,而使用基于高分子聚合物的光子材料成为克服这一困难的潜在途径[28, 131-135]。本节将论述辐射伪装、变换热辐射理论及其扩展理论。

7.7.1　基于热光子法的辐射制冷

2014 年,Raman 等人[26]首先在实验上通过热光子法制备出了辐射制冷装置,整个装置的宏观结构如图 7-17(a)所示,其核心部分"光子辐射制冷器"在图中标记为黄色,这一部分为多层二氧化硅、氧化铪等薄膜组成的光子晶体,具体结构在图 7-17(b)中展示。整个结构的辐射功率为

$$P_{\text{cool}}(T) = P_{\text{rad}}(T) - P_{\text{atm}}(T_{\text{amb}}) - P_{\text{Sun}} - P_{\text{cond+conv}} \qquad (7\text{--}11)$$

式中,$P_{\text{rad}}(T)$ 为结构辐射出去的功率;$P_{\text{atm}}(T_{\text{amb}})$ 是吸收入射大气热辐射的功率;P_{sun} 是吸收的太阳辐射的功率;而 $P_{\text{cond+conv}}$ 是对流与传导造成的能量流失功率。

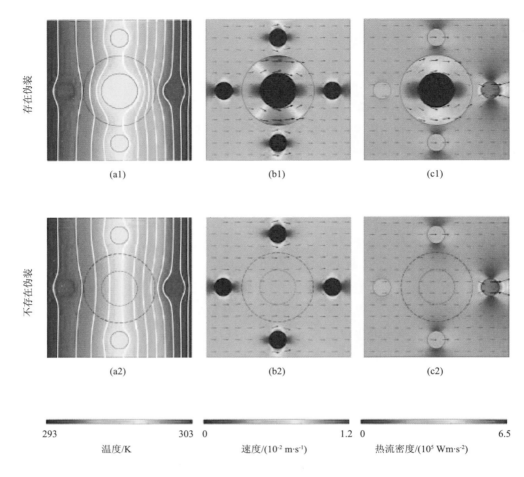

存在伪装

不存在伪装

| 293 | 303 | 0 | 1.2 | 0 | 6.5 |
温度/K　　　　　　　　　速度/(10^{-2} m·s^{-1})　　　　热流密度/(10^5 Wm·s^{-2})

图 7-16　背景速度沿着 x 轴方向时热对流伪装

[存在伪装即第一行(a1)、(b1)、(c1)，与不存在伪装即第二行(a2)、(b2)、(c2)时的温度、速度、热流密度的数值模拟结果[25]]

从这个表达式可以看出，一方面，光子晶体结构的发射/吸收能谱在太阳辐射波段范围内(0.3～2.5 μm)应该尽可能小；另一方面在大气透明窗口(8～13 μm)应该尽可能大，使得作为背景冷源的宇宙(约 2.7 K)能够充分散热。这项里程碑式的实验工作表明，该结构可在日间将温度降低到 4.9 ℃以下，制冷功率达到 40.1 W/m^2。

2015 年，Shi 等人[27]对撒哈拉沙漠中的一种蚂蚁进行了仿生学研究(见图 7-18)。沙漠表面温度可以达到 60～70 ℃，而这种银色的蚂蚁(它们移动速度很快，看起来像是沙漠表面的水银滴在流动)可以保持体表温度为 48～51 ℃。这些蚂蚁能够保持凉爽的原因在于身体上覆盖的独特绒毛。这些绒毛截面呈三角形，在可见光及近红外光波段具有高反射性，从而可以在阳光照射下将热量有效散出去。蚂蚁的这种制冷机制可以启发人们进行更高效的辐射制冷设计。

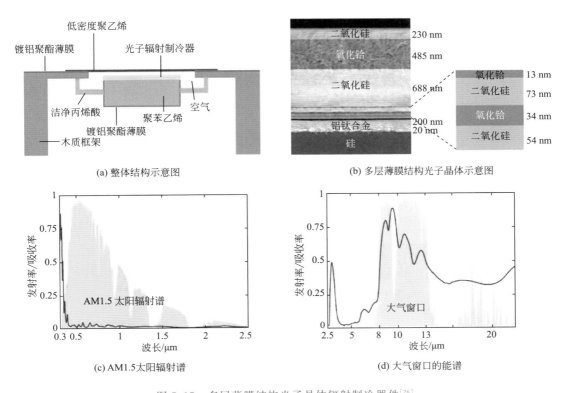

(a) 整体结构示意图　　　　　　　　(b) 多层薄膜结构光子晶体示意图

(c) AM1.5太阳辐射谱　　　　　　　(d) 大气窗口的能谱

图 7-17　多层薄膜结构光子晶体辐射制冷器件[26]

[（c）、(d)蓝线表示光子晶体的发射或吸收谱；黄色区域表示 AM1.5 太阳辐射谱；蓝色区域表示大气窗口的能谱]

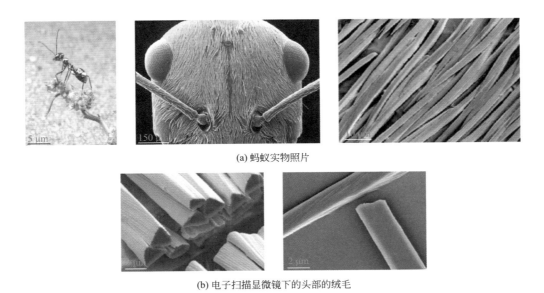

(a) 蚂蚁实物照片

(b) 电子扫描显微镜下的头部的绒毛

图 7-18　撒哈拉沙漠中的银色蚂蚁[27]

7.7.2 基于高分子光子法的辐射制冷

多层薄膜热光子晶体结构对微纳制备的手段要求较高,需要精细控制层状结构的厚度,成本也较为高昂,难以大规模制备。2017 年,Zhai 等人[28]通过在聚 4-甲基戊烯这种高分子材料基底中随机嵌入球状二氧化硅颗粒(见图 7-19)的方法制备出高性能辐射制冷薄膜。通过仔细选择二氧化硅颗粒的大小(半径 4 μm)与掺入的浓度(6%),整个复合材料的发射率在 8~13 μm 波段为 0.93,即几乎对大气透明。另一方面,在薄膜背面镀 200 nm 的银层可以反射掉 96% 的太阳辐射波段的能量。这种厚度为 50 μm、宽 300 mm 的薄膜可以 5 m/min 的速度被编织,使得工业化生产成为可能。尽管如此,该薄膜的辐射制冷功率为 93 W/m²,仍远小于太阳辐射功率(约为 900 W/m²),日间的辐射制冷仍有大幅提升效率的空间。

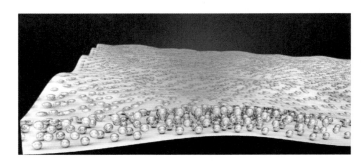

图 7-19 聚 4-甲基戊烯中掺入二氧化硅颗粒制成辐射制冷薄膜的示意图[28]

7.7.3 辐射伪装

在辐射制冷之外,对于红外探测器的欺骗即辐射伪装也是一个极具应用价值的课题。Li 等人[136]首先提出了一种可以防止任意物体被红外探测器感知的热辐射超表面结构。他们应用变换热学理论以及单向隐身斗篷的设计来实现这一目标,使得这一超表面背景区域的温度分布与未放置物体时一致。一般地,欺骗红外探测器除从表面温度考虑(如 Shang 等人关于数码热幻像的工作[137])外,也可从材料表面结构的电磁性质出发来考虑,如通过调节材料表面的发射率来实现[137-140]。

7.7.4 变换热辐射及其扩展理论

前面已经介绍了传导与对流的变换理论。对于第三种基本传热机制即辐射,从电磁波的角度来看,变换光学即可视作对辐射的调控,但如何同时调控辐射及其他传热机制仍是一个问题。Xu 等人[141]通过引入 Rosseland 辐射模型,建立了同时调控热辐射与热传导的变换理论,即变换多热场理论,并设计了相应的隐身斗篷、聚集器、旋转器等器件。Xu 等人[142]同时将散射相消方法引入基于 Rosseland 辐射模型的多热场调控,设计了相应的多热场透明器件、隐身斗篷等器件。进一步，Xu 等人[143]建立了同时考虑传导、对流与辐射的变换全热场理论，为全面、综合地调控热学现象提供了新思路。

7.8　热学超材料回顾与展望

本章主要介绍了热学超材料的起源及其在 2008—2020 年内的主要研究进展。热学超材料的概念有助于设计各种功能材料或设备，这些材料或设备在热保护、检测和控制管理方面具有广泛的潜在应用。

尽管热学超材料在过去十年中得到了广泛关注，但仍有几个关键的科学问题有待解决。例如，如何通过设计某些热学超材料同时控制热传导、对流和辐射？ 如何完全克服与变换热学相关的三个限制：各向异性、非均匀性和奇异性？ 如何通过热学超材料自由调节热导率？ 例如，基于局部共振纳米结构或周期性纳米结构。这些问题的答案将有助于热学超材料的后续研究。

当然，本章提及的所有热传导相关研究都可以很容易地扩展到其他领域，如静电学、静磁学和粒子扩散，其中导电率、磁导率和扩散常数分别与热传导中的热导率具有相同的作用。

此外，从非线性光学的角度来看，我们可以发展其对应的热学、非线性热学[144]。从根本上讲，介电常数是非线性光学中电场的函数，而热导率是非线性热学中温度的函数。由于非线性光学中的电场（或电势）在数学上仅类似于非线性热学中的温度梯度（或温度），因此在这一方向上可能会出现新的物理现象应用。

最后，为了使"热学超材料"的研究领域能够尽可能长时间地生存下去，不仅需要继续进行基础性的研究，而且需要将已有的研究成果应用于处理实际问题。在这个方向上，一个很好的例子就是日间辐射致冷的研究[26,28,145]：继 Raman 等人[26]基于热光子方法揭示了其机理之后，Zhai 等人[28]报告了利用这些超材料实现批量制造的经济手段，可以立即投入应用，例如用于设计制冷木材[145]。不管怎样，未来还需要更多的应用研究。

本章内容是基于文献[146]主体内容基础上进行修改和调整的，并且添加了近几年的相关新进展。欲了解与本章相关的更多理论细节，请参阅文献[147]。

参考文献

[1]　LI B，WANG L，CASATI G. Thermal diode：Rectification of heat flux[J]. Physical Review Letters，2004，93(18)：184301.

[2]　WANG L，LI B. Thermal logic gates：Computation with phonons[J]. Physical Review Letters，2007，99(17)：177208.

[3]　WANG L, LI B. Thermal memory: A storage of phononic information[J]. Physical Review Letters, 2008, 101(26):267203.

[4]　LI N, REN J, WANG L, et al. Phononics: Manipulating heat flow with electronic analogs and beyond[J]. Reviews of Modern Physics, 2012, 84(3):1045.

[5]　BEN-ABDALLAH P, BIEHS S A. Near-field thermal transistor[J]. Physical Review Letters, 2014, 112(4):44301.

[6]　KUBYTSKYI V, BIEHS S A, BEN-ABDALLAH P. Radiative bistability and thermal memory[J]. Physical Review Letters, 2014(113):74301.

[7]　FAN C Z, GAO Y, HUANG J P. Shaped graded materials with an apparent negative thermal conductivity[J]. Applied Physics Letters, 2008(92):251907.

[8]　PENDRY J B, SCHURIG D, SMITH D R. Controlling electromagnetic fields[J]. Science, 2006, 312 (5781):1780-1782.

[9]　LEONHARDT U. Optical conformal mapping[J]. Science, 2006, 312(5781):1777-1780.

[10]　CHEN T, WENG C N, CHEN J S. Cloak for curvilinearly anisotropic media in conduction[J]. Applied Physics Letters, 2008, 93(11):114103.

[11]　LI J Y, GAO Y, HUANG J P. A bifunctional cloak using transformation media[J]. Journal of Applied Physics, 2010, 108(7):74504.

[12]　YU G X, LIN Y F, ZHANG G Q, et al. Design of square-shaped heat flux cloaks and concentrators using method of coordinate transformation[J]. Frontiers of Physics in China, 2011, 6(1):70-73.

[13]　GUENNEAU S, AMRA C, VEYNANTE D. Transformation thermodynamics: Cloaking and concentrating heat flux[J]. Optics Express, 2012, 20(7):8207-8218.

[14]　HAN T, YUAN T, LI B, et al. Homogeneous thermal cloak with constant conductivity and tunable heat localization[J]. Scientific Reports, 2013(3):1593.

[15]　NARAYANA S, SATO Y. Heat flux manipulation with engineered thermal materials[J]. Physical Review Letters, 2012, 108(21):214303.

[16]　SCHITTNY R, KADIC M, GUENNEAU S, et al. Experiments on transformation thermodynamics: Molding the flow of heat[J]. Physical Review Letters, 2013, 110(19):195901.

[17]　MA Y, LIU Y, RAZA M, et al. Experimental demonstration of a multiphysics cloak: Manipulating heat flux and electric current simultaneously[J]. Physical Review Letters, 2014, 113(20):205501.

[18]　HAN T, BAI X, GAO D, et al. Experimental demonstration of a bilayer thermal cloak[J]. Physical Review Letters, 2014, 112(5):54302.

[19]　XU H, SHI X, GAO F, et al. Ultrathin three-dimensional thermal cloak[J]. Physical Review Letters, 2014, 112(5):54301.

[20]　LEONHARDT U. Cloaking of heat[J]. Nature, 2013(498):440.

[21]　WEGENER M. Metamaterials beyond optics[J]. Science, 2013, 342(6161):939.

[22]　BALL PHILIP. Material witness: Against the flow[J]. Nature Materials, 2012, 11(7):566.

[23]　MALDOVAN M. Sound and heat revolutions in phononics[J]. Nature, 2013, 503(7475):209.

[24]　GUENNEAU S, PETITEAU D, ZERRAD M, et al. Transformed Fourier and Fick equations for the control of heat and mass diffusion[J]. AIP Advances, 2015, 5(5):53404.

[25]　DAI G, SHANG J, HUANG J P. Theory of transformation thermal convection for creeping flow in

porous media：Cloaking, concentrating, and camouflage［J］. Physical Review E，2018，97
（2）：22129.

［26］RAMAN A P，ANOMA M A，ZHU L，et al. Passive radiative cooling below ambient air temperature under direct sunlight［J］. Nature，2014，515(7528)：540-544.

［27］SHI N N，TSAI C C，CAMINO F，et al. Keeping cool：Enhanced optical reflection and radiative heat dissipation in Saharan silver ants［J］. Science，2015，349(6245)：298-301.

［28］ZHAI Y，MA Y，DAVID S N，et al. Scalable-manufactured randomized glass-polymer hybrid metamaterial for daytime radiative cooling［J］. Science，2017(355)：1062.

［29］ROMAN C T，COUTU R A，STARMAN L A. Thermal management and metamaterials［M］. MEMS and Nanotechnology，Springer，2011(2)：107-113.

［30］ZHANG S，XIA C，FANG N. Broadband acoustic cloak for ultrasound waves［J］. Physical Review Letters，2011，106(2)：24301.

［31］YANG F，MEI Z L，JIN T Y，et al. DC electric invisibility cloak［J］. Physical Review Letters，2012，109(5)：53902.

［32］MA Q，MEI Z L，ZHU S K，et al. Experiments on active cloaking and illusion for Laplace equation［J］. Physical Review Letters，2013，111(17)：173901.

［33］GUENNEAU S，PUVIRAJESINGHE T M. Fick's second law transformed：One path to cloaking in mass diffusion［J］. Journal of The Royal Society Interface，2013(10)：20130106.

［34］SHEN X Y，HUANG J P. Thermally hiding an object inside a cloak with feeling［J］. International Journal of Heat and Mass Transfer，2014(78)：1-6.

［35］LI Y，SHEN X，WU Z，et al. Temperature-dependent transformation thermotics：From switchable thermal cloaks to macroscopic thermal diodes［J］. Physical Review Letters，2015,115(19)：195503.

［36］SHEN X，LI Y，JIANG C，et al. Temperature trapping：Energy-free maintenance of constant temperatures as ambient temperature gradients change［J］. Physical Review Letters，2016，117(5)：55501.

［37］YE Z Q，CAO B. Nanoscale thermal cloaking in graphene by chemical functionalization［J］. Physical Chemistry Chemical Physics，2016(18)：32952.

［38］CHEN T，WENG C N，TSAI Y L. Materials with constant anisotropic conductivity as a thermal cloak or concentrator［J］. Journal of Applied Physics，2015，117(5)：54904.

［39］WANG J L，ZHANG H C，MA C，et al. Performance of meta-material thermal concentrator with sensu-shaped structure through entropy generation approach［J］. Thermal Science，2016（20）：651-658.

［40］HAN T，ZHAO J，YUAN T，et al. Theoretical realization of an ultra-efficient thermal-energy harvesting cell made of natural materials［J］. Energy and Environmental Science，2013，6（12）：3537-3541.

［41］KAPADIA R S，BANDARU P R. Heat flux concentration through polymeric thermal lenses［J］. Applied Physics Letters，2014(105)：233903.

［42］LI Y，SHEN X，HUANG J P，et al. Temperature-dependent transformation thermotics for unsteady states：Switchable concentrator for transient heat flow［J］. Physics Letters A，2016，380（18/19）：1641-1647.

[43] MOCCIA M, CASTALDI G, SAVO S, et al. Independent manipulation of heat and electrical current via bifunctional metamaterials[J]. Physical Review X, 2014, 4(2):21025.

[44] LAN C, LI B, ZHOU J. Simultaneously concentrated electric and thermal fields using fan-shaped structure[J]. Optics Express, 2015, 23(19):24475.

[45] SHEN X, LI Y, JIANG C, et al. Thermal cloak-concentrator[J]. Applied Physics Letters, 2016, 109(3):31907.

[46] STEDMAN T, WOODS L M. Cloaking of thermoelectric transport[J]. Scientific Reports, 2017(7):1.

[47] PENG R, XIAO Z, ZHAO Q, et al. Temperature-controlled chameleonlike cloak[J]. Physical Review X, 2017(7):11033.

[48] GUENNEAU S, AMRA C. Anisotropic conductivity rotates heat fluxes in transient regimes[J]. Optics Express, 2013, 21(5):6578-6583.

[49] YANG T, VEMURI K P, BANDARU P R. Experimental evidence for the bending of heat flux in a thermal metamaterial[J]. Applied Physics Letters, 2014,105(8):83908.

[50] VEMURI K P, BANDARU P R. Anomalous refraction of heat flux in thermal metamaterials[J]. Applied Physics Letters, 2014, 104(8):83901.

[51] VEMURI K P, CANBAZOGLU F M, BANDARU P R. Guiding conductive heat flux through thermal metamaterials[J]. Applied Physics Letters, 2014(105):193904.

[52] SKLAN S R, LI B. Thermal metamaterials: Functions and prospects[J]. National Science Review, 2018(5):138.

[53] DEDE E M, SCHMALENBERG P, NOMURA T, et al. Design of anisotropic thermal conductivity in multilayer printed circuit boards[J]. IEEE Transactions on Components, Packaging and Manufacturing Technology, 2015, 5(12):1763-1774.

[54] DEDE E M, SCHMALENBERG P, WANG C, et al. Collection of low-grade waste heat for enhanced energy harvesting[J]. AIP Advances, 2016,6(5):55113.

[55] LOKE D, SKELTON J M, CHONG T, et al. Design of a nanoscale, CMOS-integrable, thermal-guiding structure for Boolean-logic and neuromorphic computation[J]. Acs Applied Materials and Interfaces, 2016(8):34530.

[56] LIU Y, SUN F, HE S. Novel thermal lens for remote heating/cooling designed with transformation optics[J]. Optics Express, 2016, 24(6):5683.

[57] VEMURI K P, BANDARU P R. An approach towards a perfect thermal diffuser[J]. Scientific Reports, 2016, 6(1):29649.

[58] GOMOE F, SOLOVYOV M, SOUC J, et al. Experimental realization of a magnetic cloak[J]. Science, 2012,335(6075):1466-1468.

[59] HAN T, BAI X, THONG J T, et al. Full control and manipulation of heat signatures: Cloaking, camouflage and thermal metamaterials[J]. Advanced Materials, 2014, 26(11):1731-1734.

[60] YANG T Z, SU Y, XU W, et al. Transient thermal camouflage and heat signature control[J]. Applied Physics Letters, 2016, 109(12):121905.

[61] CHEN Y, SHEN X, HUANG J P. Engineering the accurate distortion of an object's temperature-distribution signature[J]. The European Physical Journal Applied Physics, 2015,70(2):20901.

[62] WANG R Z, SHANG J, HANG J P. Design and realization of thermal camouflage with many-parti-

cle systems[J]. International Journal of Thermal Sciences, 2018(131):14-19.

[63] SHANG J, JIANG C, XU L, et al. Many-particle thermal invisibility and diode from effective media [J]. Journal of Heat Transfer, 2018(140).

[64] YANG T, BAI X, GAO D, et al. Invisible sensors: Simultaneous sensing and camouflaging in multiphysical fields[J]. Advanced Materials, 2015, 27(47):7752-7758.

[65] ARGYROPOULOS C, CHEN P Y, Monticone F, et al. Nonlinear plasmonic cloaks to realize giant all-optical scattering switching[J]. Physical Review Letters, 2012, 108(26):263905.

[66] HE X, WU L. Thermal transparency with the concept of neutral inclusion[J]. Physical Review E, 2013(88):33201.

[67] ZENG L, SONG R. Experimental observation of heat transparency[J]. Applied Physics Letters, 2014(104):201905.

[68] YANG S, XU L J, WANG R, et al. Full control of heat transfer in single-particle structural materials[J]. Applied Physics Letters, 2017, 111(12):121908.

[69] WANG R, XU L, HUANG J P. Thermal imitators with single directional invisibility[J]. Journal of Applied Physics, 2017,122(21):215107.

[70] XU L J, YANG S, HUANG J P, Passive metashells with adaptive thermal conductivities: Chameleonlike behavior and its origin[J]. Physical Review Applied, 2019(11):054071.

[71] LAN C, BI K, GAO Z, et al. Achieving bifunctional cloak via combination of passive and active schemes[J]. Applied Physics Letters, 2016, 109(20):201903.

[72] WANG R, XU L, JI Q, et al. A thermal theory for unifying and designing transparency, concentrating and cloaking[J]. Journal of Applied Physics, 2018, 123(11):115117.

[73] JI Q, HUANG J P. Controlling thermal conduction by graded materials[J]. Communications in Theoretical Physics, 2018,69(4):434.

[74] CHEN T, KUO H. Transport properties of composites consisting of periodic arrays of exponentially graded cylinders with cylindrically orthotropic materials[J]. Journal of Applied Physics, 2005,98 (3):33716.

[75] HUANG J P, YU K W. Enhanced nonlinear optical responses of materials: Composite effects[J]. Physics Reports, 2006, 431(3):87-172.

[76] LIU D H, XU C, HUI P M. Effects of a coating of spherically anisotropic material in core-shell particles[J]. Applied Physics Letters, 2008(92):181901.

[77] YABLONOVITCH E. Inhibited spontaneous emission in solid-state physics and electronics[J]. Physical Review Letters, 1987, 58(20):2059-2062.

[78] JOHN S. Strong localization of photons in certain disordered dielectric superlattices[J]. Physical Review Letters, 1987, 58(23):2486-2489.

[79] KUSHWAHA M S, HALEVI P, DOBRZYNSKI L, et al. Acoustic band structure of periodic elastic composites[J]. Physical Review Letters, 1993, 71(13):2022-2025.

[80] SIGALAS M, ECONOMOU E N. Band structure of elastic waves in two dimensional systems[J]. Solid State Communications, 1993, 86(3):141-143.

[81] MALDOVAN M. Narrow low-frequency apectrum and heat management by thermocrystals[J]. Physical Review Letters, 2013, 110(2):25902.

[82] ZEN N, PUURTINEN T A, ISOTALO T J, et al. Engineering thermal conductance using a two-dimensional phononic crystal[J]. Nature Communications, 2014(5):3435.

[83] MINNICH A J, DRESSELHAUS M S, REN Z F, et al. Bulk nanostructured thermoelectric materials: Current research and future prospects[J]. Energy and Environmental Science, 2009, 2(5):466.

[84] MALDOVAN M. Phonon wave interference and thermal bandgap materials[J]. Nature Materials, 2015, 14(7):667-674.

[85] WAGNER M R, GRACZYKOWSKI B, REPARAZ J S, et al. Two-dimensional phononic crystals: Disorder matters[J]. Nano Letters, 2016(16):5661.

[86] LEE J, LEE W, WEHMEYER G, et al. Investigation of phonon coherence and backscattering using silicon nanomeshes[J]. Nature Communications, 2017(8):1.

[87] MAIRE J, ANUFRIEV R, YANAGISAWA R, et al. Heat conduction tuning by wave nature of phonons[J]. Science Advances, 2017, 3(8):e1700027.

[88] ANUFRIEV R, RAMIERE A, MAIRE J, et al. Heat guiding and focusing using ballistic phonon transport in phononic nanostructures[J]. Nature Communications, 2017(8):1.

[89] SIEDZINSKA M, GRACZYKOWSKI B, MAIRE J, et al. 2D phononic crystals: Progress and prospects in hypersound and thermal transport engineering[J]. Advanced Functional Materials, 2020 (30):1904434.

[90] CHEN A L, LI Z Y, MA T X, et al. Heat reduction by thermal wave crystals[J]. International Journal of Heat and Mass Transfer, 2018(121):215-222.

[91] LIU Z, ZHANG X, MAO Y, et al. Locally resonant sonic materials[J]. Science, 2000, 289(5485): 1734-1736.

[92] STILL T, CHENG W, RETSCH M, et al. Simultaneous occurrence of structure-directed and particle-resonance-induced phononic gaps in colloidal films [J]. Physical Review Letters, 2008 (100):194301.

[93] COWAN M L, PAGE J H, SHENG P. Ultrasonic wave transport in a system of disordered resonant scatterers: Propagating resonant modes and hybridization gaps[J]. Physical Review B, 2011, 84(9): 94305.

[94] DAVIS B L, HUSSEIN M I. Nanophononic metamaterial: Thermal conductivity reduction by local resonance[J]. Physical Review Letters, 2014, 112(5):55505.

[95] DONG J, SANKEY O F, MYLES C W. Theoretical study of the lattice thermal conductivity in Ge framework semiconductors[J]. Physical Review Letters, 2001, 86(11):2361-2364.

[96] CHRISTENSEN M, ABRAHAMSEN A B, Christensen N B, et al. Avoided crossing of rattler modes in thermoelectric materials[J]. Nature Materials, 2008, 7(10):811-815.

[97] BELTRAMO P J, SCHNEIDER D, FYTAS G, et al. Anisotropic hypersonic phonon propagation in films of aligned ellipsoids[J]. Physical Review Letters, 2014,113(20):205503.

[98] ALONSO-REDONDO E, SCHMITT M, URBACH Z, et al. A new class of tunable hypersonic phononic crystals based on polymer-tethered colloids[J]. Nature Communications, 2015,6(1):1-8.

[99] XIONG S, SAASKILAHTI K, KOSEVICH Y A, et al. Blocking phonon transport by structural resonances in alloy-based nanophononic metamaterials leads to ultralow thermal conductivity[J]. Physical Review Letters, 2016, 117(2):25503.

[100] LI B, TAN K T, CHRISTENSEN J. Tailoring the thermal conductivity in nanophononic metamaterials[J]. Physical Review B, 2017, 95(14):144305.

[101] ZHU T, SWAMINATHAN-GOPALAN K, CRUSE K J, et al. Vibrational energy transport in hybrid ordered/disordered nanocomposites: Hybridization and avoided crossings of localized and delocalized modes[J]. Advanced Functional Materials, 2018(28):1706268.

[102] SHANG J, WANG R, XIN C, et al. Macroscopic networks of thermal conduction: Failure tolerance and switching processes[J]. International Journal of Heat and Mass Transfer, 2018(121):321-328.

[103] YUN T S, EVANS T M. Three-dimensional random network model for thermal conductivity in particulate materials[J]. Computers and Geotechnics, 2010(37)991-998.

[104] KANUPARTHI S, SUBBARAYAN G, SIEGMUND T, et al. An efficient network model for determining the effective thermal conductivity of particulate thermal interface materials[J]. IEEE Transactions on Components and Packaging Technologies, 2008, 31(3):611-621.

[105] LIANG Y B. Expression for effective thermal conductivity of randomly packed granular material [J]. International Journal of Heat and Mass Transfer, 2015(90):1105-1108.

[106] WATTS D J, STROGATZ S H. Collective dynamics of small world networks[J]. Nature, 1998, 393(6684):440-442.

[107] BARABáSI A, Albert R. Emergence of scaling in random networks[J]. Science, 1999(286):509.

[108] MAES C, Netočný K, VERSCHUERE M. Heat conduction networks[J]. Journal of Statistical Physics, 2003(111):1219-1244.

[109] LIU Z, LI B. Heat conduction in simple networks: The effect of interchain coupling[J]. Physical Review E, 2007, 76(5):51118.

[110] HECHT D, HU L, GRUENER G. Conductivity scaling with bundle length and diameter in single walled carbon nanotube networks[J]. Applied Physics Letters, 2006, 89(13):133112.

[111] HU L, HECHT D S, GRüNER G. Percolation in transparent and conducting carbon nanotube networks[J]. Nano Letters, 2004, 4(12):2513-2517.

[112] LIU Z, WU X, YANG H, et al. Heat flux distribution and rectification of complex networks[J]. New Journal of Physics, 2010(12):281.

[113] XIONG K, LIU Z. Temperature dependence of heat conduction coefficient in nanotube/nanowire networks[J]. Chinese Physics B, 2017(26):98904.

[114] CHEN Q, LIANG X G, GUO Z Y. Entransy theory for the optimization of heat transfer-a review and update[J]. International Journal of Heat and Mass Transfer, 2013(63):65-81.

[115] LUO X, HU R, LIU S, et al. Heat and fluid flow in high-power LED packaging and applications [J]. Progress in Energy and Combustion Science, 2016(56):1-32.

[116] DEDE E M, NOMURA T, SCHMALENBERG P, et al. Heat flux cloaking, focusing, and reversal in ultra-thin composites considering conduction-convection effects[J]. Applied Physics Letters, 2013, 103(6):63501

[117] LI Y, ZHU K J, PENG Y G, et al. Thermal meta-device in analogue of zero-index photonics[J]. Nature Materials, 2019, 18(1):48-54.

[118] LI Y, PENG Y G. HAN L. et al. Anti-parity-time symmetry in diffusive systems[J]. Science,

2019(364):170.

[119] URZHUMOV Y A, SMITH D R. Fluid flow control with transformation media[J]. Physical Review Letters, 2011, 107(7):74501.

[120] URZHUMOV Y A, SMITH D R. Flow stabilization with active hydrodynamic cloaks[J]. Physical Review E, 2012,86(5):56313.

[121] BOWEN P T, SMITH D R, URZHUMOV Y A. Wake control with permeable multilayer structures: The spherical symmetry case[J]. Physical Review E, 2015, 92(6):63030.

[122] CULVER D R, DOWELL E, SMITH D, et al. A volumetric approach to wake reduction: Design, optimization, and experimental verification[J]. Journal of Fluids, 2016.

[123] DAI G, HUANG J P. A transient regime for transforming thermal convection: Cloaking, concentrating, and rotating creeping flow and heat flux[J]. Journal of Applied Physics, 2018, 124(23):235103.

[124] CATALANOTTI S, CUOMO V, et al. The radiative cooling of selective surfaces[J]. Solar Energy, 1975.

[125] GRANQVIST C. Radiative cooling to low temperatures: General considerations and application to selectively emitting SiO films[J]. Journal of Applied Physics, 1981, 52(6):4205.

[126] OREL B, GUNDE M, KRAINER A. Radiative cooling efficiency of white pigmented paints[J]. Solar Energy, 1995, 50(6):477.

[127] GENTLE A R, SMITH G B. A subambient open roof surface under the mid-summer sun[J]. Advanced Science, 2015, 2(9):1500119.

[128] HOSSAIN M M, GU M. Radiative cooling: Principles, progress, and potentials[J]. Advanced Science, 2016, 3(7):1500360.

[129] REPHAELI E, RAMAN A, FAN S. Ultrabroadband photonic structures to achieve high-performance daytime radiative cooling[J]. Nano Letters, 2013, 13(4):1813854361.

[130] WEBER M, STOVER C, GILBERT L, et al. Giant birefringent optics in multilayer polymer mirrors[J]. Science, 2000, 287(5462):2451-2456.

[131] HART S, MASKALY G, TEMELKURAN B, et al. External reflection from omnidirectional dielectric mirror fibers[J]. Science, 2002(296):510.

[132] GANSEL J K, THIEL M, RILL M S, et al. Gold helix photonic metamaterial as broadband circular polarizer[J]. Science, 2009(5947):1513-1515.

[133] RASBERRY R D, LEE Y J, GINN J C, et al. Low loss photopatternable matrix materials for LWIR-metamaterial applications[J]. Journal of Materials Chemistry, 2011, 21(36):13902.

[134] HSU P C, LIU C, SONG A Y, et al. A dual-mode textile for human body radiative heating and cooling[J]. Science Advances, 2017, 3(11):e1700895.

[135] CAI L, SONG A Y, WU P, et al. Warming up human body by nanoporous metallized polyethylene textile[J]. Nature Communications, 2017, 8(1):496.

[136] LI Y, BAI X, YANG T, et al. Structured thermal surface for radiative camouflage[J]. Nature Communications, 2018, 9(1):273.

[137] SHANG J, TIAN B Y, JIANG C R, et al. Digital thermal metasurface with arbitrary infrared thermogram[J]. Applied Physics Letters, 2018(113):261902.

[138] QU Y, LI Q, CAI L, et al. Thermal camouflage based on the phase-changing material GST[J]. Light Science and Applications, 2018(7):1.

[139] SONG J, HUANG S, MA Y, et al. Radiative metasurface for thermal camouflage, illusion and messaging[J]. Optics Express, 2020(28):875.

[140] LIU Y, SONG J, ZHAO W, et al. Dynamic thermal camouflage via a liquid-crystal-based radiative metasurface[J]. Nanophotonics, 2020(9):855.

[141] XU L, DAI G, HUANG J P. Transformation multithermotics: Controlling radiation and conduction simultaneously[J]. Physical Review Applied, 2020(13):024063.

[142] XU L, HUANG J P. Metamaterials for manipulating thermal radiation: Transparency, cloak, and expander[J]. Physical Review Applied, 2019(12):044048.

[143] XU L, YANG S, DAI G, et al. Transformation omnithermotics: Simultaneous manipulation of three basic modes of heat transfer[J]. ES Energy Environment, 2020(7):65.

[144] DAI G, SHANG J, WANG R, et al. Nonlinear thermotics: Nonlinearity enhancement and harmonic generation in thermal metasurfaces[J]. European Physical Journal B, 2018, 91(3):59.

[145] LI T, ZHAI Y, HE S, et al. A radiative cooling structural material[J]. Science, 2019, 364(6442):760-763.

[146] HUANG J P. Thermal metamaterial: Geometric structure, working mechanism, and novel function [J]. Progress in Physics, 2018(38):219.

[147] HUANG J P. Theoretical thermotics: Transformation thermotics and extended theories for thermal metamaterials[M]. Berlin: Springer, 2020.

第8章 超材料的发展预测及应对策略

8.1 超材料行业发展现状及趋势

8.1.1 各国超材料行业发展情况

超材料融合了电子信息、数理统计、生物医学、无线通信等新兴领域先进技术,可广泛应用于航空航天、无线互联、生物医疗等众多高新技术领域。现阶段超材料正朝着多领域交叉的方向发展,涉及物理、化学、工程、材料等多学科。各国都在积极推进超材料在尖端装备上的应用,如美国、俄罗斯、日本等,同时洛克希德马丁公司、波音公司、雷神公司、英国 BAE 系统公司、日本三菱集团等机构也在长期支持超材料的研究和应用。美国是率先将超材料应用于新一代武器装备的国家,美国国防部长办公室(ASD-R&E)把超材料列为"六大颠覆性基础研究领域"之一,美国国防部先进研究项目局(DARPA)把超材料定义为"强力推进增长领域",美国空军科学研究办公室(AFOSR)把超材料列入"十大关键领域"。

因其特殊的电磁性能,超材料在雷达、隐身、电子对抗等诸多技术领域拥有巨大的应用潜力和发展空间,突破吸波理论极限的超高性能吸波超材料以及透明超材料已在隐身飞机上投入应用。超材料电磁薄膜卫星平板接收天线实现了平面化,具有小型化、可拼装的特点,是对传统抛物面天线的一次革命性技术创新。采用超材料技术制造的高频射频器件,其体积和质量是同类产品的 1/4,峰值功率可达同类产品的 4 倍。此外,采用超材料技术,针对密度高、流量大、电磁环境复杂的 Wi-Fi 无线覆盖解决方案也即将投入应用。据统计,仅在 2013 年,全球超材料产业市场规模就达 2.9 亿美元。而据美国 BCC Research 预测,2024 年将达到 30 亿美元。预计 2019—2024 年的年均复合增长率将超过 20%。其中,电磁超材料将占到全部超材料市场规模的 40%~45%,应用前景十分广阔。

发达国家已针对超材料这一颠覆性技术逐渐开始战略布局。其中,美国、日本及欧洲等国家将超材料作为具有国家战略意义的新兴产业,积极投入到超材料技术的研发中,力争在超材料领域占据主导地位。超材料研究得到了美国、日本、欧盟、波音公司、雷神公司等国家或机构的长期资助,现已成为国际上最热门的新兴交叉学科。美国军方确立超材料技术率先应用于最先进的军事装备,包括 IBM 和 Intel 在内的多家美国著名半导体公司共同出资设立支持超材料研究的基金。欧盟则对超材料的研究予以重金支持,组织数十位著名科学家在超材料领域联合攻关。日本政府拨出巨额资金将超材料作为新学术领域研究的重点，并将超材料技术列为下一代隐形战斗机的核心关键技术。同时，各国正积极促进超材料科技成果转化及产业化。欧美等发达国家迅速出现一些专注于将超材料技术产业化的创业公司。例如，卫星通信创业公司 Kymeta 专注于超材料卫星平板天线的民用化，早在 2013 年已获得 C 轮融资 5 000 万美元，加拿大的超材料技术公司则致力于将超材料应用于光技术领域，进而为国防和空间技术服务，现已形成大批量生产能力。

8.1.2　我国超材料行业发展情况

我国在超材料领域内的研究起步较早，政府十分重视超材料技术的研发，并在多项国家重点科研项目中予以立项支持。包括多所著名大学和研究院所在内的科研机构对超材料的研究已有十余年，针对超材料在隐身、探测、核磁等多个相关领域的应用进行了大量基础性研究工作，并获得了一系列原创性成果。部分科研机构已研发了符合工业标准的超材料，制造出许多高性能超材料器件和产品，包括多功能复杂曲面超材料电磁罩、超材料超级阵列、高性能超材料天线、迷你基站射频滤波器、超材料多制式兼容天线等。据了解，我国科研机构已在世界范围内申请了超过 240 件超材料领域核心专利，占该领域专利申请总量的 85%。同年，我国在全球范围内率先启动电磁超材料标准化工作，成立了全国电磁超材料技术及制品标准化技术委员会。

然而现阶段我国超材料行业发展依然存在如下问题：

(1)制备加工技术难以满足超材料产业化需求。受制于制备工艺和设备不完善，现阶段我国大部分超材料样品是在"作坊式"的环境下制作出来的，部分复杂结构的超材料器件仍需通过手工完成。由此带来的制备效率低、制备成本高、精细加工能力弱、可重复性差等问题成为制约超材料大规模产业化的主要瓶颈。

(2)超材料服役条件下的适应性和可靠性尚需研究。当前，针对超材料性能的研究多在实验室条件下完成，而在服役条件下则缺乏相应的研究手段。探索超材料在服役条件下的性能演变规律和失效机理，进而改善超材料服役性能，确保使用可靠，将会进一步拓宽超材料的应用范围。

(3)如何在获得超材料性能的同时不牺牲其他性能是关键。实验室条件下制备的超材料往往达不到工程应用的指标，很大一部分原因是其他工程应用需要性能在设计过程中并未考虑。未来服役材料向着多功能和智能化的方向前进时，超材料的整体研发也必须考虑这一要素。

(4)商业模式需要创新。当前超材料的研发主要集中于满足国防军事的需求，并未在国民经济相关领域得到大规模推广，随着超材料研发的成熟，需要通过商业模式的创新来实现超材料的市场化和规模化生产。

8.1.3 未来超材料的发展趋势

展望未来,超材料的突破和应用应该时刻和人类社会、经济、政治、军事等领域的发展密切结合起来,使人类社会的物质生活变得更加丰富多彩。结合《中国制造2025》,超材料的发展趋势可以概括为低生产成本、多功能、强可控可调性和智能化四方面。

8.1.3.1 低生产成本

现阶段桎梏超材料广泛应用的一个重要方面就是其生产加工成本高。在超材料的商用化方面,Intellectual Ventures 实验室已经开发出了一种超材料表面天线技术(metamaterial surface antenna technology),集成了千万个超材料组元在电路板上,实现了对雷达波的定向控制(见图8-1)。然而,无论是现阶段的纳米光刻加工技术还是微纳米激光刻蚀技术,其展现出来的加工时间长、对加工环境要求苛刻、加工尺寸小等特点使得超材料特别是在高频光波段的超材料大规模应用在现阶段还难以完成。但是,未来随着加工技术的革新和广泛应用,工业化生产超材料以及随后的商品化、市场化都将不再是问题。未来超材料在低成本生产方面应该满足以下几个特点:

图 8-1　商用化平板雷达波超材料天线

(1)能批量化生产和商品化。超材料在未来已经跟普通商品市场化程度无明显差别,而那时一方面产品淘汰率高,更新换代速度快,另一方面人类对各类商品的需求量都将远大于现在,因而超材料相关产品的生产和工业化必须满足批量化这一特点。同时严格的质量把控措施和售后追踪也将使得超材料的产业链更为完善。

(2)加工时间短。由于超材料较为复杂的内部结构,现阶段往往需要大量的时间制备加工、排列结构组元和组装整体结构。这样不仅耗时长,在组装和排列过程中引入的多余界面有可能会污染超材料,使得最终性能与设计理论值有偏差。几十年后的超材料将完全采用一次成形技术,而且加工时间与现在相比也应该大大缩短。

(3)生产加工精度高。超材料对于外界电磁波等激励的反应灵敏,任何微小的尺寸变化都将造成其宏观效应的变化。一味追求高生产效率和缩短制造时间显然是不行的。现阶段材料制造加工技术的精度已经能稳定达到亚纳米级,但是在一些特殊形状的加工上仍然可能产生毛刺、气孔等缺陷,未来应用在超材料上的加工技术必须达到360°全方位无死角的精度要求。

(4)多尺寸超材料加工。现阶段由于超材料加工技术和成本的限制,大尺寸超材料还无法生产,这使得其隐身性能、对电磁场的操控方面都还停留在小规模。将来的超材料应该能被做成各种尺寸的器件服务社会,小到能集成在各种移动设备上,大到能对巨型的军事目标如航空母舰等进行隐藏。

8.1.3.2　多功能

目前的超材料研究已经基本从各个波段实现了隐形、双负、全吸收等典型特征,但是,从实际的角度出发,仍有两部分的因素亟待解决。一是超材料如何在各种各样的工作环境中适应并保持其高精度的性能,二是如何跟其他的器件配合使用。在未来,超材料应该已经成功攻克了这两个关键问题,并具体展现如下特点:

超材料呈现多功能化,使得其能适应各种各样的工作环境。现阶段超材料仍然停留在"超结构"的阶段,大部分的研究都在追求其优秀的超材料特殊性质,如电磁性能等。而在未来,超材料已经能作为一块真正的多功能材料以适应多样化甚至恶劣的工作环境。那时的超材料不仅能实现多种超材料效应,其拥有的高强度、高韧性、耐高温(低温)、耐冲击等性质也能保证其较长的工作寿命。例如,未来在军事上广泛应用的超材料涂层,不仅具有电磁隐身等特性,也能同时具有负压缩率,使得其面对强冲击波的作用能瞬时吸收或者反弹力学冲击,保护自身的同时对敌方造成毁灭性打击。另外,这种涂层也应该具有优异的力学性能和耐热、耐寒等物理性质。

未来的超材料跟其他材料具有很好的兼容性,能灵活容纳或者被容纳在其他器件而不影响其本身的多功能性。应该看到,理想的能应用的超材料不可能是作为一个结构或者孤立单元孤立做成器件。未来,我们期待超材料良好的物理、化学、生物兼容性能对其各项性能产生协同作用(synergistic effect)。

8.1.3.3　强可控可调性

近年来对可调性超材料(tunable metamaterials)的研究热愈演愈烈,研究的方向也从探索不同外界场对超材料的影响慢慢转移到将这些影响定量化、可控化。在未来,将会形成一个大一统的理论,以及不同外场影响下超材料效应的演变规律。这个理论也将成为设计超材料的基本出发点。另外,已经报道的能对超材料效应造成影响的外场有电磁场、机械力、声波、温度场、电流、磁场等。针对各种应用背景,未来超材料的研究主要放在其对复合场的响应,例如在各种温度下,对超材料施加机械应力,同时外加电场或者磁场,并研究此时超材料的电磁响应。

另外,未来的超材料的开发也应该在自由度更大的外场环境下进行,例如高辐射电磁场,如 α、γ 射线等等,这样有利于超材料在航天或宇宙环境下的开发。在力学领域,则可以聚焦在高载荷、高循环次数、高冲击的环境,这样不但有利于保证超材料在各个力学环境下高的安全系数,而且更具有军事意义。

8.1.3.4　智能化

智能化几乎是未来所有行业发展都必须经历的一步。虽然现在智能超材料(intelligent metamaterials)的概念还没有提出,但可以大胆设想一下:未来的超材料应该在各种工作环境中具有自我调整能力,并通过自身跟外加场的交互作用返回提示信号给用户,实现友好用户界面。例如,在微波吸收领域,能根据吸收波段的不同,通过改变自身形状等方式减小其他波段的吸收强度,在特定的波段实现最大的吸波效率。当前广泛使用的形状记忆聚合物也许是实现这一想法的答案之一。

智能化材料的另一个特点是人机交互能力。我们期待以后的超材料能形成人机一体化的体系,同时在智能装置的配合下,更好地发挥出人的潜能,使人机之间表现出一种平等共事、相互理解、相辅相成、相互协作的关系。另外,未来的超材料还应具有可重构和自组织能力。为了适应快速变化的市场需要,超材料系统中的各组成单元应该能够依据工作任务的需要,实现制造资源的即插即用和可重构,更进一步说,能根据用户需求自行组成一种最佳、自协调的结构。同时超材料还应具备自我维护功能,即在服役过程中遇到故障,能进行自诊断、自排查、自修复等。

8.2 超材料对我国各行业的影响

8.2.1 超材料对制造业的影响

超材料的应用和制造业的发展是相辅相成的关系。制造业在未来将朝着绿色、智能化、高精度和数字化的方向发展,这为超材料的发展提供了技术支持,使得超材料的制造更加低成本化,并适合大规模应用在军用、民用等领域。

反过来,超材料的研发和普及也将带动制造业的不断进步。为了满足超材料制造过程中精度高、多尺寸、可重构、可回收等特点,未来的超材料制造业将向着绿色、高精度、快速等方面发展。现阶段一些高新制造技术经过几十年的发展也将代替传统的加工技术并实现在超材料的制造上。初步预计,到时各种零件的精确成形技术比起传统的成形工艺,材料利用率可提高 20%~40%,另外可以取消或大大减少加工工时,从而实现节能、降耗的目标。

8.2.1.1 超材料将加快 3D 打印技术的发展

现阶段商用 3D 打印技术速度慢,层间强度低,还远没有达到能工业化的程度。曾经有报道,能在液体中采用紫外光照射的办法加速打印过程并实现连续打印,从而克服了打印出的物体分层的问题,这将是一个很好的未来工业化思路。现已有采用 3D 打印制备超材料结构的报道。对未来的超材料局部可控、梯度式电磁参量变化、外场精确可调等苛刻的条件有望促使 3D 打印技术效率的提升。一种 3D 打印树脂超材料结构如图 8-2 所示。

图 8-2　一种 3D 打印树脂超材料结构

8.2.1.2　超材料将提高微纳加工技术效率

超材料在光波段的应用必须实现在纳米级别对其结构单元的加工。图 8-3 给出了一种常用的超材料纳米加工技术的工艺流程。可以看出,现阶段的纳米刻蚀、激光加工等技术虽然能达到精度要求,但是工艺繁杂、耗时长、对环境要求高,并且无法加工大样品,使得产业化纳米加工技术还是天方夜谭。但是在将来,高速发展的加工机器人和完美透镜等技术将在未来应用在生产线上,并可以实现小到用于医学治疗的纳米颗粒,大到光波隐形衣的加工。纳米加工技术也将广泛应用于微纳米集成电路等工业化生产领域。

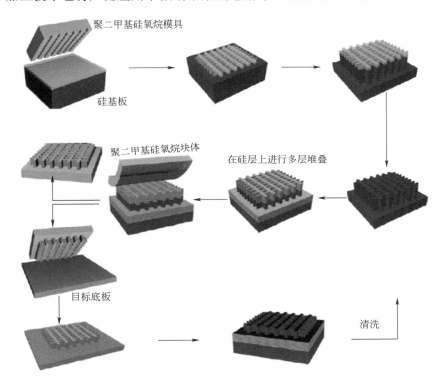

图 8-3　现阶段纳米刻蚀技术制备超材料的基本工艺流程

以下简单模拟了需要微纳加工的未来超材料的生产流程:

首先根据需要的超材料功能进行计算机模拟和设计,并在设计的过程中需要从材料选择、需要的功用、预计成本、废料回收等各个方面综合考虑;在设计之后决定需要采用的制造方式。例如,当需要制造微波频段的隐形衣时,则选择 3D 打印技术。当设计图纸交到工厂,输入控制生产线的计算机并输入开始生产的指令后,3D 打印生产线开始启动。在生产过程中,工程师可以从超材料制成的完美透镜中观察是否有异常情况,如果有,立即停止生产并将设计图纸返回修改。完成打印后,对隐形衣成品抽样进行性能测试,即检测在设计的波段能否达到要求的隐形参数,如果产品没有问题,则包装出厂。打印后的废材则通过分离、清洗、回收的方式再次进入原料库,为下一次的生产做准备。

8.2.2 超材料对民生的影响

构建和谐社会就是要把民生问题作为重中之重,而未来的超材料将极大地便利人们的生活。总体来说,未来人们的生活将在医疗、教育、科研、就业四方面发生变革。

医疗上,除了在技术上超材料能实现医疗设备的革新,缩短就医时间并使患者能得到人性化、智能化的科学治疗,也能使医生在相关科技的帮助下获取更精确的病理数据,并根据专业知识和临床经验进行科学诊断。快速的就医过程也将使医疗工作人员有时间对患者进行人文关怀。另一方面,超材料引发的技术革命也将在社会层面造成深刻的影响。首先是医患关系将得到显著改善;其次,医院的管理模式将发生改变。未来引入的超材料技术将使得医疗人员各司其职,从而使医院的管理能智能化、自动化地进行,显著提高管理效率。

教育上,超材料技术的普及将促进相关科学知识在大众中的普及率。由于超材料是一个涉及物理、化学、数学、生物、力学、材料等学科的交叉领域,相关的知识将以从易到难的形式写入小学、中学、大学的教科书,让大众一方面理解并吸收超材料相关知识和理论,另一方面也鼓励人们开发创新的精神,激发他们发明创造的热情。这将大大提高国民的科学文化素养,培养优秀人才。

科研上,作为一种特殊的人工材料,超材料从单纯的科学实验和理论研究迈入广泛应用阶段的过程中必然将需要各国研究者们的刻苦钻研。首先学者们将加强国际的学术交流和合作,将现阶段超材料的各项物理、化学性能稳定化,并朝着能工业化的思路开展研究,这将紧密地将学术界和工业界联系起来。其次,具有新型性能的超材料将不断被开发出来,这将激发国内外学者的研究热情,同时不断普及的科学知识也使民间发明家们活跃在研究前沿,将超材料的研究前沿推广向全民,降低学术研究门槛,活跃创新性思维。

就业上,未来蓬勃发展的超材料产业将为更多人提供就业岗位,对于稳定社会、降低犯罪率等有重要意义。且由于生产的性质将从劳动密集型向技术化、智能化、自动化的方向发展,一部分工人也从以前的制造生产线,转变为监督生产、管理工厂。

综上,超材料逐渐应用于社会对以上四方面的影响也是相辅相成的。例如,在教育上慢慢普及的超材料知识将整体上提高国民的科学素养,在就业等各个环节上也能适应对相应产业高技术化的要求,在科研上研究热情的高涨将加速超材料从理论到工业化应用的进程,促进其在医疗、国防、通信等领域相关产品的开发和使用。

8.2.3 超材料对国防的影响

国防随着国家的产生而产生,服务于国家。原英国首相丘吉尔曾经说过:"没有永恒的朋友,也没有永恒的敌人,只有永恒的利益。"表明国防事业关系到社会发展、国家进步和民族自尊。现代国防是国家综合国力的体现,而其中的军事技术则是现代国防的核心。随着我国综合国力的提高和世界政局越来越复杂化,对我国的军事技术提出了新的发展要求。

总的来说,未来的军事技术将由于信息技术、材料技术和能源技术的发展而不断向前推进,超材料在这些领域的推广则成为我国军事力量提高的重要表现。

(1)国防信息技术。现代的信息技术以计算机技术、微电子技术和通信技术为特征。超材料技术对这三个领域的影响都是深远的,以超材料应用所引发的纳米加工技术的革命将使电子器件的集成化程度进一步提高。计算机运算速度飞速发展,在超材料基础上研发的雷达通信系统和高精度成像技术也将增强我国军队获取、加工、存储、变换、显示和传输文字、数值、图像以及声音等信息的能力,在未来的信息战中立于不败之地。

(2)国防材料技术。新材料技术被称为"发明之母"和"产业粮食"。新材料的开发和应用在未来对于我军装备性能的提高有重要意义。超材料在现阶段基本还停留在利用其结构实现功能的阶段,这样显然不适合应用在未来环境复杂、作战要求高的军备上。未来的超材料已经成为材料—结构—功能一体化的一类真正的"超"材料,对其材料属性的开发将成为重要的方向之一。以此为基点,以我军对新材料技术的高要求为前提,超材料在我军的应用将带动新材料技术中材料加工、材料成形、材料测试等领域的发展。这些新材料技术将首先在军用产品中普及,进而带动相关民用科技的革新。

(3)国防能源技术。能源对于一个国家的军事和社会都是很重要的。未来的能源技术将向着清洁、可回收、高效率等方向前进。超材料的发展则为达到这一战略目标提供了技术支持和发展契机。例如,在装备上应用的多功能新型超材料将减少多余的负担结构功能件,减轻作战辎重,节约国防资源。

8.3 发展超材料行业的应对策略

展望了超材料能为社会带来的积极影响,我们必须站在战略的角度思考,并需要政府、企业、社会等予以关注并发挥作用,同时利用各方资源共同努力,共创美好未来。

8.3.1 开展战略研究

未来超材料可能在未来社会生产、生活、军事、科技、人文等很多方面深刻积极地影响我国的发展。考虑到超材料涉及的科学内涵较丰富,背后隐藏的科学原理复杂,从宏观的角度,我们需要站在统一全局的高度,制定出一个未来几十年之内的超材料技术路线图和长远发展战略,并相应地制订科技发展计划。这样的战略研究将全面系统地指出未来超材料的发展方向,明确现阶段超材料开发过程中存在的问题和将来可能遇到的困难,为工业界、学术界、社科界等分配明确的总体任务。因此,建议由国家相关政府部门以及相关学术团体,组织有关技术专家,制订面向未来的中国超材料技术发展路线图,并听取社会学家们的建议,完善相应的科技发展规划与计划。

8.3.2　国家政策鼓励

　　超材料的广泛应用离不开国家政策的鼓励。超材料的诱人前景及其广泛应用并不能一蹴而就。因此需要制定短期、中期和长期的目标并明确每个阶段的重点发展目标。例如,在超材料的开发和应用上,短期内我国应该着眼于开发多功能超材料,稳定并优化超材料性能;到中期研发阶段应该寻求降低制造成本,结合工业界进行生产试运行;研发后期则必须在生产中检验超材料,并将其中反映出的问题返回研究机构进一步完善,做到大规模生产无障碍化。应该说,不管哪个时期制订的发展方案,都需要国家投入大量的人力、物力等资源,这将从各个方面创造有利氛围,促进超材料前沿技术的发展和工业化。

8.3.3　加强国内外合作

　　不可否认,在超材料研发领域,我国仍然有很多方面要向其他国家学习。

　　美国在超材料的应用方面走在了世界前列。在杜克大学、英国伦敦帝国理工学院等高校成功验证了超材料的奇特性质后,Echodyne Corp,Kymeta Corporation 和 Evolv Technologies 迅速成立并获得了上亿美元的风险投资,迄今这三家公司已经在成像、通信和声学三方面开发出了基于超材料的商业产品。要发展超材料,我国应该坚持走开放式的道路,要进一步扩大对外开放合作,利用对外开放的有利条件,进而有效利用全球资源,尤其是全球科技资源。在工业上多加强与这些公司的合作,学习先进的理念和技术并结合自身的研发技术,最终设计和研发出高性能的超材料产品。在科研领域,也应深化加强各个学术机构之间以及它们与世界知名大学、研究所之间的联系。以发表高质量论文为起点,建立科学研究的高水平平台,实现资源共享,互利互惠。合作和竞争往往是并行的。同时全球化的进程表明,只有在世界这个大市场中站稳脚跟才能真正证明产品的实力,因而需要大力推广我国自主研发的超材料产品,让其在全球化的大熔炉中证明自己的价值,体现中国制造中超材料的实力。

8.3.4　重视培养创新精神

　　超材料从诞生到现在因其特殊性,其发明和发展与人类的创新精神密不可分,我们必须重视人才培养,提倡创新精神,这样才能将超材料在我国的发展和进步引入高速发展的轨道上来。

中国战略性新兴产业——前沿新材料

（16 册）

中国材料研究学会组织编写

丛书主编　魏炳波　韩雅芳

前沿新材料概论		唐见茂	等编著
超材料	彭华新　周济	崔铁军	等编著
离子液体		张锁江	等编著
气凝胶		张光磊	编著
仿生材料		郑咏梅	等编著
柔性电子材料与器件		沈国震	等编著
多孔金属		丁轶	等编著
常温液态金属		刘静	等编著
高熵合金	张勇	周士朝	等编著
新兴半导体	张韵	吴玲	等编著
光聚合技术与材料	聂俊	朱晓群	等编著
溶胶–凝胶前沿技术及进展	杨辉	朱满康	等编著
计算材料		刘利民	等编著
先进材料的原位电镜表征理论与方法		王勇	等编著
动态导水材料		张增志	等编著
新兴晶态功能材料		靳常青	等编著